为什么我们不愿认错

Mistakes Were Made
(but Not by Me)

Carol Tavris
Elliot Aronson

[美] 卡罗尔·塔夫里斯　　[美] 埃利奥特·阿伦森　著

徐黄兆　译

中信出版集团 | 北京

图书在版编目（CIP）数据

为什么我们不愿认错 /（美）卡罗尔·塔夫里斯，（美）埃利奥特·阿伦森著；徐黄兆译 . -- 北京：中信出版社，2024.10. -- ISBN 978-7-5217-6814-5

Ⅰ. B84-49

中国国家版本馆 CIP 数据核字第 2024DW4906 号

MISTAKES WERE MADE (BUT NOT BY ME) by CAROL TAVRIS AND ELLIOT ARONSON
Copyright ©2020, 2015, 2007 BY CAROL TAVRIS AND ELLIOT ARONSON
This edition arranged with CAROL TAVRIS AND ELLIOT ARONSON
through BIG APPLE AGENCY, LABUAN, MALAYSIA.
Simplified Chinese translation copyright ©2024 by CITIC Press Corporation
ALL RIGHTS RESERVED
本书仅限中国大陆地区发行销售

为什么我们不愿认错
著者：　　［美］卡罗尔·塔夫里斯　［美］埃利奥特·阿伦森
译者：　　徐黄兆
出版发行：中信出版集团股份有限公司
　　　　　（北京市朝阳区东三环北路 27 号嘉铭中心　邮编　100020）
承印者：　三河市中晟雅豪印务有限公司

开本：880mm×1230mm 1/32　印张：13.25　字数：345 千字
版次：2024 年 10 月第 1 版　　印次：2024 年 10 月第 1 次印刷
京权图字：01-2024-4579　　　　书号：ISBN 978-7-5217-6814-5
　　　　　　　　　　　　　　定价：69.00 元

版权所有·侵权必究
如有印刷、装订问题，本公司负责调换。
服务热线：400-600-8099
投稿邮箱：author@citicpub.com

献给利昂·费斯汀格,认知失调理论的创立者,
　他的非凡才智为本书提供了灵感。

明知道这不是事实真相，我们也许还是会选择相信。当最后被证明自己犯了错时，我们甚至会厚颜无耻地扭曲事实来证明我们是对的。从理智上讲，这一过程可以无限期地重复下去，唯一的制约因素在于，错误的信念迟早会撞见真正的现实，而且这一撞，通常都是火花四溅。

——乔治·奥威尔，1946年

因为昨天无意识地犯错，今天就要有意识地犯错，这毫无道理可言。

——美国联邦最高法院大法官罗伯特·杰克逊，1948年

目录

修订版序言
III

引言
无赖、傻瓜、恶棍和伪君子：他们为何能做到心安理得？
VII

第一章
认知失调：自我辩护的驱动力
1

第二章
傲慢与偏见，以及其他盲点
37

第三章
记忆：自我辩护的"历史学家"
73

第四章
真善意，伪科学：临床判断中的"闭环思维"
105

第五章
司法体系中的失调
142

第六章
爱情杀手：婚姻中的自我辩护
180

第七章
创伤、裂痕和战争
209

第八章
放下执念，勇于承担
242

第九章
认知失调、民主和煽动者
278

致谢
327

注释
329

修订版序言

本书英文版第一版于 2007 年付梓,彼时的美国已陷入伊拉克战争所带来的两极分化之中。起初,民主党人和共和党人都同样支持乔治·布什的入侵决定,他们坚信萨达姆·侯赛因正在研发大规模杀伤性武器,但很快真相就大白于天下,萨达姆并没有这样做,所谓的大规模杀伤性武器亦未见踪影。围绕大规模杀伤性武器的争议已尘埃落定,但政治上的两极分化却难以弥合,从亚马逊上的本书评论者身上,我们亲眼见证了这一点。

当时,很多保守派人士认为我们不公正地抨击了布什,对此他们深感恼火,有些人甚至到现在还未能释怀。以亚马逊上的评论为例,有位读者给出了"非常不错,但还差点儿意思"的评论标题,并为本书打了三颗星。他认为,如果我们没有不遗余力地尝试将自己的政治观点强加给读者,以及忽略民主党人所犯下的错误和做出的糟糕决定,本书就称得上是一本真正不错的著作了。他建议,未来再版时应当删除所有涉及"布什撒谎"的案例,这样就不会显得太过扎眼。

还有一条与上述观点针锋相对的评论,标题是"真正的好书",并对本书给出了五星评价。这位评论者这样写道,这本书不只讨论了政治,还涉及了人类行为的方方面面。她认为本书的内容极其公正,特别是一视同仁地探讨了两党成员的失误、自我辩护和错觉——例如，将陷入越战泥沼无法脱身的林登·约翰逊与决意在伊拉克"死磕到底"的布什相提并论。

我们对于第二条书评的欣赏程度，显然要远远胜过第一条，至于个中理由，诸位读者在读完本书以后自然就会明白。在我们看来，那真是一位令人印象深刻的聪慧读者，而且显然见多识广！相比之下，第一位读者则处于完全懵懂的状态。说我们有偏见，这太荒谬了！为了做到公平公正，我们可谓竭尽所能！说什么满篇都是"布什撒谎"的案例，却没有一句对民主党人的坏话，难道这位读者眼神有问题，全然无视我们对于林登·约翰逊的批判，并称呼他为"自我辩护的大师"？还有我们对于共和党人的赞许，难道他也没看到吗？在萨达姆·侯赛因所谓的大规模杀伤性武器问题上，乔治·布什并不是蓄意对美国公众撒谎，他只是做了所有领导者以及我们普通人都会做的事情：对自己撒谎，以此来论证自己所做决定的合理性。这才是本书中我们的主要观点，对此，上面的第一位读者怕不是有什么误解？此外，我们也想为自己辩解一下：我们开始创作本书时，布什尚在总统之位，那场代价高昂的战争亦正在分裂美国，但其余波直至今日仍未消散，中东地区依然处于持续战乱中。作为开篇故事，还有什么其他案例能比这个故事更有力、更重要呢？

针对第一位评论者的评述，我们给出了畅快淋漓的自我辩护，然而在陶醉之余，我们不免要面对这样一种可怕的疑虑："先别急着开心——我们真是对的吗？还是说我们只是在为自己辩护？天哪，万一他说得有道理呢？"生而为人，我们都会不可避免地掉入我们在本书中所描述的思维陷阱。没有人可以不带偏见地活着，我们也有自己的偏见。但我们创作本书的初衷，便是为了理解偏见，并揭示它们在人类——包括我们自己——生活的各个角落中的运作规律。

在本书首次出版后的几年里,读者、评论家、街坊邻里和亲朋好友都曾给我们发来评论、研究以及个人经历。来自牙科学、工程学、教育学和营养学等不同领域的专业人士,也在敦促我们增补章节,介绍他们与拒绝关注数据的顽固同事打交道的经历。还有一些来自英国和澳大利亚的友人,自发组成了"错不在我"小分队,由此我们知道了在他们的国家里,有不少人都在运用这一经典表达。

同时,我们意识到,修订版的内容体量可以很轻松地远超原版,但所承载的信息增量却有可能与之不相匹配。在2015年出版的第二版英文版中,我们对相关研究进展进行了更新,并提供了某些组织试图纠正错误和终结陋习的实例(譬如,涉及刑事起诉、审讯方法、医院政策和科学中利益冲突的一些案例)。不幸的是,这些系统性的纠偏还远远不够,在某些领域,那些人们认同却并不正确的信念,例如反对为孩子接种疫苗,甚至变得更加根深蒂固。我们对第八章的内容做了较大改动,解决了我们在第一版中有意回避的一个难题:有些人无法为自身的失误、有害行为或错误决定找到正当理由,并因此遭受各种心理问题的困扰,比如创伤后应激障碍、内疚、悔恨和长期失眠,这些问题该如何处置?我们在书中所提供的研究和见解,可能有助于人们在无意识的自我辩护和无情的自我鞭挞之间,找到一条值得努力探索的中间道路。

就在本书英文版第二版面市后不久,唐纳德·特朗普当选为美国总统。政治、民族、种族和人口方面的紧张关系,近几十年来本就一直在潜滋暗长,自此更是快速恶化。当然,左派和右派、进步派和传统派、城市和农村之间的政治两极分化,在历史上一直存在，现今在世界各地仍然随处可见，对立的双方都在通过自己偏爱的视角看待世界。不过，特朗普现象在美国历史上是独一无二的，因为此人是有意违反政府的各种规则、规范、协议和程序——对于这些行为，他的支持者拍手称快，反对者厉声谴责，很多他以前的竞争对手甚至逐渐加入其中。当你读到本书时，无论特朗普在任与否，美国人都必须长期面对他在总统任期内所遗留下来的道德、情感和政治残余。

共和党候选人鲍勃·多尔曾将比尔·克林顿描述为"我的对手，而非我的敌人"，他这番极富教养的言辞仿佛出自很久以前，但实际上，它诞生于并不久远的1996年。现在看来，相较将对手（甚至普通异议者）视为不忠叛徒和死敌的唐纳德·特朗普，鲍勃·多尔的表述显得多么古雅。因此，在新增的结束章节中，我们仔细审视了特朗普、他的政府及其支持者形成上述观点的过程，以及这种观点对于民主所造成的毁灭性后果。一旦理解了从对手到敌人这一缓慢但有害的思维转变，我们就能慢慢找回初心，这便是我们创作此章节时的希冀所在。

卡罗尔·塔夫里斯和埃利奥特·阿伦森
写于 2020 年

引言

无赖、傻瓜、恶棍和伪君子：
他们为何能做到心安理得？

> 我所服务的政府很可能**犯了错误**。
> ——亨利·基辛格
>
> 20世纪70年代在美国针对越南、柬埔寨和南美的军事行动中，他曾扮演了不光彩的角色，以上说法是他对于战争罪指控的回应。

> 虽然是马后炮，但我们也的确发现，
> 这中间可能有人**犯了错**……对此我深表遗憾。
> ——纽约枢机主教爱德华·伊根
>
> 在谈及有主教包庇那些猥亵儿童的天主教神职人员时，他如是表示。

> 我们知道**错误已经铸成**。
> ——摩根大通公司首席执行官杰米·戴蒙
>
> 在谈及公司获得政府救助而免于破产后，又向高管们支付巨额奖金时，他如是表示。

> 在向公众和顾客宣传我们炸薯条和土豆饼的成分时，我们**犯了错误**。
>
> ——麦当劳
>
> 因未告知土豆加工食品的"天然调味料"中含有牛副产品，麦当劳向素食者道歉。

　　作为一介凡人，我们都会产生这样的冲动，为自己辩护，避免去为那些具有伤害性、不道德或愚蠢的行为承担责任。我们所处的地位决定了大多数人一辈子都不会做出影响数百万人生死存亡的决定，但无论错误所造成的后果是微不足道的还是惨绝人寰的，是小范围的还是全国性的，大部分人都会发现，自己很难甚至不可能主动开口说出，"我错了，我犯了一个可怕的错误"。情感、经济和道德上面临的风险越高，说出这句话的难度就越大。

　　事实远不止于此。当证明自己犯错的证据直接摆在面前时，大多数人非但不会改变自身的观点或行动计划，反而会变本加厉地为自己辩护。上述做法最直观往往也是最悲惨的案例，自然是出自政客们。我们开始撰写本书的第一版时，正值乔治·沃克·布什担任总统期间，此人拥有奇厚无比的自我辩护的精神铠甲，以至于最无可辩驳的证据也难以将其击穿。小布什宣称萨达姆·侯赛因拥有大规模杀伤性武器，结果他错了；他声称萨达姆与基地组织有联系，结果他还是错了；他预言伊拉克人会欢欣鼓舞地迎接美国士兵的到来，结果依然没有应验；他保证这场冲突会很快结束，结果只是空口白话。他还低估了战争耗费的人力和财力成本。不过，小布什最"声名远扬"的错误出现在美军入侵伊拉克 6 周后的一次演讲中，当时他头顶着印有"任务完成"字样的横幅，直接宣布道："在伊拉克的主要作战行动已经结束。"

来自左翼和右翼的评论家都开始呼吁小布什承认自己犯了错，但他却在为这场战争不断寻找新的辩护理由，譬如他必须铲除一个"大坏蛋"，打击恐怖主义，促进中东和平，为伊拉克带来民主，加强美国安全保护，以及完成"（我们的军队）为之献身的使命"，诸如此类。2006 年的中期选举被当时的大多数政治观察家视为针对这场战争的全民公投，结果正是在这次选举中，共和党失去了国会参众两院。此后不久，由全美 16 家情报机构共同发布的一份报告指出，对伊拉克的占领实际上导致激进主义更加猖獗，同时增加了恐怖袭击的风险。然而，在面对一个由保守派专栏作家组成的代表团时，小布什却大言不惭道："我从未像现在这般确信，我当时所做的决定是正确的。"[1]

为基于错误前提或造成灾难性后果的决定辩护的政客，乔治·布什不是第一个，也肯定不会是最后一个。想当年，林登·约翰逊的顾问们一再劝告他，越南战争是不可能打赢的，他却把这些话当成耳边风，结果赔上了自己的总统职位，因为他自以为是地确信，一旦美国撤军，整个亚洲都会"转向共产主义"。当政客们退无可退时，他们可能会不情不愿地承认失误，但绝对不会承认错误是由自己的责任造成的。"错误已经铸成"，这样的说法明摆着就是在为自己开脱罪责，以至于它沦为了全美的笑料——套用政治记者比尔·施耐德的话来说，这句话运用了"过去免责"时态。"哦，好吧，错误已经铸成，但犯错的人可不是我；犯错的另有其人，对方的姓名暂时还不方便透露。"[2] 当亨利·基辛格说自己所服务的"政府"可能犯了错误时，他相当于在无形中回避了这样一个事实：作为当时的国家安全顾问兼国务卿，他实质上就代表了政府。正是在此番自我辩护的加持之下，他能够大大方方且问心无愧地领取诺贝尔和平奖。

政客们的行为令我们感到既滑稽又震惊，甚至不乏恐惧，但其实，他们的所作所为与大多数普通人在日常生活中的行为方式并无本质区别，只是所造成的后果大小不同。我们维系着一段不愉快的恋爱关系，或者困在其中找不到出路，只不过是因为我们投入了大把时间来维持现状。对于一份死气沉沉的工作，我们之所以一干就是几十年，还不是因为我们会找各种理由来为自己不挪窝儿辩护，况且我们也无法清晰地评估离职能带来的好处。就因为外观别致，我们买了一辆问题百出的二手车，后续还需要花上数千美元才能让它上路，而且为了证明这笔投资的合理性，我们可能还要花更多的钱。就因为一些莫须有的小矛盾，我们自以为是地与朋友或亲戚反目成仇，却自视为大度者——只要对方赔个礼、道个歉，这事儿就算过去了。

自我辩护与撒谎或找借口并不是一回事。很显然，人们撒谎或编造虚假的故事，是为了平息爱人、父母或雇主的怒火，是为了不被起诉或被送进监狱，是为了不丢面子、不丢工作或保住权位。但是，一个有罪的人告诉公众一些他明知是假的事情（"我没有和那个女人发生性关系"或"我不是骗子"），与这个人说服自己相信他做了件好事，这二者之间存在很大区别。在前一种情况下，他是在撒谎，而且他也知道自己是为了自保而撒谎；在后一种情况下，他就是在自欺欺人。这就是为什么自我辩护比明确的谎言更具影响力且更危险。它会使人们确信，当下他们的所作所为已是当时的最佳选择。"我别无他法了"，"这实际上就是解决问题的最好办法"，"我这也是为了国家好"，"那些浑蛋罪有应得"，"我有权这样做"，事实上，细想一下，这些话也不无道理。

自我辩护最大限度地淡化了我们的错误和糟糕决定，它也解释了为什么除了伪君子本人，每个人都能辨认出行动中的伪君子。它让我们将自身的道德失范与他人的道德失范区分开来，同时又模糊了我们的行为与道德信念之间的矛盾。正如奥尔德斯·赫胥黎的小说《针锋相对》(*Point Counter Point*)中的某个角色所言："我不相信这世上还存在清醒的伪君子。"所以，前众议院议长、共和党政治家纽特·金里奇似乎也不太可能对自己说："天哪，我可真是个伪君子。我一边对比尔·克林顿的性丑闻口诛笔伐，一边却在这里大搞婚外情。"同样，著名的福音传道者泰德·哈格德也似乎对自己的虚伪浑然不觉，他一边公开抨击同性恋，一边却保持着与一位男妓的性关系。

同理，我们每个人都会划定自己的道德底线并为之辩护。例如，你有没有在个人所得税申报上动过一点儿小手脚？如果你忘记申报有些合法开支，你就可以弥补一些损失。况且，考虑到其他人都这样做，你不这样做就太傻了。你是不是还漏报了一些额外的现金收入？鉴于政府在你所厌恶的地方建设拨款项目，并且浪费了那么多的资金，你当然有权这样做。你有没有在本该处理公务的时候，猫在办公室里发消息、写个人邮件或者上网购物？或许你觉得这属于隐性的工作福利，再说了，这只不过是你对于公司愚蠢规定的一种抗议形式，况且老板也不会因为你多做了额外的工作而对你心存感激。

戈登·马里诺是一位哲学和伦理学教授，有一次在他下榻某家酒店时，钢笔从夹克里掉了出来，在丝质床罩上留下了一个墨点。他本打算告诉酒店经理，不过当时他已经很累了，再加上不想赔偿酒店损失，于是便缓了缓。当天晚上，他和几个朋友出门，就顺带问了一下他们的看法。"有位朋友建议我放弃这种道德狂热式的想法。"马里诺说,"他解释道:'酒店管理层对这样的事故早有预判,他们肯定早就将成本算到了房间的价格里。'没过多久,我就被说服了,认为这种小事没有必要麻烦经理。我给出的理由是,如果这种事发生在民宿里,我肯定会立即上报,但这是一家连锁酒店,干脆蒙混过关得了。最终在退房时,我在前台留了张纸条,说明了一下现场情况。"[3]

大家也许会说,所有这些辩护的理由也没错啊!酒店客房的收费确实包含了因客人笨手笨脚而造成的维护成本!政府确实就是在浪费资金!我是花了点儿时间干私事,但最后还是完成了工作,公司肯定不会介意的!其实,这些说法是真是假并不重要。当越过这些界限时,我们就是在为自己明知是错的行为进行辩护,只有这样,我们才能继续将自己视为诚实之人,而非罪犯或小偷。这些值得探讨的行为,无论是像在酒店床单上洒墨水这样的小事,还是像挪用公款这样的大事,其背后自我辩护的机制都是一样的。

有意识的谎言被用于欺骗他人,无意识的自我辩护可以愚弄自己,眼下在这二者之间,出现了一处迷人的灰色地带,这片区域由一位不可靠且自私自利的"历史学家"负责巡视,它名为记忆。记忆通常会被某种自我强化式的偏见所裁剪和塑造,这种偏见不仅会模糊往事的边际,淡化罪责,还会导致真相被扭曲。例如,当研究人员询问身为妻子的女性要承担多少比例的家务时,她们会说:"你开什么玩笑?我差不多包揽了所有家务,至少是90%。"而当他们询问丈夫同样的问题时,男人们会说:"其实我也做了不少,大概40%。"虽然具体数字因人而异,但二者相加之和总是远远超过100%。[4] 由此,我们很容易得出夫妻双方有一方在撒谎的结论,但实际上更可能的情况是，两人的记忆方式都在无形中抬高了自身的贡献比例。

一段时间以后，随着自利性的记忆扭曲逐渐发挥作用，以及过往的事情慢慢被忘却或记错，我们可能会一点儿一点儿地开始相信自己的谎言。我们知道自己曾经做错了事，但渐渐地，我们开始觉得那并不全是我们的过错，毕竟当时情况很复杂。我们开始低估和推卸自己的责任，并慢慢淡化它，直至其原本高大厚重的身形化为虚影。没过多久，我们便可以偷偷说服自己，相信自己在公开场合所说过的那些话。理查德·尼克松的白宫法律顾问约翰·迪恩，曾经揭发水门事件中非法活动所掩盖的阴谋，他在一次采访中的表述，恰好解释了上述过程的生效机制。

  主持人：你是说那些编造故事的人相信了自己的谎言？
  迪恩：是这样的。如果你把一件事经常挂在嘴边，哪怕它是假的，久而久之，它也会变成事实。举例来说，当新闻界得知有记者和白宫工作人员的通话遭到窃听，此时断然否认决计不能奏效，于是有人开始宣称，窃听事关国家安全问题。我敢肯定，很多人都相信窃听是为了国家安全，但事实并非如此。它只是真相被揭露后编造出来的辩护理由。不过，你要明白，当这些话从他们口中说出来时，他们是当真的。[5]

与尼克松一样，林登·约翰逊也是一位自我辩护大师。按照其传记作者罗伯特·卡洛的说法，当约翰逊开始相信某件事情时，他会"完全、绝对地相信它，丝毫不顾及以前的信念或者事实真相如何"。约翰逊的一位助手乔治·里迪表示,约翰逊"拥有一种非凡的能力,他可以说服自己相信,他在任何时候都坚守了自己应该坚守的原则。当有人拿出他过去曾持有其他不同观点的证据时,他又会表现出一种受伤的无辜感,那种模样真是极具迷惑性。这不是在演戏……他真的有一种说服自己的神奇能力,只有那些有利于当下的'真相'才是真相,其他与之相对立的任何事实,都是敌人编造的搪塞之词。他简直可以将心中所想变为现实"。[6] 尽管约翰逊的支持者认为,这是其性格富有魅力的表现,但这也可能是他无法将美国从越战泥潭中解救出来的主要原因之一。一位在面对公众时为自己行为辩护的总统,还有可能接受劝诫,从而改变自己的行为;而一位只会对自己自证清白且坚信自己掌握了真理的总统,则完全不可能在外力的作用下,进行自我纠正。

· · ·

苏丹的丁卡(Dinka)和努尔(Nuer)部落有一种奇怪的习俗。当地人会拔掉孩子的恒牙,多达 6 颗下牙和 2 颗上牙,这会导致孩子出现下巴凹陷、下唇塌陷以及语言障碍。这一习俗显然起始于破伤风盛行的时期,这种流行病会导致牙关紧闭。于是,村民们开始拔掉自己和孩子的门牙,以便从牙齿的缝隙中补充流质。然而,破伤风流行早已成为过往,但丁卡人和努尔人依然执着于给孩子拔门牙。[7] 这是为什么呢?

19 世纪 40 年代,维也纳的一家医院被某种神秘且可怕的问题困扰。这家医院有两个产房,在其中一个产房中因产褥热流行,约有 15% 的产妇死亡。在疫情最严重的月份,甚至有多达 1/3 的产妇死亡，这一比例是另一产房死亡率的 3 倍。在低死亡率的产房中，有助产士负责接生。自此以后，这家医院里一位名叫伊格纳奇·山姆维斯的匈牙利医生，提出了一种假设，用来解释为什么在特定产房中，会有如此之多的产妇死于产褥热。他认为，这是医生和医学院的学生从解剖室出来以后直接参与接生所导致的。尽管在当时，人们还没有细菌的概念，但山姆维斯认定，这些人的手上可能携带了某种"致病毒素"。因此，他要求自己的学生在进产房之前，一定要用含氯的消毒液洗手——此举果然奏效，产妇频繁死亡的惨剧很快被终结。山姆维斯的病人一直维持着较低的死亡率，这些挽救生命的惊人结果就摆在眼前，但他的同事们却拒绝接受相关证据。[8] 为什么他们没有迅速接纳山姆维斯的发现，并为查明造成如此多无谓死亡事件的罪魁祸首，而向他由衷地表示感谢呢？

二战结束以后，费迪南德·伦德伯格和玛丽尼亚·法纳姆出版了畅销书《现代女性——失落的性别》(*Modern Woman: The Lost Sex*)。在这本书中，两位作者宣称，在"男性活动领域"中取得一定成就的女性，或许看似在"顶级联赛的竞争"中获得了成功，但与此同时，她也付出了巨大的代价："她牺牲了自己最基础的本能追求。从严峻的现实视角来看，她在气质上就不适合这种粗暴激烈的竞争，这对她造成了伤害，尤其是在情感方面。"这种成就甚至会让她变得性冷淡："处处挑战男性，拒绝再扮演哪怕是相对顺从的角色，很多女性发现自己的性满足能力日益衰减。"[9] 在随后的 10 年间，法纳姆博士在明尼苏达大学获得医学博士学位，并在哈佛大学医学院从事博士后研究，可以说，她这 10 年来的职业历程就是在告诉女性不要拥有事业。难道她就不担心自己会变得性冷淡，自己的本能追求会受到破坏吗？

加利福尼亚州的克恩县警方逮捕了一位名叫帕特里克·邓恩的退休高中校长,此人涉嫌谋杀妻子。为了破案,警察询问了两位知情者,但这两人却提供了相互矛盾的信息。其中一方是没有犯罪记录的女性,缺乏为帮助嫌犯而向警方撒谎的个人动机,而且她的日程安排和其上司的证词都支持她对于整个事件的描述。她的陈述支持了邓恩的清白。另一方则是即将面临6年牢狱之灾的职业罪犯,此人之所以同意指证邓恩,部分原因在于他与检察官达成了协议,但除了自己的证词,他无法提供更多的证据。他的陈述表明邓恩有罪。此时,警方需要做出选择:究竟是相信那位女士(即邓恩无罪),还是相信那位罪犯(即邓恩有罪)?最终,他们选择了后者。[10] 为什么会这样呢?

在理解了自我辩护的内在机制以后,我们就可以回答这些问题,也能解释人们所做的很多不可理喻乃至疯狂的举动。当亲眼见到冷酷无情的独裁者、贪婪的公司首席执行官、借上帝名义杀人的宗教狂热分子、猥亵儿童的牧师或骗取亲人遗产的家庭成员时,许多人会不禁发问:他们能这样心安理得,究竟是怎么做到的?而现在,我们就能给出这个问题的答案,那便是:他们所采用的手段,和我们普通人没什么两样。

自我辩护有利有弊。它本身未必是件坏事。它能让我们在夜里安然入睡。没有自我辩护,尴尬所带来的可怕痛苦会延续下去。由于没有选择某条道路或选择了一条糟糕的路而感到后悔,我们会因为这种后悔而不断自我折磨。人生中的几乎每个决定都让我们痛苦不堪:我们是否做了正确的事情?是否和对的人迈入婚姻殿堂?是否买对了房?是否选对了车?是否从事了适合的职业?然而,无意识的自我辩护却如同流沙一般,让我们陷入了更深的灾难。它直接抑制了我们正视自身错误的能力，更不用说改正错误了。它扭曲了现实，使我们无法获得所需的全部信息，也无法清晰地评估问题。它延长并扩大了恋人、朋友和国家之间的罅隙。它让我们无法摆脱不健康的习惯。它允许有罪者逃避为自己的行为负责。它还会导致许多专业人士固守已经过时的观念和程序，从而损害公众利益。

我们每个人都无法避免犯错。但我们有能力直接指明后果："这样做是行不通的。这不合情理。"犯错乃人之常情，但人类可以在掩饰和坦白之间做出选择。我们所做的选择对于接下来的行动至关重要。所有人都知道应该从错误中吸取教训，但如果不首先承认自己犯错，我们又怎么能吸取教训呢？要做到这一点，我们必须认清自我辩护的诱人之处。在第一章中，我们将讨论认知失调，这是一种与生俱来的心理机制，它创造了自我辩护，保护了我们的自信、自尊和部落归属感。在接下来的章节中，我们还将详细阐述自我辩护所导致的最具危害性的一系列后果：它如何加剧偏见和腐败，扭曲记忆，将职业自信转变为傲慢，制造并延续不公现象，使爱情扭曲变形，以及导致仇怨和裂痕。

不过好消息在于，通过理解上述机制的运作机理，我们可以破解这一问题。因此，在第八章中，我们将退后一步，先看看针对个体和人际关系存在哪些解决方案。然后到第九章中，我们会再拓宽视角，去思考当下的重大政治问题：如果忠诚于党派即意味着要支持某位危险的党派领导人，公民如何应对由此所产生的失调感？究竟是选择政党的利益高于国家，还是做出艰难而勇敢的道德抉择，来抵制简单的二选一？公民解决这种失调感的途径，会对他们的生活乃至国家产生巨大的影响。要找到足以带来改变与救赎的解决方案，理解其机制是第一步。这就是我们创作本书的初衷。

第一章

认知失调：
自我辩护的驱动力

新闻发布日期：1993 年 11 月 1 日
我们在之前的新闻稿中写道，纽约将在 1993 年 9 月 4 日到 10 月 14 日之间被摧毁。在这一点上，我们并没有说错，甚至可以说是准确无误！

新闻发布日期：1994 年 4 月 4 日
我们过去公布的所有日期，都是《圣经》中上帝所给出的正确时间。不存在任何错误……以西结给出的围城时间总共是 430 天……我们照此计算，恰好是 1994 年 5 月 2 日。现在，所有人都得到了预警。我们已经完成了使命……
引导人们获得安全、保障和拯救，我们是全世界唯一做到这些的人！
我们百分之百地成功了！[1]

末日预言非常有趣，有时候又会带点儿滑稽感，但更吸引人的地方在于，当预言落空，世界依旧像之前一样运转时，我们可以亲眼看到，那些信徒的末日推理会发生怎样的变化。值得注意的一点在于，他们当中几乎没有人会直接抱怨说："我搞砸了！我真不敢相信，自己竟然愚蠢到会相信那些无稽之谈！"相反，大多数时候，末日论者会更加坚信自己的预测能力。有些人相信《圣经》中的《启示录》一卷中的末日预言，或者认定16世纪自称预言家的诺查丹玛斯在其著作中，已经预言了从黑死病到"9·11"恐怖袭击的每一场灾难。这样的人会坚持自身信念，至于那些含混不清的预言，为什么只有在事件发生后才能得到完整的解读，这种小问题根本不会对他们构成困扰。

半个多世纪以前，一位名叫利昂·费斯汀格的年轻社会心理学家与他的两位同事，偷偷混入了一个相信世界将会在1954年12月21日终结的末日论组织。[2] 他们想知道，当所谓的预言失败时（这当然也是研究者们所乐见的！），这群人会有何表现。该组织的领导者被研究人员称为玛丽安·基奇，她向信徒们承诺，12月20日午夜会有一艘飞船前来，将他们全部接走，并送到安全之所。她的许多追随者为了迎接末日的到来，不惜辞去工作，变卖房产，散尽家财。都到外太空了，谁还需要钱呢？还有一些人则在家中恐惧或无奈地等待着。（基奇的丈夫不相信这些，当晚他早早就上床睡觉了。当妻子和她的那些追随者在客厅里整夜祈祷时，他就在隔壁呼呼大睡。）此时，费斯汀格做出了自己的预测：一旦预言落空，那些对预言缺乏坚定信念的信徒——他们各自在家等待世界末日降临，希望自己在午夜能够安然无恙——会在不知不觉中失去对基奇夫人的信任。不过同时他也认为，那些捐出家产并与其他信徒一起等待飞船前来拯救的人,会更加信任基奇的神秘力量。事实上,他们眼下还在想尽一切办法让其他人加入自己的行列。

到了午夜时分,基奇家的院子里并没有出现飞船的踪迹,大家都感到有些紧张。等到了凌晨 2 点,他们开始担心起来。凌晨 4 点 45 分,基奇夫人看到了新的天象:在这个小团体强大信念的加持之下,这个世界获得了宽恕。"上帝的言语之力强大无比,"她告诉追随者,"你们因他的话而得到救赎——从死神口中被拯救出来,地球上从未出现过如此伟大的力量。自地球诞生以来,从未有过现在这般景象,善行和光明的力量充溢着整个房间。"

组织成员的情绪由绝望转为振奋。很多在 12 月 21 日之前并不觉得有必要劝诱他人改变宗教信仰的组员,开始打电话给媒体报告上述奇迹。很快,他们又走上街头,拉住路人宣传,试图劝服对方改变信仰。基奇夫人的预言没有应验,但利昂·费斯汀格的预测同样宣告失败。

• • •

驱动自我辩护的原动力,即让我们感觉有必要对行为和决策——尤其是错误的行为和决策——进行辩解的力量,是一种令人不快的感觉,费斯汀格称之为"认知失调"(cognitive dissonance)。认知失调是一种紧张状态,它出现在人们同时保留两种在心理上相互抵触的认知(思想、态度、信仰或观念)时,比如一边认为"抽烟是件蠢事,它会要了我的命",一边却坚持"我每天要抽两包烟"。认知失调会导致心理不适,从轻微恐慌到严重痛苦,具体感受因人而异,但在找到减少认知失调的方法之前,这种不适感无法消退。在抽烟的例子中，吸烟者减少认知失调的最直接办法便是戒烟。但如果他努力戒烟，结果却宣告失败，那么他同样要通过说服自己来减少认知失调，能给出的理由不外乎抽烟其实并非百害而无一利，它有助于使自己放松或避免发胖，所以这个风险值得冒（毕竟肥胖也是一种健康风险），诸如此类。大多数吸烟者都会借助许多类似的巧妙方法，来试图减少失调感，尽管这些方式或多或少都有些自欺欺人之感。[3]

认知失调令人感到焦虑，因为同时保留两种相互矛盾的想法，无异于在和荒谬性共舞，正如阿尔贝·加缪所观察到的，人类这种生物终其一生都在试图说服自己：自身的存在并不荒谬。费斯汀格理论的核心在于，人们如何让矛盾的想法合理化，由此过上（至少在他们自己看来）协调一致且富有意义的生活。该理论为3 000多个相关实验提供了启发，这些实验共同改变了心理学家对于人类思维运作方式的理解。认知失调理论甚至走出了学术圈，进入了大众文化视野。现如今，类似的说法随处可见。本书作者从政治专栏、健康新闻报道、杂志文章、威利·米勒创作的《不合逻辑的推论》（*Non Sequitur*）系列漫画（《认知失调桥上的决战》）、保险杠贴纸、肥皂剧《危险边缘》（*Jeopardy!*）以及《纽约客》的幽默专栏（《认知失调让我感觉很舒服》）中，都发现了它的踪影。尽管这一表达已被广泛使用，但很少有人能完全理解其含义，或领悟其巨大的激励力量。

1956年，本书作者之一埃利奥特进入斯坦福大学攻读心理学研究生。同年，费斯汀格也成了斯坦福大学的一位年轻教授。二人很快便开始合作，设计各种实验来测试和扩展认知失调理论。[4]他们的思想对心理学领域以及在普罗大众中传播的许多概念构成了挑战，譬如，行为主义者认为，人们做某件事的主要目的在于可以从中获得回报；经济学家则主张，人类在通常情况下会进行理性决策；而精神分析学家相信，具有攻击性的行为有助于消除攻击性冲动。

我们不妨先来看看认知失调理论是如何向行为主义发起挑战的。当时，大多数心理学家都相信，人类的行为受到奖惩规则的支配。如果你在迷宫的尽头给予老鼠食物奖励，那么与不提供奖励相比，老鼠掌握迷宫路线的速度更快，这一点是不可否认的。同理，如果狗向你伸出爪子，你就奖励它一块饼干，那么它学习技能的速度肯定比你只是坐在它身旁希望它自学成才更快。与之相对的是，假如狗在地毯上撒尿被抓住了，你马上就对其实施惩戒，那它很快就会停止这种行为。行为学家还进一步指出，任何东西只要与奖励挂钩，都会变得更有吸引力，例如狗会因为你奖励给它饼干而喜欢你。而任何与痛苦相关联的事物，都会变得令人生厌和不受欢迎。

当然，行为法则也同样适用于人类。没有人愿意无偿地从事一份无聊的工作。如果你给蹒跚学步的孩子一块饼干来阻止他发脾气，你就等于教会了他在想吃饼干时就可以发脾气的道理。但是，不管怎样，人类的大脑肯定比老鼠或狗的大脑更复杂。小狗可能会因为在地毯上撒尿被抓住而表现出悔意，但它不会试图为自己的不当行为寻找理由。而人会思考，认知失调理论表明，正因为我们会思考，我们的行为才会超越奖惩机制的影响，而且往往与之形成对立。

为了验证上述观察结果，埃利奥特预测，如果人们经历了巨大的痛苦、不适、辛劳或尴尬才得到了某样东西，那么相比轻易得到的东西，前者会让他们感受到更多的幸福。在行为主义者看来，这是一种荒谬的预测。为什么人们会喜欢与痛苦联系在一起的东西呢？但对于埃利奥特来说，答案显而易见：自我辩护导致了这一切的发生。"我是一个明白事理、能力出众的人"，"我经历了痛苦的过程才达成了某种目的（比如，加入了某个团体），但最终只收获了无聊，且结果毫无价值可言"，这两种认知之间存在着认知失调。因此，这个人就会朝着积极的方向来扭转自己对于该团体的认知，尝试寻找其积极的方面，而忽略其缺点。

要检验这一假设，最简单的方法似乎是根据入会的严格程度，来对一些大学兄弟会进行评分，然后采访其会员，询问他们对会中兄弟们的认可程度。如果入会要求严苛的兄弟会的成员，比入会要求宽松的兄弟会的成员，更认可自己的兄弟们，是否就能证明严苛的入会仪式一定会带来对于团队的认可？但事实可能是倒过来的。如果某个兄弟会的成员认为自己属于非常受欢迎的精英群体，他们可能就会设立严格的入会仪式，以防止不三不四的人混入其中。只有那些一开始就被该团体所深深吸引的人，才会愿意经历这样严格的入会仪式，加入其中。而那些对于特定兄弟会并不太感兴趣，只是想随意加入某个团体的人，通常会选择入会仪式相对宽松的兄弟会。

这就是对照实验必不可少的原因所在，它的巧妙之处就在于将受试者随机分配到不同的条件下。无论对于加入某个团体的兴趣程度如何，每个参与者都会被随机分配到入会要求严格的团体或入会要求宽松的团体中。如果历经艰辛才得以加入某个团体的人，后来发现该团体比那些不费吹灰之力就能加入的团体更具吸引力，那么我们就知道，激发喜爱的是努力，而非最初兴趣程度的差异。

于是，埃利奥特和同事贾德森·米尔斯便设计并完成了这样一个实验。[5] 他们邀请斯坦福大学的学生加入某个探讨性心理的小组，但要获得入组资格，这些学生首先必须满足一定的准入要求。其中一些学生被随机分配到一个非常尴尬的准入流程中：他们必须当着实验者的面，大声朗诵《查泰莱夫人的情人》和其他情色小说中淫秽露骨的段落（对于20世纪50年代的传统大学生来说，这种事情还是让人颇为难堪的）。其他人则被随机分配到相对不那么尴尬的准入流程中，譬如大声朗读字典中与性相关的词汇。

入组流程结束以后，每个学生都会听到同样的一段录音，并被告知这段录音的具体内容为刚加入小组的其他成员所开展的讨论。实际上，这段录音是提前准备好的，其中所探讨的内容既无聊透顶又毫无价值。讨论者支支吾吾地谈论着鸟类的第二性征，譬如求偶时羽毛的变化，中间还夹杂着长时间的停顿。录音里参与讨论的人都是吞吞吐吐的，而且经常相互打断彼此的发言，话也说不完整。

最后，研究者要求受试学生对录音中的这段讨论进行综合评价。那些经历过温和入组流程的学生认为讨论毫无吸引力，非常无聊。录音里有个家伙还结结巴巴、嘟嘟囔囔地承认，自己没有阅读关于某种珍稀鸟类求偶方式的必读书目。他的这种行为惹恼了那些经历温和入组流程的听众：这真是个不负责任的白痴！他连基本的阅读都没有完成！他让大家失望了！这样的人，谁会愿意和他分在一个小组呢？相比之下，那些经历过严苛入组流程的人却认为，这段讨论颇为有趣和精彩，小组成员观点犀利，引人入胜。另外，他们也原谅了那位不负责任的白痴，甚至还觉得对方的坦率令人有耳目一新之感！谁不想和这样一位诚实的人待在一个小组里呢？对于这样的结果，我们真的很难相信他们听到的是同一段录音。然而，这便是认知失调的威力所在。

其他科学家也曾多次重复类似的实验，并使用了包括电击和过度体能消耗在内的各种准入条件。[6]其结果无一例外都是一样的：严苛的准入条件增强了成员对群体的好感度。而在现实生活中，在多元文化国家毛里求斯进行的一项观察性研究，则为我们提供了另一个关于辩护行为的惊人案例。[7]该国每年都会举办一次名为大宝森节的印度教节日庆典，其中会包含两种仪式：一种是涉及唱歌和集体祈祷的轻松仪式，另一种则是被称为"卡瓦第"（kavadi）的严苛仪式。这里说严苛其实有些保守，因为参与者需要接受针扎签穿，背上沉重的枷锁，还要拖动用钩子挂在皮肤上的小车，整个仪式会持续4个多小时。其间，他们会赤脚登山，抵达穆卢甘寺庙。仪式结束以后，研究人员让参加轻松仪式和严苛仪式的教徒分别向寺庙匿名捐款。结果发现，相比轻松仪式的参与者，严苛仪式参与者的捐款金额要高出许多。参与者的痛苦程度越高，向寺庙捐的钱就越多。

不过，这些研究结果并不意味着人们喜欢痛苦体验，也不意味着人们会仅仅因为某些事物与痛苦相关就喜欢上它们。这里的意思是，如果某人为了达成某一目标或获得某个对象，而自愿承受困难或痛苦经历，那么这一目标或对象就会变得更富有吸引力。换句话说，如果你在去参加某个研讨小组的半途中，被一个从公寓楼窗户里丢出来的花盆砸中了脑袋，那么对于所谓的研讨小组，你绝对无论如何也喜欢不起来。但如果你是自愿被花盆砸中脑袋而成为小组成员的，那么你肯定会更喜欢这个群体。

所信即所见

我会审视任何其他证据，以佐证我已经得出的观点。
——莫尔森勋爵，20世纪英国政治家

我们这些现代人类，肯定会合乎逻辑地处理信息，但认知失调理论却打破了这种自以为是的想法。一方面，如果新信息与我们的信念相吻合，我们就认为它是有理有据且有用的——"就像我一直说的那样吧！"另一方面，如果新信息与我们的信念不一致，我们就会认为它充满偏见或愚蠢至极——"真是个愚不可及的理由！"对于调和的需求是如此之大，以至于当人们被迫去审视反面证据时，他们会想方设法地对其进行批判、歪曲或否定，因为只有这样才能维持甚至强化自身已有的信念。这种心理扭曲被称为"证真偏差"（confirmation bias）。[8]

一旦意识到这种偏见，你便会发现它无处不在，包括你自己身上。设想一下，你是一位世界一流的小提琴家，你最引以为傲的财富便是自己那把斯特拉迪瓦里小提琴，它价值数百万美元，拥有 300 年的历史。它美得不可方物！音色成熟而温润！共鸣奇佳！用起来十分顺手！但现在有位白痴研究者试图让你相信，现代小提琴在很多方面都优于你心爱的斯特拉迪瓦里小提琴，其售价也不过十几万美元。这种荒谬之言简直让你笑出声来。"不相信吗？"这位研究人员说道，"我们可是在酒店房间里对 21 位专业小提琴演奏家进行过盲测，演奏时他们戴上眼罩，并不知道自己演奏的是现代小提琴还是斯特拉迪瓦里小提琴。结果，其中有 13 人将现代小提琴选为自己的最爱。在受测的 6 把小提琴中，斯特拉迪瓦里小提琴是所有人都最不待见的。""这不可能！"你愤愤然道，"测试条件都不对——谁能在酒店房间里评判小提琴的音色？"于是，这位研究者及其同事又对实验进行了微调。这一次，他们使用了 6 把具有 300 年历史的意大利小提琴和 6 把现代小提琴。他们让 10 位专业演奏家在排练室中，对这些小提琴进行了 75 分钟的盲测，然后又在音乐厅里做了 75 分钟的盲测。就手感、音色和声音投射这些方面而言，演奏家们对现代小提琴给出了更高的评价，不过他们对于自己所拉的是旧琴还是新琴的猜测，也纯粹是在瞎蒙。[9]

随后的一项研究发现，听众也更喜欢现代小提琴的声音，而非据说音质更好的斯特拉迪瓦里小提琴。[10] 听众只有在事先知道声音出自哪把小提琴时，才会认为斯特拉迪瓦里小提琴的声音比现代小提琴更好听。"如果你知道声音出自斯特拉迪瓦里小提琴，你就会觉得自己听出了差异，"那位首席研究员说道，"这种先入为主的效果是无法消除的。"

这些研究能够说服大多数专业小提琴家，使他们相信斯特拉迪瓦里小提琴在某些方面可能逊色于现代小提琴吗？恐怕比较困难，因为专业小提琴家可能会细致地检查研究过程，从中找出漏洞。密尔沃基交响乐团的首席小提琴手就拥有一把斯特拉迪瓦里小提琴，其价值高达 500 万美元。对于上述研究结果，这位音乐家表示："这不仅是乐器的问题，也和演奏者有关。如果你能轻松自如地演奏某件乐器，那么你对它的印象分自然就高了起来。乐器越现代，演奏起来也就越顺手。但我不知道有哪位伟大的演奏家，会愿意拿斯特拉迪瓦里或瓜奈利小提琴换一把现代琴。"即便这样做会获得 490 万美元的利润，也不可能出现这样的事情！

证真偏差在政治观察领域表现得尤为明显：我们通常只会看到己方的积极品质和对方的消极属性。1960 年，美国首次在电视上直播了理查德·尼克松对阵约翰·肯尼迪的总统辩论。在观看了这场辩论以后，美国传奇性的幽默作家兼社会评论家莱尼·布鲁斯对上述机制做了如下生动的描述：

如果我和一群肯尼迪的粉丝一起观看辩论,他们给出的评论肯定是:"他把尼克松打得落花流水。"要是我转移到另一间公寓,和尼克松的粉丝们待在一起,那么这些人肯定会说:"他痛打了肯尼迪,你看得过瘾吧?"然后我意识到,每个群体都对自己的候选人情有独钟,哪怕他面对镜头明目张胆地说道:"我就是个小偷、骗子,你们听好了,你们选人来当总统,而我就是那个最差人选!"这时他的那些追随者也会说:"这才是诚实者该有的表现。只有大人物才敢承认这一点。他才是我们需要的总统人选。"[11]

2003年,在伊拉克不存在大规模杀伤性武器的事实已经再清楚不过以后,先前赞成开战的民主党人和共和党人皆陷入了认知失调:当总统告诉我们,萨达姆·侯赛因拥有大规模杀伤性武器时,我们相信了他,但我们(和他)都错了。如何消解这种认知失调?大多数共和党人通过拒绝接受相关证据来实现消解,在接受知识网络(Knowledge Networks)发起的一项民意调查时,这些人宣称,他们相信大规模杀伤性武器已经被找到了。此项调查的负责人表示:"对一些美国人来说,他们对于战争一厢情愿的支持,可能会导致其主动屏蔽没有发现大规模杀伤性武器的信息。鉴于新闻报道的密集程度以及公众对此话题的关注度,如此有选择性地接纳信息恰好表明,这些美国人或许正在回避某种认知失调体验。"这简直就是明摆着的事情![12] 事实上,直到今天,我们偶尔还会收到读者的质询,对方试图说服我们相信大规模杀伤性武器已经被找到了。对此,我们只能回答说,包括唐纳德·拉姆斯菲尔德、康多莉扎·赖斯和科林·鲍威尔在内的小布什政府的高官们都已经承认

第一章 认知失调:自我辩护的驱动力

了，除了一些藏匿已久且基本失效的化学武器，不存在所谓的大规模杀伤性武器，为此开战是完全不值当的。在2010年出版的回忆录《抉择时刻》中，小布什本人这样写道："当没有找到大规模杀伤性武器时，没有人比我更震惊和愤怒。每次想到这件事，我都有一种作呕的感觉。直至今天依然如此。"这种"作呕的感觉"便是认知失调。

支持布什总统的民主党人也在做着消解认知失调的努力，但方式不尽相同：他们是通过主动遗忘自己当初对战争持支持态度，来达成所愿的。入侵伊拉克前，约有46%的民主党人支持入侵；到了2006年，只有21%的人记得自己当时的态度。另外，就在开战以前，有多达72%的民主党人表示，他们相信伊拉克拥有大规模杀伤性武器，但之后不久，只有26%的人还记得上述表态。为了维持认知的协调，他们实际上就等于在说："我自始至终都知道，小布什就是在欺骗我们。"[13]

神经科学家已经证实，这些思维偏差内嵌于大脑的信息处理模式之中——所有人的大脑皆是如此，无论其政治派别如何。在一项相关研究中，德鲁·韦斯滕及其同事利用磁共振成像技术，监测了人们在尝试处理某些信息时的表现。研究人员发现，当参与者在面对乔治·布什或约翰·克里的失调信息时，大脑的推理区域几乎呈关闭状态，而当恢复至调和状态以后，大脑的情感回路则被激活。[14] 这些机制为我们的观察结果提供了神经学依据，即我们的想法一旦成形，要想再改变它就得付出很大的努力。

事实上，即便是与自己观点相悖的信息就摆在眼前，人们也会更加坚信自己是正确的。在另一项实验中，研究人员挑选了赞成或反对死刑的两拨人，要求他们阅读两篇证据充分的学术性文章，其内容涉及死刑是否能够阻止暴力犯罪这一令人情绪激荡的议题。其中一篇文章的结论是，死刑能够阻止暴力犯罪，另一篇文章的结论则完全相反。如果读者是在理性地处理文章信息，那么他们便会意识到，这个问题比他们之前所想的要复杂得多，由此在看待作为一种威慑手段的死刑时，彼此的想法可能会更加接近。但认知失调理论预测，读者会想尽办法歪曲这两篇文章。他们会找各种理由来迎合那篇与自身观点一致的文章，并称赞它为高水平的作品。与此同时，他们也会对不合心意的文章吹毛求疵，再将其中的小问题夸大为自己不必受文章影响的重要理由。实际情况果真如此。两拨实验对象不仅都在试图诋毁对方的观点，而且对于自身的观点，也都更加坚持了。[15]

这个经常能复现的研究结果，解释了为什么科学家和健康专家很难去说服那些在意识形态或政治上坚持某种信念（例如"气候变化是个骗局"）的人改变想法，即便有大量证据表明他们的确需要改变。如果收到与自身观点相悖或不受自己待见的信息，接收者通常并不会简单地予以抵制，他们反倒可能会更加坚信自己原来的（错误）观点——这就是所谓的逆火效应。一旦我们对某种信念投入了情感，证明了其正确性，那么再想改变想法就非常困难了。将新的证据纳入现有框架，并从心理层面为其适配性辩护，可比更改框架容易得多。[16]

受证真偏差影响的人甚至会认为，没有证据，即缺乏证据，恰恰就是证实自身观点的最好证据。当联邦调查员和其他调查人员未能找到任何可以证明成员会在仪式上屠杀婴儿的撒旦式邪教已经渗透至美国的证据时，相信邪教存在的信徒们完全不为所动。他们认定，找不到证据恰好就证明了那些邪教头子有多么狡猾和邪恶：他们吃掉了那些婴儿，甚至连骨头都不剩下。

落入这种推理思维陷阱的，不只是处于社会边缘的邪教分子以及流行心理学的拥趸们。二战期间，富兰克林·罗斯福曾驱赶成千上万的日裔美国人离开家园，然后将其关进集中营。他做出这一可怕决定，所依据的只是"日裔美国人正在计划破坏战果"的谣言。然而，无论是当时还是后来，人们都没有找到足以支持这一流言的证据。就连时任美国陆军西海岸司令的约翰·德威特将军都承认，军方并未发现任何相关证据，表明有日裔美国公民正在从事破坏或叛国行动。尽管如此，他依然表态说："没有出现破坏行动这一事实本身，就是一种令人不安的确认象征，它暗示此类行为即将出现。"[17]

伊尔莎的选择、尼克的奔驰车和埃利奥特的独木舟

在处理信息时，人处于非理性状态——认知失调理论所能解释的，远不止这一理性概念。它还说明了，人们在做出重要决定后，为什么会依然保持偏见。[18] 社会心理学家丹尼尔·吉尔伯特在其富有启发性的著作《哈佛幸福课》中，曾问过一个发人深省的问题：电影《卡萨布兰卡》中，如果伊尔莎不是在爱国之心的驱使之下，与自己反纳粹的丈夫重聚，而是选择与老情人里克留在摩洛哥，那么故事将会如何发展？她会感到后悔吗？正如里克在那段令人心碎的深情告白中所说的："或许不是今天，或许不是明天，不过很快，你会后悔终生的。"离开里克会令她终生抱憾吗？吉尔伯特收集了大量数据，证明上述两个问题的答案都是否定的，从长远来看，任何一种抉择都会让她感到幸福。里克的告白让人感动，但结论却是

错误的，认知失调理论告诉了我们原因：伊尔莎会找到理由证明自己的选择是正确的，同时也会找出理由，庆幸自己没有做出另一种选择。

一旦做出决定，我们就有各种可供支配的工具来支持它。当我们勤俭持家、生性低调的朋友尼克因一时冲动，换掉那辆陪伴自己8年的本田思域，买了一辆满配的新奔驰以后，他的一些举止相较平时，就开始古怪了起来。他会开始对朋友的车评头论足，发表一些奇怪的言论，比如"你是不是该把那辆破车换掉了？你不觉得自己应该享受一下高级驾驶工具的乐趣吗？"他还会说："你知道，开小车真的很不安全。如果出了事故，你可能会丢掉性命。难道自己的性命不值得多花几千美元吗？我开的是一辆可靠的奔驰车，所以我的家人也会很安全，你不知道这给我带来了多大的安全感。"

或许尼克只是单纯地被安全问题所困扰，他也只是冷静而理性地觉得，要是自己所有的朋友都能开上奔驰这样的好车，那该有多么美妙。但我们不这样觉得。他的行为太过反常了，我们怀疑他这样做是为了消减失调感，因为他在冲动之下，将毕生积蓄中的很大一部分都花在了自己曾经认为"不过是一辆车"的商品之上。况且，他买车的时候，孩子正准备上大学，这笔支出让他手头更加吃紧。于是，尼克开始寻找各种理由，来为自己的决定辩护："奔驰车就是好；我辛苦了一辈子，也该享受享受了；而且，它的安全性很高。"如果能说服那些吝啬鬼朋友也买一辆，他就更觉得心安理得了。正如基奇夫人的那些皈依者一样，他也开始四处劝说他人。

尼克减少认知失调的需求因其所做决定的无可挽回性而大大增加。他如果想取消这个决定，就得做好损失一大笔钱的心理准备。

针对赛马场上赌徒心理活动的一项巧妙研究，为无可挽回性的威力提供了一些科学证据。赛马场是研究无可挽回性的理想场所，因为一旦下了注，你就不能再告诉下注窗口后面的那位"好好先生"，自己改变主意了。在这项研究中，研究人员只是简单地拦住那些正在排队下两美元赌注的人，以及另外一些刚刚离开下注窗口的人，询问他们对自己所买的马能赢抱有多大信心。结果发现，相比排队等候者，下过注的人会更坚信自己的选择是对的。[19]然而，除了是否已经下了注，这两类人面对的其他情况都是一样的。如果确实无法更改自己的选择，人们就会更加确信，自己刚刚做的事情是正确的。

  从这里我们可以看到，理解认知失调机制如何发挥作用的一大直接好处便是：不把尼克的话当回事。为做出某项决策而在时间、金钱、精力或便利性等方面所付出的代价越高，其结果就越难以改变，由此所导致的失调感就越强烈，同时也就越需要通过强调和渲染所做选择的积极面，来消减这种失调感。因此，如果你打算购买大件商品或需要做出重要决定，譬如不确定买什么车或电脑，不确定是否要做整形手术，不确定是否要参加昂贵的自助计划，千万不要去问那些刚刚做过这件事的人。对方可能会极力说服你，这样做是正确的。同样，当那些花了十几年时间和上万美元接受某种治疗的人，被问及这种治疗是否有帮助时，大多数人都会说："那位医生太棒了！如果没有他，我永远不可能找到真爱（换一份新工作或成功减掉体重）。"在投入了如此之多的时间和金钱之后，他们不可能会说："是啊，我在那位医生那里已经看了十几年，唉，真是白费劲了。"行为经济学家已经证明，人们有多么不愿意接受这些沉没成本，即为某种体验或某段关系而投入的时间或金钱。相比及时止损，大多数人更像是赔了夫人又折兵，他们花钱填坑只是希望挽回损失，证明自己当初的决定是正确的。因此，如果你想获取购买哪种商品的真正有用的建议，不妨问问那些仍在收集相关信息且尚未拿定主意的人。如果你想知道某个方案对自己是否有帮助，也不要依赖所谓的书面证明，多多从对照实验中获取有用的数据。

　　当我们做出有意识的选择，并且知道我们可以预料其后果时，随之而来的自我辩护本身已足够复杂。然而，还有些时候，我们出于无意识的原因做了一些事情，同时对于自己为什么要坚持某种信念或习俗一头雾水，却又因为自尊心作祟而不愿承认这一点，此时也会出现自我辩护的情况。在引言中，我们曾描述过苏丹丁卡部落和努尔部落的习俗，他们会用鱼钩拔掉孩子的多颗恒牙，其过程异常痛苦。人类学家认为，这一传统起源于破伤风病流行时期，拔掉门牙可以让原本因破伤风而牙关紧闭的患者补充一些营养。但如果真是这样，为什么在危险过去以后，村民们还要保留这一习俗呢？

　　一些在外人看来毫无道理的做法，从认知失调理论的角度来看，却显得非常合理。疫情期间，村民们会拔掉所有孩子的门牙，这样如果他们之中有人感染了破伤风，大人就可以帮助患者进食。但是，这会让孩子们异常痛苦，而且不管怎么预防，都只有一部分孩子会感染。为了向自己也向孩子们证明拔牙行为的合理性，村民们往往需要通过在事后找补，来为自己的决定背书。所以，他们可能会说服自己相信，缺牙具有审美价值——例如，下巴凹陷的样子看上去真的很迷人——他们甚至会将拔牙作为成年礼来看待。事实上，这样的事情真的发生过。"缺牙的样子很美，"有村民说，"牙齿齐整的人真丑，他们看起来就像是喜欢吃人的食人族。满口的牙齿让人看起来像头驴。"缺牙还存在其他审美上的优势，例如，为了安抚因拔牙而恐惧的孩子，大人们会说："拔牙之后说话发出的嘶嘶声很招人喜欢，这种仪式是长大成人的标志。"[20] 虽然这一做法最初的医学根据早已不复存在，但心理层面的自我辩护却挥之不去。

人们更愿意相信，身为聪明且理性的个体，他们肯定知道自己为什么会做出那样的选择，所以当你向他们指出其行为背后的真正动机时，对方不见得就会很高兴。在完成了入组实验后，埃利奥特便亲身感受到了这一点。"在每一位参与者完成实验以后，"他回忆说，"我都会不厌其烦地向对方解释研究过程，同时细致地审视认知失调理论。虽然每个经历过严苛入组程序的参与者都表示，这种假设很有趣，而且他们也的确看到了，大多数人会如我预测的那般受到影响，但是他们都竭力向我保证，对群组的偏好与入组程序的严苛程度毫无关系。他们每个人都宣称，自己之所以喜欢某个群组，是因为这就是他们的真实感受。但事实上，与经历温和入组条件的实验者相比，他们几乎所有人对于自己群组的喜爱程度都更高。"

没有人能摆脱减少失调感需求的影响，即便是那些对认知失调理论了如指掌的人也不例外。埃利奥特就讲过这样的故事："当我还是明尼苏达大学的一名年轻教授时，我和妻子厌倦了租住公寓。于是到了某年的12月份，我们开始着手购买首套住房。在可承受的价格范围内，我们只找到了两套合意的房子。其中一套比较老旧，但招人喜欢，距离学校不远，步行即可到达。我很喜欢这套房子，主要是因为我如果买下它，就能把学生带到家里开研讨会，再喝点儿啤酒，摆出点儿时髦教授的架势来。但这套房子地处工业区，没有足够的空间让孩子玩耍。另外一个选择是住宅区的新房屋，但完全没有特色。这套房子位于郊区，距离学校 30 分钟车程，不过一英里[①]外就有一处湖泊。在反复考虑了几个星期之后，我们决定选择郊区的那套房子。

"搬进新家后不久，有天我在报纸上看到一则出售二手独木舟的广告，当时没多想就把它买了下来，想给妻子和孩子们一个惊喜。我还记得那是 1 月里的某一天，天寒地冻，我把独木舟绑在车顶上拖回了家。妻子看了一眼便哈哈大笑了起来。'有什么好笑的？'我还疑惑地问道。她回答说：'去问问利昂·费斯汀格吧！'答案不是明摆着嘛！买了套郊区的房子这件事让我大感失调，所以我急需做点儿什么来证明这套房子买对了。但不知为何，我竟然'煞费苦心'地忘记了现在是隆冬时节，在明尼阿波利斯，冰冻的湖面要几个月以后才能解冻，到时独木舟才能派上用场。不过话说回来，就某种意义上而言，我还是在不知不觉中'使用'了那艘独木舟。整个冬天，即使一直被闲置在车库中，它的存在也让我对我们的选房决策感觉更加良好。"

暴力的演进和美德的积累

你是否感觉压力缠身？有份网络资料可以教你如何制作个人专属的"撒气娃娃"，它"可以用来扔、戳、踩甚至掐，直到所有的挫败感都离你而去"。资料还附赠小诗一首：

每当诸事不顺时，

---

① 1 英里 ≈1.609 千米。——编者注

> 你就想以头撞墙，大喊大叫，
> 这里有一个你离不开的"撒气娃娃"。
> 紧紧抓住它的腿，找个地方使劲摔吧。
> 把它捶个稀巴烂，边捶边吼："该死，该死，该死！"

"撒气娃娃"传统体现了我们文化中最根深蒂固的信念之一，即表达愤怒或采取攻击行为可以消除愤怒。精神分析学对于情绪宣泄的信奉，更是促成了这一信念的产生。扔玩偶，捶沙袋，对着配偶大喊大叫，发泄之后你会感觉好受一些。但实际上，数十年的实验研究发现，结论可能恰恰相反：当充满攻击性地宣泄情绪时，人们往往感觉更糟糕，同时，血压飙升，又会使自己更加愤怒。[21]

通过直接对他人实施攻击行为来发泄情绪，尤其容易造成适得其反的效果，认知失调理论恰好预测了这一点。当你做了伤害别人的事情时，譬如给对方带来麻烦，辱骂对方，或者将对方揍得鼻青脸肿，一种新的强大因素便开始发挥作用：你需要为自己的所作所为进行辩护。我们以某个小男孩为例来说明这一点。他经常和一群七年级的同学一起嘲弄和欺凌另一个弱小的孩子，而对方并没有招惹他们。男孩喜欢成为这个团伙的一分子，但他在内心并不认可欺凌行为。后来，他对自己的所作所为感到有些失调。"像我这样一个正直的孩子，"他想，"怎么会对一个天真无邪的好孩子做出如此残忍的事情呢？"为了消减认知失调，他会试图说服自己相信，受害者既不善良，亦非无辜："他就是书呆子和爱哭鬼。况且，如果抓住机会，他也会这样对我的。"一旦男孩开始走上指责受害者的道路，他就更有可能在下一次霸凌时，更加凶狠地殴打受害者。为自己的初次伤害行为辩护，这相当于为后续更多的攻击行为埋下了伏笔。这就是宣泄假说站不住脚的原因。

首个证明这一点的实验结果，着实令研究者大为吃惊。当时，还在哈佛攻读临床心理学研究生的迈克尔·卡恩设计了一个巧妙的实验，他确信该实验能够证明宣泄的益处。卡恩假扮成一名医疗技术人员，以医学实验为借口，对作为实验对象的大学生逐一进行测谎和血压测量。在测量过程中，卡恩假装恼怒，对学生说了一些侮辱性的言语（与对方的母亲有关）。学生们很生气，血压出现飙升。在实验组中，学生们可以将卡恩的侮辱性言论告知其主管，以此来宣泄自己的愤怒，他们相信这样做可以让卡恩陷入大麻烦。在对照组中，学生们没有机会来表达愤怒之情。

作为弗洛伊德学说的一名忠实信徒，卡恩被实验结果震惊了：就让人感觉更为良好的效果而言，"宣泄理论"彻底"翻车"了。相比没有机会表达愤怒的实验者，那些被允许表达愤怒的人对卡恩产生了更为强烈的敌意。此外，尽管实验过程中所有学生的血压都上升了，但表达了愤怒的受试者血压升高的幅度更大；而那些未被允许表达愤怒的受试者血压很快恢复正常。[22] 为了解释这种意想不到的模式，卡恩注意到了当时刚刚引发关注的认知失调理论，并意识到它可以完美地解释自己的实验结果。由于学生认为自己的投诉让卡恩陷入了巨大的麻烦，所以他们不得不为自身行为进行辩护，说服自己相信此人罪有应得，此举进而又增加了他们对于卡恩的愤怒之情——与之一同增加的，还有他们的血压。

事实上，孩子们很早就学会了为自己的过激行为辩护。比如小男孩动手打了弟弟，后者开始哇哇大哭，打人的孩子马上告状说："是他先挑起来的！他活该被揍！"大多数家长都觉得，这些孩子气的自我辩护无关紧要，事实的确如此。但是，我们也应该清醒地认识到，欺凌弱小的青少年团伙、虐待工人的雇主、相互辱骂的恋人、持续殴打已投降嫌犯的警察、囚禁和折磨少数族裔的暴君，以及对平民实施暴行的士兵，其行为背后皆由同样的机制贯穿。在所有这些案例中，都存在着一种恶性循环：过激行为招致自我辩护，自我辩护又促成了更为过激的行为。俄国大文豪费奥多尔·陀思妥耶夫斯基，就曾经深刻地诠释了这一过程的运作方式。在《卡拉马佐夫兄弟》中，他以第三人称视角描述了兄弟几人的无赖父亲费奥多尔·巴夫洛维奇的一段回忆："过去曾有人问他：'你为什么这么记恨某人？'他厚颜无耻地回答说：'这么跟你说吧，他没有做过任何伤害我的事情。但我对他耍了个卑劣手段，从那以后，我就恨上他了。'"

幸运的是，认知失调理论同时也向我们展示了，一个人的慷慨行为如何能够激发出善举和同情心的正向螺旋，即所谓的"良性循环"。当人们做了一件好事，尤其是心血来潮或不经意间做了一件好事时，他们会从更为暖心的视角来看待自身慷慨行为的受益者。自己不遗余力地帮了这个人的忙，这种认知与他们有可能对此人产生的负面情绪之间是不协调的。实际上，在帮完这个忙以后，他们会问自己："我为什么要对一个浑蛋好呢？或许，他实际上并不像我想的那般不堪。他人还不错，值得被好好对待。"

有不少实验都证实了上述猜测。例如，在其中一项实验中，一些大学生参与了一场竞赛，赢得了一大笔奖金。随后，实验者找到其中 1/3 的学生，向他们解释说，自己正在用积蓄做实验，现在积蓄不够了，也就是说，他可能要被迫提前结束实验。最后，这位实验者问道："我有个不情之请，你能不能把赢走的钱退给我？"（这些学生都表示同意。）第二组学生也被要求退钱，但这次提出请求的是院系秘书，这位秘书还解释说，心理学系的研究经费快用光了。（这组学生也都表示同意。）剩下的参与者根本没有被要求退还奖金。最后，所有人都应邀填写了一份问卷，其中某些内容涉及对于这位实验者的评价。结果显示，那些被诱导退钱的参与者对实验者的好感度最高。他们说服自己相信，对方是一个特别善良、值得施以援手的好人。其他参与者也觉得实验者人不错，但远不及第一组学生所认为的那种程度。[23]

良性循环的机制自小就开始显露出来。在一项针对4岁儿童的研究中，研究人员给每位儿童一张贴纸，然后向他们介绍一只"今天很伤心"的小狗玩偶。其中一些儿童被告知，他们必须将贴纸送给小狗，而其他儿童可以自主选择是否将贴纸送出去。随后，这些儿童每人又获得三张贴纸，同时研究人员又向他们介绍另一个"伤心"的玩偶角色——艾丽，并告知他们可以与其分享贴纸，甚至将所有贴纸都送给对方。实验结果显示，与被强制要求分享的儿童相比，那些可以自主选择是否与"伤心"小狗分享的儿童，后来与"伤心"艾丽分享了更多的贴纸。换句话说，一旦孩子们自视慷慨，他们就会继续表现得慷慨。[24]

虽然关于良性循环的科学研究相对较新，但早在18世纪，本杰明·富兰克林这位研究人性、科学和政治的严肃学者，就已经发现了其大致的理念。在宾夕法尼亚州立法机构任职期间，富兰克林困扰于某位同僚的针对和敌意。于是，他决定争取对方的认可和信任。他并没有"低声下气地对其表示恭维"，也就是说，去刻意讨好对方，而是诱导对方帮了自己一个忙：从图书馆里帮忙借一本珍本书。富兰克林这样写道：

他很快将书寄给了我。大约一周以后,我就将书还了回去,并附上一张便笺,便笺中强烈地表达了我的感激之情。等到下次在众议院里碰面时,他主动和我打起了招呼(以前他从未这样做过),而且显得非常有礼貌。此后,无论在何种场合下,他都一如既往地对我表示支持,我们也因此成了最好的朋友,我们的友谊一直持续到他去世。这又一次证明了那句古老格言的正确性,"为你做过好事的人,比受过你恩惠的人,更乐于随时为你提供帮助"。[25]

· · ·

在任何情况下,认知失调都是一种令人烦恼的感觉,而当人们自我概念中的某个重要元素受到威胁,通常是他们所做的事情与他们对自身的看法相抵触时,认知失调显得尤为痛苦。[26]如果你崇拜的名人被指控有违背道德之举,你就会感到一阵失落,你越是喜欢和崇拜此人,你的失落感就越强烈。(在本书的后面部分,我们会探讨迈克尔·杰克逊的众多粉丝,在听闻偶像娈童案"铁证如山"之后所经历的巨大失调感。)但这种认知失调与你亲自做了不道德之事后的感受相比,根本不值一提。如果你自认为是个非常正直的人,结果却做了伤害他人的事,那么相比听说自己最喜欢的电影明星违法犯罪,认知失调所导致的冲击感会更加强烈。毕竟,你可以随时放弃对于名人的支持,或者另觅偶像。但如果违背了自己的价值观,你就会感受到更强烈的认知失调,因为到末了,你还得继续忍受这样的自己。

绝大多数人认为自己"比一般人更优秀"——我们可以称之为

乌比冈湖效应，它完美地展示了对于自尊的需求如何胜过务实的谦虚。在绝大多数人眼中，自己在各方面都强过一般人——自己更聪明，更善良，更有道德，更风趣，更有能力，更谦虚，甚至连车都开得更好。[27] 因此，我们减少认知失调的努力就是为了维护这些积极的自我形象。[28] 当基奇夫人的末日预言失败时，可以想见她的忠实追随者感受到了多么痛苦的认知失调——"我是一个聪明人"与"我刚刚做了一件愚蠢至极的事情：因为相信了一个疯女人，我失去了房子和财产，还辞去了工作"，这二者之间产生了冲突。为了消减这种失调感，她的追随者们要么改变对于自身智商的自信，要么为自己先前"愚蠢至极"的行为辩护。但这不是一场势均力敌的较量，辩护选择以全方位的领先优势胜出。基奇夫人的忠实信徒们坚信自己并没有做什么蠢事，以此来挽救自尊。其实，他们加入这个团队的做法真的不算愚笨，因为他们觉得自己的信仰能够拯救世界，使其免于毁灭。但如果真是这样，其他聪明人肯定也会加入进来。那为什么没有出现这样人潮涌动、众望所归的景象呢？

面对这个问题，没有人能独善其身。我们可能会觉得这些热衷于末日预言的愚蠢之人荒诞可笑，但正如政治学家菲利普·泰洛克在《狐狸与刺猬——专家的政治判断》(*Expert Political Judgment*)一书中所指出的：即便是从事经济和政治预测的专业人士，其预言的准确性通常也不见得比我们这些未经训练的普通人——或者说基奇夫人——更高。[29]

而当预言被证实不准确时，这些专家又是怎么做的呢？2010年，一个由23位知名经济学家、基金经理、学者和新闻记者组成的联盟签署了一封联名信，反对美联储购买长期债券以压低长期利率的做法。专家们断言，这种做法不仅有导致"货币贬值和通货膨胀"的风险，而且无法创造就业岗位，美联储应该"重新考虑并终止"这种做法。然而，4年以后，通货膨胀率依然处于较低水平（竟然低于美联储2%的既定目标），失业率飞速降低，就业情况不断改善，股市大涨。而后，有记者联系上那些联名信签署者，并问道：你们改变主意了吗？在这23位联名上书者中，有14人未做出回应。其余9人表示，自己的观点没有改变，他们自始至终都在担心通货膨胀。就像那些失败的末日预言家一样，对于自己一直以来彻头彻尾的错误，这些人不仅不承认，而且还采取了聪明的自我辩护策略。有人表示，美国其实已经出现了通货膨胀，只是还没有在消费者价格中体现出来。也有人援引数据，声称美国正处于两位数的通货膨胀之中，不过后来他主动承认，该统计数据不实。还有人一口咬定，"官方数据有误"，真实的通货膨胀率比美国劳工统计局发布的数据要高得多。其中有不少人给出的说辞，与末日论的辩解方式简直如出一辙，他们认定自己的预测是正确的，只不过日期不符："高通货膨胀总有一天会到来，我们只是没有具体说明是什么时候。"[30]

专家们的论调听起来颇为令人印象深刻，尤其是当他们通过援引自己在某一领域浸淫多年的经验来支持自身主张时。然而，大量的研究表明，与基于精算数据的预测相比，建立在专家多年训练和个人经验积累之上的预言准确与否，其实和撞大运没什么区别。但是，专家一旦出错，其专业身份的根基就受到了动摇。由此，认知失调理论也做出预测，专家越自信，名气越大，就越不可能主动承认错误。这与泰洛克的发现不谋而合。他认为，为了减少由失败预测所导致的认知失调，专家们主要是通过这样的解释方式来实现，即"要是怎么样"，他们的预测就没错——要是那场不可思议的灾难没有发生，要是灾难发生的时间稍稍改变一些，要是……诸如此类。

　　减少认知失调的行为就如同炉灶上的炉头，让我们的自尊一直处于高位的沸腾状态。这就是为什么我们通常对自我辩护视而不见，对小小的自我欺骗视若无睹。正是因为这些小谎言的存在，我们才不愿意正视乃至承认自己犯了错，或者做了愚蠢的决定。认知失调理论也适用于自卑者，适用于那些认为自己是笨蛋、骗子或无能者的人。当自己的行为印证了负面的自我形象时，他们并不会感到惊讶。当他们做出了错误的预测，或者发现经历严苛的测试才得以进入的团体实际上颇为无趣时，他们只会感叹说："是啊，我又搞砸了，我就是这样的人。"一个自认为不诚实的二手车销售员，在隐瞒自己尝试脱手的汽车的糟糕维修记录时，并不会有失调感；一个自认为不够可爱的女性，在被男性拒绝时，也不会有失调感；一个骗子在骗走祖母的毕生积蓄时，更不会感受到认知失调。

　　我们对于自我的信念，支撑着我们度过人生的每一天，我们总是先通过这些核心信念的过滤，再来解释发生在我们身上的事情。当信念被打破时，即使是美好的经历，也会让我们感到不适。了解自我辩护的力量有助于我们理解，为什么那些自卑者，或者始终认为自己在某些方面能力不足的人，在做好某件事情时，并不一定会欣喜若狂。相反，他们常常觉得自己是个骗子。如果一个女人认为自己不够漂亮，当遇到一个开始认真追求自己的优秀男性时，她可能会产生片刻的欣喜，但很快这种欣喜就被突然涌现的失调感所冲淡："他究竟看上我哪点了？"解决这种失调感的办法不太可能是"真不错，我肯定比自己想象中的更有魅力"，而更可能是"一旦他发现了我的本来面目，肯定就会抛弃我"。也就是说，为了达成调和的状态，她必须付出高昂的心理代价。

的确，有不少相关实验都表明，大多数自卑者或低估自身能力的人，会对引发自己认知失调的成功感到不适，并将其视为意外或反常。[31]这就是他们在朋友和家人的劝慰之下，依然显得如此顽固的原因。"看看，你刚刚获得了普利策文学奖！这难道不意味着你很优秀吗？""是啊，这很不错，但只是侥幸罢了。接下来我就什么东西都写不出来了，你们等着瞧吧。"因此，自我辩护不仅会保护那些自尊心强的人，使其免于陷入认知失调，同时也会保护那些自卑者（如果自卑已成了一种默认的自我认知）。

抉择的金字塔

设想这样一种情况：有两个年轻人，在人生态度、个人能力和心理健康方面完全相同。他们都相当诚实，在很多问题上都保持着同样的中庸态度，比如对于作弊，他们都觉得这不是什么好事，但也算不上是世界上最严重的罪行。眼下，他们正在参加一场考试，这场考试能够决定他们能否进入研究生院。考到一半，他们都在一道关键的论述题上卡了壳。眼看就要考砸了……就在此时，两个人都得到了一个轻松作弊的机会，那就是偷瞄其他同学的答案。两个年轻人在诱惑面前苦苦挣扎。经过长时间的思想斗争，一个人选择了屈服，另一个人选择坚守。这种抉择可谓仅仅因为一念之差，就很容易走向截然相反的道路。每个人都得到了自己看重的东西，但同时也都付出了代价：一个为了成绩而放弃了诚信，另一个为了诚信而放弃了成绩。

现在的问题在于：一周以后，他们会对作弊作何感想？每个人都有充足的时间为自己所采取的行为辩护。屈服于诱惑的学生会认为，作弊并不是什么大罪。他会对自己说："嘿，每个人都会作弊。这没什么大不了的。为了今后的人生，我必须得这样做。"但是，抵御住诱惑的人则会认为，作弊远比他原先想象的更不道德。他会这样告诉自己："作弊者实际上很可耻，他们就应该被永远开除出校。我们必须做到杀一儆百。"

随着两位学生自我辩护的心理活动越发激烈，有两件事已经在不知不觉中发生了：其一，现在他们彼此之间的差异已经非常大了；其二，他们已经将自己的信念内化，并坚信自己自始至终都是这样想的。[32] 这就好像两人一开始都站在金字塔的顶端，相距不过一毫米，但在对各自的行为进行了辩护之后，他们都滑落到了金字塔的底部，位于塔底的两个对角之上。没有作弊的一方认定对方道德沦丧，而作弊的一方则认为对方是无可救药的迂腐教徒。上述过程向我们生动地展示了，那些曾经面对强烈诱惑，几乎屈服于诱惑，但在最后关头又把持住的人，有多么厌恶乃至鄙视那些经历了同样过程却没有成功抵御诱惑的人。或许正是那些最终决定要住在玻璃房子里的人，第一个扔出了石头。①

纽约市的斯泰弗森特高中是一所学生学业优秀但要承受巨大压力的学校，该校曾发生过71名学生相互交换考试答案的作弊丑闻。然而，当丑闻被揭露后，在面对《纽约时报》记者的采访时，学生们却给出了一连串的自我辩护理由，好让自己继续维持聪明又正直的学生人设。其中有位学生这样说道："整件事就像是，'我坚持了诚信，然后这次考试考砸了'。没有人会选择这样做。没有人不想

---

① 这句话改编自一句谚语：住在玻璃房子里的人不应该扔石头。（People who live in glass houses shouldn't throw stones.）它的意思是说，每个人都有缺点，不要拿完美的标准来要求他人。——译者注

考高分。你可以刻苦地学上两个小时，然后拿个 80 分，也可以冒点儿风险，得到 90 分。"他的这番话，等于是将作弊重新定义为"甘冒风险"。还有些人认为，作弊是一种"必要的罪恶"。在多数学生眼中，这种做法相当于在"帮助有需要的同学"。例如，有位女生一直被同学当成写论文的依靠，在意识到这一点后，她表示："我尊重他们，我认为他们并不缺乏诚信……但是有时候为了达成目的，我们唯一能做的就是在一些小事上稍稍破戒。"稍稍破戒？打道德伦理的擦边球，是一种非常盛行的自我辩护形式。汉娜·贝莎拉曾创办了一家网站，专门提供盗版电影和电视节目的即时免费下载服务，这显然违犯了版权法。被捕以后，汉娜因共谋和著作权侵权罪被判处 16 个月监禁。但她意识到自己的错误行为了吗？其实并没有。在接受记者采访时，她说："我从来没觉得做这件事会变成犯罪。我似乎也没有担心过这方面，即便这样做有错。"[33]

抉择金字塔的比喻适用于大多数涉及道德或人生选择的重要决策。你可以把考试作弊换成：决定开启一段幽会（或者不开启）；服用类固醇来提升竞技能力（或者拒绝这样做）；维持一段不幸的婚姻（或者结束它）；通过撒谎来保住你的雇主和工作（或者拒绝这样做）；生孩子（或者不生）；追求事业（或者在家带孩子）；你所崇拜的名人遭到指控，但你认为这一耸人听闻的控告并不真实（或承认其真实性）。当身处金字塔顶端的人处于不确定状态时，当两种选择皆有利有弊时，他（她）就会特别迫切地想证明所做的选择是正确的。但是，当这个人处于金字塔底端时，矛盾心理又会转变为确定无疑，他（她）和选择另一条不同路线的人逐渐天各一方。

这一过程模糊了人们习惯于在"我们这些好人"和"那些坏人"之间画的界线。当站在金字塔顶端时，我们面临的往往不是什么非黑即白、非彼即此的决定，而是一种后果并不明晰的灰色选择。在这条道路上迈出的第一步，通常在道德上是模棱两可的，正确的决定并不总是一清二楚的。我们会在前期做出一个看似无关紧要的决定，然后再为其辩护，从而让选择更加清晰。这等于开启了一个从行动到辩护再到进一步行动的层层递进的过程，它使得我们的决定得以进一步强化，最终可能会导致我们背离初衷或原则。

上面的描述套用在尼克松的特别助理杰布·斯图尔特·马格鲁德身上非常适合。马格鲁德是水门事件中策划对民主党全国委员会总部实施窃听的关键人物，他不仅隐瞒了白宫的参与，并在宣誓后仍通过撒谎来保护自己和其他责任人。在受雇之初，尼克松的顾问鲍勃·霍尔德曼并没有向马格鲁德提及，做伪证、欺骗和实施违法活动将成为其工作内容的一部分。如果事先知晓这些，马格鲁德肯定会拒绝入职。那么，他究竟是如何一步一步成了水门事件中的核心人物的呢？虽然从事后看来，要说出"他早该知道"或者"他们第一次吩咐他去做违法的事情时，他就应该划清界限"这样的话来，或许并不是什么难事。

在自传中，马格鲁德描述了他与鲍勃·霍尔德曼在圣克莱门特的初次会面。霍尔德曼对他大加奉承，令他陶醉其中。"你现在的工作不只是为公司赚钱这么简单，"霍尔德曼告诉他说，"你要帮助解决国家和世界的大问题。杰布，首批人类宇航员登上月球的那天晚上，我就和总统坐在一起……我就是创造历史的一分子。"当持续一整天的会议结束以后，霍尔德曼和马格鲁德离开会场，准备前往总统府。因为自己的高尔夫球车没有停在固定位置等候，霍尔德曼便勃然大怒，他对助手进行了"粗暴的训斥"，还威胁对方说如果无法胜任工作不如直接滚蛋。马格鲁德简直不敢相信自己的耳朵，更何况那天晚上夜色很美，走上几步便可抵达目的地。起初，马格鲁德也认为这种咆哮既粗鲁又过分，但没过多久，他就开始为霍尔德曼的行为进行辩护：在圣克莱门特只待了几个小时，我就被那里极端完美的生活所震撼……你在被这样宠溺了一段时间后，再碰到像高尔夫球车没有安排妥当之类的小事，就会感觉受到了严重怠慢。"[34]

就这样，还没等到吃晚饭，甚至在还没得到这份工作以前，马格鲁德就已经上道了。虽然这只是小小的第一步，但他已经踏上了通向水门事件的道路。进入白宫以后，马格鲁德便开始对各种微不足道的道德妥协习以为常，以至于认定所有的政客为自己的政党服务就是天经地义的事情。后来，当马格鲁德和其他人正在为尼克松的连任而努力时，戈登·利迪加入了进来，他被当时的司法部长约翰·米切尔任命为马格鲁德的法律总顾问。利迪是个未知因素，喜欢自诩为"詹姆斯·邦德"。为了确保尼克松获得连任，他提出的第一个计划便是斥资100万美元，组建"敢死队"镇压示威者，绑架可能会扰乱共和党大会的激进分子，蓄意破坏民主党大会，雇用"高级"妓女来引诱并敲诈民主党高层，以及潜入民主党办公室，安装电子监控设备和窃听器。

对于这一计划中较为激进的部分，米切尔并不赞成。此外，他还表示，该计划的成本过于高昂。于是，利迪又提出了一个精简版的新计划，即只潜入位于水门综合大楼的民主党全国委员会办公室，在办公室内安装窃听器。这一次米切尔批准了，其他人也表示同意。他们究竟是如何为自己的违法行为进行辩护的呢？"如果利迪一开始就告诉我们，'我制订了一个计划，准备闯入拉里·奥布莱恩的办公室进行窃听'，那我们可能会断然拒绝这一想法，"马格鲁德在书中写道,"但他向我们展示的是精心策划的方案,里面包含了应召女郎、绑架、抢劫、破坏和窃听等众多内容,于是我们的态度有所松动,总觉得该给利迪留下点儿什么——既然觉得还需要他,那就别让他一事无成地离开。"最终,马格鲁德补充道,在白宫偏执氛围的助推之下,利迪的计划获得批准:"这些现在看似乎很疯狂的决定,在当时却似乎颇为理性……一旦越过某个节点,再想半途而废或者采取更绅士点儿的手段,就不太可能了。"[35]

马格鲁德初入白宫时,还是个正直的小伙子。但是就这样,他一步步顺应了不诚实的行为,并对自己所做的每件事进行辩护。他陷入困境的过程,与社会心理学家斯坦利·米尔格拉姆著名实验中的那3 000名参与者如出一辙。[36]在米尔格拉姆最初版本的实验中,有2/3的参与者对其他人实施了他们认为会危及生命的电击,只是因为实验者一直在重复说,"这个实验要求你继续下去"。学术界几乎总是将该实验描述为一项权威服从性研究。事实上也的确如此。但除此之外,它具有更多的深刻内涵,譬如它也揭示了自我辩护的长期后果。[37]

设想一下,一个穿着白大褂看起来相貌堂堂的男士走到你跟前,直接掏出20美元给你,要求你参加一项科学实验。他解释说:"我想让你对某个人施以500伏的电击,这种电击极其痛苦,其目的在于帮助我们理解惩罚在学习中的作用。"在这种情况下,你很可能会直接拒绝:为了这点儿钱去伤害其他人并不值当,哪怕是以科学的名义。区区20美元,就能让某些人动心,但绝大多数人还是会选择告诉这位科学家:这点儿钱你还是自己留着吧。

现在,假设这位科学家会循序渐进地引诱你。比如,他会给你20美元,让你对隔壁房间里的某个家伙施以微弱的电击,大概10

伏左右，目的是看看这种电击能否提高此人的学习能力。实验者甚至先在你身上进行了实验，确实没什么感觉。于是，你便答应了。实验过程不会对人体造成伤害，这项研究也似乎颇为有趣。（况且，你一直很想知道，打孩子屁股能否让他们改掉坏习惯。）你按照实验者的要求做了，现在对方又告诉你，如果学习者回答错误，你就必须拨动另一个开关，它会发出20伏的电击。同样，这样的电击强度不高且对人体无害。因为你刚刚给了学习者10伏的电击，所以没有理由拒绝20伏的请求。一旦你对他施加了20伏的电击，你就会对自己说："30伏比20伏也高不了多少，我就给他来30伏的。"等这位学习者又答错题，科学家便再次请求："请施以下一级电击——电压为40伏。"

我们的底线在哪里？多大电压才算足够？你会将电压一路提升至450伏，甚至会去拨动那个标有"极端危险"的开关吗？当人们事先被问及他们想象中最高会施加的电压是多少时，几乎没有人会说450伏。然而，当身处实验中时，有2/3的人都会将电压一路提升至他们认为具有危险性的最高强度。他们每迈出一步都会给出相应的辩护理由："这种轻微的电击不会造成伤害；20伏不比10伏难受多少；如果20伏都试过了，为什么不试试30伏？"就这样，每一次的辩护，都伴随着更进一步的自我认可。当开始施加自认为相当强烈的电击时，大多数人都发现，自己很难为中止实验的决定找到辩护理由。而那些在研究初期就对程序本身的有效性提出疑问并加以抵制的参与者，则不太可能掉入实验者所设置的陷阱，他们更有可能选择直接退出。

米尔格拉姆实验向我们展示了，普通人如何通过做出一连串的行为并进行自我辩护的连锁反应，最终做出不道德和危害他人的事情来。当作为旁观者的我们不解或惊愕地看着他们时，我们没有意识到，自己所目睹的往往已是过程的终点——这是一场从抉择金字塔顶端滑落到底端的漫长之旅。在接受判决的过程中，马格鲁德曾对法官约翰·西里卡说："我知道自己的所作所为，法官大人也知道我的所作所为。在野心和理想之间，我丧失了自己的道德准则。"一个诚实的人，如何会失去道德准则呢？答案很简单，你只需要引导他步步沦陷，剩下的事情就交给自我辩护了。

⋯

了解认知失调的作用机理，并不能让我们中的任何人，自动免受自我辩护的诱惑，就连埃利奥特本人，都会在明尼苏达的1月隆冬，买下一艘当时完全用不上的独木舟。我们不能像他那样，在入组实验完成以后对参与者说："你们知道自己是如何减少失调感了吗？过程是不是很有趣？"然后又期盼对方回应说："哦，谢谢你让我知道自己喜欢这个群组的真正原因。搞清楚这一点，让我觉得自己很聪明！"在现实中，为了维系"我们是聪明人"的信念，任何人偶尔都会做傻事。这也是没有办法的事情，我们天生如此。

但这并不意味着，我们注定就要在事后不断地为自己的行为辩护，如同西西弗斯一样，永远无法抵达自我接纳的山巅。更为深入地了解人类思维如何运转以及为何这样运转，是打破自我辩护积习的第一步。反过来，这同时也要求我们更加注意自身行为以及我们做出选择的原因。要做到这一点，时间、自省和意愿缺一不可。

2003年，保守派专栏作家威廉·萨菲尔曾这样写道，选民们经常要面对的一大"政治心理挑战"在于"如何应对认知失调"。[38] 他首先回忆了一则关于自己面临这种挑战的小故事。那是在比尔·克林顿执政期间，萨菲尔曾批评希拉里·克林顿试图隐瞒其医疗保健工作组成员的身份。为此，他还撰写了一篇专栏，谴责她的保密行为，称这是对民主的毒害。一直到这里，尚未存在失调之处，那些糟糕的民主党人总会做出一些糟糕的事情来。然而，6年以后，当萨菲尔钦慕的共和党保守派同僚、时任副总统的迪克·切尼，坚持对其能源政策工作组的组员身份进行保密时，他发现自己受到了认知失调的"严重折磨"。这时，萨菲尔做了什么呢？由于深谙认知失调及其作用机制，他深吸一口气并挽起裤脚，做了一件艰难而又明智的事情：撰写专栏公开批评切尼的行为。讽刺的是，由于对切尼的批评，萨菲尔甚至收到了几封来自自由派的感谢信——他坦言，这又给他带来了巨大的失调感：天哪，自己竟然做了能被那些人认可的事情！

　　萨菲尔能够意识到自己的认知失调，并通过公正的做法予以纠正，这是非常难得的。正如我们将在后文中看到的，愿意承认自己犯错，是少有人能够做到的。无论是保守主义者还是自由主义者，人们都会以对个人和团队有利的方式来减少失调感。虽然具体方式各有不同，但自我辩护都是为了满足我们的个人需要，让我们对自己的行为、信仰和身份，保持良好的感觉。

第二章

傲慢与偏见，以及其他盲点

为什么看见你弟兄眼中有刺，却不想自己眼中有梁木呢？

——《圣经·马太福音》7：3

最高法院大法官安东宁·斯卡利亚搭乘政府专机前往路易斯安那州，准备与副总统迪克·切尼一起去打野鸭，而后者在最高法院还有一桩案件尚未了结。案件关系到切尼作为副总统是否有权对其在能源政策工作组的工作细节保密。此事被曝光以后，斯卡利亚明知存在利益冲突却不选择回避的做法，立刻激起了公众的一片抗议之声。有不少人质疑，由斯卡利亚评估关于切尼的申诉是否符合宪法规定，他审判的公正性是否会受到这种特殊招待的玷污。对于这样的暗示，斯卡利亚本人感到异常愤怒。在写给《洛杉矶时报》的一封信中，他解释了自己选择不回避的原因，他这样写道："我没想到自己的公正性竟会受到如此质疑。"

⋯

神经心理学家斯坦利·贝伦特和神经学家詹姆斯·阿尔伯斯曾受雇于美国 CSX 运输公司和陶氏化学公司，负责调查铁路工人关于接触化学物质导致永久性脑损伤和其他医疗问题的申诉。当时在美国 15 个州，有 600 多名铁路工人被诊断出存在某种形式的脑损伤，此前他们都曾大量接触过氯化烃类溶剂。CSX 向贝伦特和阿尔伯斯名下的咨询公司支付了超过 17 万美元的研究费用，最终该咨询公司对接触工业溶剂与脑损伤之间的联系提出疑问。这两位科学家在调研过程中，未经工人知情同意，便查阅了工人的医疗档案，并在工人提起的诉讼中担任了代表 CSX 公司的律师事务所的专家证人。贝伦特认为自己的研究并无任何不当之处，他声称自己"获得了关于溶剂接触的重要信息"。随后，因在此案中存在利益冲突关系，贝伦特和阿尔伯斯受到了联邦人类研究保护办公室的谴责。[1]

⋯

美国洛杉矶有一家宽容博物馆。一走进这家博物馆，你就会发现自己置身于一个互动展厅中，其设计初衷便是为了让你了解你的偏见，看到对于哪些人，你总是无法宽容。这里既有大众所熟知的歧视对象，譬如黑人、女性、犹太人或同性恋，也包括矮个子、胖子、金发女郎和残疾人……在正式进入博物馆之前，你会先被要求观看一段展示各种偏见的视频，其目的是让你相信，所有人或多或少都存在偏见。然后你会被邀请从两扇门（一扇门上标有"偏见"，另一扇门上标有"无偏见"）中的一扇正式进入博物馆。实际上，后一扇门是锁住的,以防有人不得要领。不过,偶尔总有些人不懂设计者的良苦用心——就在参观博物馆的那天下午,我们亲眼看到有 4 位哈西德派犹太人正愤怒地拍打着那扇"无偏见"之门,要求从那边进入博物馆。

···

人类的大脑天生存在视觉和心理上的双重盲点,但它最聪明的地方在于,它可以诱使其主人产生一种盲点并不存在的令人欣慰的错觉。从某种意义上来说,认知失调理论就是一种关于盲点的理论,即人们如何以及为何会无意中蒙蔽自己,从而主动忽略可能促使他们质疑自身行为或信念的重要事件和信息。除了证真偏差,大脑中还附带其他自利性习惯,这些习惯的存在使得我们能够为观念和信仰辩护,认为其准确、实事求是且公正。社会心理学家李·罗斯将这种现象命名为"天真现实主义"(naive realism),它是指我们清晰感知事物"就如同它们的本来面目即如此"的必然信念。[2]我们总是假定其他理性的人对待事物的看法和我们的是一样的。如果他们不同意我们的看法,那显然是因为他们没有观察清楚。天真现实主义创造了一个逻辑迷宫,因为它预先假定了两件事:第一,思想开明且毫无偏见的人肯定会同意理性的观点;第二,我所持的任何观点都是理性的,若非如此,我就不会予以保留。因此,只要我能让对方坐在这里,听我解释事情的真相,他们就一定会同意我的观点。如果对方无法被说服,那必定是因为他们有偏见。

罗斯对于这一切的了解,都源自实验,以及自己为减少以色列人和巴勒斯坦人之间的激烈冲突所做的努力。即便当事双方都意识到对方看待问题的方式与自己有差异，他们也依然会认定对方存在偏见，而自己是最客观的，自己对于现实的看法应该成为解决问题的基础。在一次实验中，罗斯将以色列谈判代表提出的和平提案贴上巴勒斯坦标签，再让以色列公民对其进行评判。"相较于贴有巴勒斯坦标签的以色列提案，以色列人更喜欢贴有以色列标签的巴勒斯坦提案，"他说，"你自己的提案哪怕只是贴上了来自对方的标签，都会让你心生排斥，那么当真正来自对方的提案摆到了你的面前时，它又有何吸引力可言？"[3] 再举一个更贴近美国一点的例子，社会心理学家杰弗里·科恩发现，如果民主党人认为某个带有严苛限制条件的福利提案（通常由共和党人发起），是由民主党发起的，那么他们就会支持该提案；而如果共和党人认为一项慷慨的福利政策来自共和党，那么他们同样会选择支持。[4] 提案不变，只是贴上了一个来自对方的标签，再要求你去支持它，对你来说，就相当于要求你去支持由希特勒、斯大林或匈奴王阿提拉这样的人所提出的政策了。在科恩的研究中，没有一个人意识到自身盲点的存在，即自己受到了所处政党立场的影响。相反，他们都声称，这些信念是在对当前政策进行细致研究后而顺理成章地形成的，并且受到了政府综合执政理念的引导。

要克服这样的盲点非常困难，即便这属于你工作职责的一部分。正如大法官奥利弗·温德尔·霍姆斯所言，最高法院法官的职责就是要保护第一修正案对于"我们所憎恨之思想的自由"的保障。尽管这意味着要克服强烈的失调感，但多数大法官认为，自己成功地应对了这一挑战。不过，一项针对最高法院法官在1953年至2011年间涉及500多起案件的4 519次投票结果的研究表明，大法官们更倾向于支持那些他们赞同其言论的发言者的言论自由。

罗伯茨法院中的保守派成员在大约 65% 的情况下，做出了偏向于保守派发言者的裁决，只有 21% 的时候偏向自由派发言者。相比之下，自由派大法官的偏向差别并没有如此巨大，大约相差 10%，但是他们也更倾向于投票支持与自己拥有相近政治理念的发言人。[5]

我们之所以相信自己的判断比其他人更为客观且更为独立，部分原因在于我们通常依靠内省来获得自身的思想和感受，但我们无从知晓他人的真实想法。[6] 而当我们审视自己的灵魂和内心时，逃避认知失调的需求又促使我们确信，只有我们自己的动机才是最完美、最高尚的。我们将自身对于某一问题的情感投入视为准确性和启发性的源头（"多年以来我一直对枪支管控问题感触颇深，因此我非常清楚自己在说什么"），却将观点相左者类似的个人感受看成偏见之源（"她不可能在枪支管制问题上做到不偏不倚，因为多年来她一直保留着强烈的私人感情"）。

没有人能意识到盲点的存在，就如同鱼儿不知道自己在水中游泳一样，不过那些在"特权"水域"游泳"的人们，却具备某种对盲点保持视而不见的特殊动机。20 世纪四五十年代，玛丽尼亚·法纳姆曾提出女性应待在家中照看孩子，否则就有可能患上性冷淡、神经官能症，并丧失女性魅力。她本人由此名利双收。自己有幸成为医生，且不用待在家里抚养自己的两个小孩，在这一事实面前，她却毫无言行不一或讽刺之感。当有钱人在谈论弱势群体时，他们很少会感叹自己的富有是受到了命运的垂青，而那种感觉自己占有财富过多的想法，更是不可能出现。在这里，特权就是他们的盲点。[7] 既然看不到，他们也不会太放在心上，所以他们视自己的社会地位为理所当然。在某种程度上，我们所有人都对生活所赋予的特权视而不见，即便这些特权只是暂时性的。大多数通常只乘坐飞机经济舱的人，会认为坐在商务舱和头等舱里的特权人士哪怕令人羡慕，也依旧是奢靡浪费的势利之人。为了区区6个小时的飞行，就多付出了那么多钱！可一旦他们自己决定为商务舱买单，这种态度立马就消失了，取而代之的是一种自我辩护式的同情和鄙视感——在他们眼中，那些从自己身旁经过走进经济舱的同行乘客，仿佛都带着无以言表的凄凉感。

开车的司机不可避免地会遇到视野盲区，但老练的驾驶员会特别注意。他们知道，如果不想撞上消防栓和其他车辆，倒车或变道时最好加倍小心。正如两位法律学者所指出的，我们与生俱来的偏见"在两个重要方面与视觉错觉非常相似——它们会让我们从数据中得出错误的结论，即使有人当着我们的面揭穿了把戏，它从表面上看依旧是正确的"。[8]我们无法避免自身的心理盲点，但如果意识不到它们的存在，我们就可能会在不知不觉中变得无所顾忌起来，直至越过道德底线，做出愚蠢的决定。单纯依靠内省无助于提升我们的眼界，因为它只能加强我们用以自我辩护的信念，即作为个人我们不会被收买或遭到腐蚀，我们对于其他群体的厌恶和憎恨并非无理取闹，而是有理有据且合情合理的。盲点强化了我们的傲慢，激活了我们的偏见。

通往圣安德鲁斯之路

我认为，最大的过错莫过于意识不到过错。

——托马斯·卡莱尔，历史学家和散文作家

当得知众议院前共和党领袖汤姆·迪雷，接受了当时正在接受调查的腐败说客杰克·阿布拉莫夫的邀请，前往位于苏格兰的圣安德鲁斯高尔夫球场旅行时，《纽约时报》社论撰稿人多萝西·萨缪尔斯表达了自己的困惑之情。"多年以来，我一直都在默默记录着有权有势的公职人员们的种种不良癖好，如果不是有出庭的需要，我通常不大愿意透露，"她写道，"但我就是想不通：为什么有人会甘冒名誉和职业生涯受损的风险，去享受说客赠予的一点儿小恩小惠，比如去豪华度假村度假呢？"[9]

原因何在？认知失调理论可以给出答案：日积跬步。腐败的政客向最富有的竞选捐助者兜售投票权，尽管这样的人有不少，但大多数从政者，由于盲点的存在，都认为自己是廉洁的。初涉政坛时，他们接受了说客提供的午餐，因为这毕竟是政治的运作方式，也是获取待决法案相关信息的有效途径，不是吗？"除此以外，"这位政客还会说，"说客和其他普通公民一样，都在行使言论自由的权利。我只需要倾听。我会根据自己所在的政党和选民是否支持这项法案，以及它能否造福于美国人民，来决定如何投票。"

然而，一旦你接受了第一个小诱惑，并按照上述方式为其辩护，你就相当于开启了自抉择金字塔顶端向底端滑落的旅程。如果能与说客共进午餐，讨论待立法案，那为什么不能在本地的高尔夫球场上谈谈事儿呢？这有什么区别？说不定那里更适合谈话。如果能在本地球场谈，那为什么不能接受友善的邀请，去更好的球场边打高尔夫边谈事，比如苏格兰的圣安德鲁斯？这难道有什么问题吗？等到这位政客落入金字塔底层，接受了越来越大的诱惑并为之辩护时，公众就会开始大喊："'这有什么问题？'你在开玩笑吗？"在某种程度上，这位政治家并不是在开玩笑。其实，多萝西·萨缪尔斯说得没错：谁会为一次苏格兰之行就赔上自己的职业生涯和声誉呢？如果那是第一次邀请，肯定没人会接受，但如果在此之前，我们接受过几个微不足道的邀请，那么轮到这次时，我们中的许多人可能就会坦然接受。紧随自我辩护出现的傲慢，铺平了通往苏格兰的道路。

利益冲突是政治的代名词，政客们为了维护自身的权力，不惜牺牲大众福祉，形成了密切的勾结关系，这一点我们都非常清楚。法官、科学家、医生和其他专业人士，为了司法公正、科学进步或公众健康而保持了学术上的独立性，并以此为傲，但即便是这些人，也会受到相同因素的影响，这一点就不太容易看出来了。专业人士所接受的训练和接触的文化，自始至终都在倡导公正的核心价值观，因此这些圈子里的大部分人，只要一听到有人在暗示金钱或个人利益可能会玷污他们的工作时，就会显得义愤填膺。专业人士的自豪感使得他们认为自己能够完全超脱于这些俗事之外。毫无疑问，有些人确实如此，做到了超凡脱俗；同时也有一些法官和科学家被欲望或金钱所侵蚀，毫无诚信可言。绝大多数专业人士介于罕有的正直和公然的欺诈两个极端之间，我们普通人的各种盲点，在他们身上也能看到。然而，不幸的是，他们也会更倾向于否定这一点，这意味着他们甚至更易于由此陷入困境。

曾几何时，多数科学家都选择无视商业利益的诱惑。1954年，当被问及是否考虑要为自己发明的脊髓灰质炎疫苗申请专利时，乔纳斯·索尔克回应道："你能为太阳申请专利吗？"在今天看来，他的这番话是多么招人喜欢，但又显得无比天真。设想一下，出于公众利益，将自己的发现拱手让出，从而白白损失几百万美元，换作你，你能做得到吗？科学文化重视将研究和商业分离开来，而大学就相当于在二者之间设置了一道防火墙。由于研究经费来自政府或独立资助机构,所以科学家多多少少享有一定的自由度,可以花费数年时间研究某个问题,而不用考虑该问题在学术或实践层面能不能带来回报。科学家如果将自己的发现公之于众并从中获利,就会遭受怀疑乃至鄙视。"生物学家在进行基础研究的同时,还要操心某些商业活动,这曾经被认为是不体面的。"生物伦理学家兼科学家谢尔顿·克里姆斯基说,[10] "二者看似无法调和。但随着生物学领域的领军人物开始大力寻找商业出路和快速致富计划,行业的风向标开始发生变化。现如今,能够开创多元化发展局面的科学家,才是享有威望的成功科学家。"

关键转折点出现在1980年,当时美国最高法院裁定,转基因细菌可以撇开研发过程,独立进行专利申请。这意味着,以"制造产品"的名义来发现某种病毒、改变某种植物、分离某种基因或者改造其他任何生物体,都能获得专利。由此,生物"淘金热"开始上演——科学家的特权之路已经铺就。不久以后,分子生物学领域的众多教授,纷纷加入生物技术公司的顾问委员会,并开始持有某些公司的股票,而这些公司通常销售基于其研究成果的相关产品。寻求新的收入来源的大学开始建立知识产权办公室,为获得专利的研究人员提供奖励。纵观整个20世纪80年代,科学界的意识形态氛围从重视科学本身或公共利益,逐渐转变为重视科学能为个人带来的利益价值。随着税法和专利法的重大变革,联邦政府投入的研究经费急剧减少,而税收优惠却导致来自工业界的研究经费大幅增加。针对制药业的管制开始放松,于是在10年间它成了美国最赚钱的行业之一。[11]

随后,涉及部分研究人员和医生的利益冲突丑闻开始爆发。大型药企在生产救命新药的同时,也在生产各种往好了说是不必要,往坏了说就是在害人的普通药物。从1989年到2000年被批准的所有药物中，有多达3/4的药物与既有的同类药物相比，药效仅有微小的改进，而价格几乎翻番，且安全风险更高。[12] 截至1999年，共有7种重要药物因安全问题而退出市场，其中包括曲格列酮（Rezulin）和罗肠兴（Lotronex）。这7种药物中，没有一种是挽救生命所必需的（其中有用于治疗胃灼热的药、减肥药、止痛药和抗生素等），也没有一种在药效上超过更安全的旧药。但就是这7种药物，造成了1 002人的死亡和数千例令人担忧的并发症。[13] 2017年，耶鲁大学医学院的研究人员报告称，从2001年到2010年，在美国食品药品监督管理局（FDA）批准的所有新药中，有近1/3的药物存在重大安全问题，这些问题平均在药物上市4年以后才显现出来。被撤销批准的药物包括抗炎药伐地考昔（Bextra）、用于治疗肠易激综合征的泽马可（Zelnorm）以及治疗银屑病的依法利珠单抗（Raptiva）。前两种药物会增加心脑血管风险，第三种药物有可能会引发某种罕见的致命脑部感染。在获批的222种药物中，有71种药物不是被撤销批准，就是需要在说明书中对副作用进行"黑框"警告提醒，抑或需要专门通报新发现的风险。在抗精神病药物、生物制剂和获得"加速批准"的药物中，上述风险出现的可能性最高。[14]

对于此类新闻，公众的反应不仅是愤慨——就像他们惯于从无良政客身上感受到的那种愤慨——还有恐慌和惊讶：科学家和医生怎么可能推广一种他们明知有害的药物呢？难道他们看不出来这样做就等于在出卖自己吗？他们怎么还有脸为自己的所作所为辩护呢？当然，就像政客群体一样，研究人员中也不乏腐败分子，他们非常清楚自己在做什么。他们就是受雇来做这些事情的，比如得到雇主想要的结果，并隐瞒雇主不想要的结果，就像烟草公司的研究人员几十年如一日所做的那样。但至少，这些不良或欺骗性研究，最终还可以被公众利益团体、监督机构和独立科学家们揭露。对于公众而言，更大的危险来自那些煞费苦心的科学家和医生的自我辩护，因为他们需要减少认知失调，需要确信自己没有受到资助企业的影响。然而，就像植物朝向太阳一样，他们在不知不觉中转向了赞助商的利益诉求，自己却浑然不知。

我们如何知晓这一点呢？一种方式是通过实验性研究来评估专家的判断，以及确定这种判断是否会因为买单者的不同而发生变化。在一项类似的实验中，研究人员按照现行酬劳标准，向108位法医心理学家和精神病学家支付了一定的费用，让他们审查4份涉及真实存在的性犯罪者的案卷，然后利用经过验证的完全相同的风险评估方法，就这些人重新犯罪的可能性提出意见。本来，如果专家们在非对抗性的情形下使用这些评估方法，他们达成一致的可能性非常高。但在此项研究中，当一些专家被告知其受雇于辩方，另一些专家则被告知他们受雇于控方时，他们的评估结果开始偏向于假定雇主：那些认为自己为控方工作的专家给罪犯打出了较高的风险分，而那些自认为效力于辩方的专家则为罪犯打出了较低的风险分。[15]

衡量资助的微妙影响的另一种方法，便是将独立资助的研究结果与行业资助的研究结果相比较，这类研究往往能揭示资助所带来的偏见。

- 两位调研人员选取了在6年内发表的161项研究，其内容涉及4种化学品对人类健康可能产生的风险。在由工业界资助的研究中，只有14%的研究发现了化学品之于健康的有害影响；而接受独立资助的对象中，则有整整60%的研究发现了有害影响。[16]

- 某位研究人员审查了100多项对照临床试验，这些试验旨在确定某种新药相对于旧药的疗效。在偏向传统药物疗效的试验中，13%的研究由药企资助，87%的研究由非营利机构资助。[17]
- 两位丹麦调研人员审查了159项临床试验，它们于1997年至2001年之间发表在《英国医学杂志》上，该杂志要求论文作者必须披露潜在的利益冲突。因此，调研人员可以将披露了利益冲突的研究与不存在利益冲突的研究进行对比。结果发现，如果某项研究的经费来自营利性组织，其"对于试验干预（即新药与旧药对比）的促进作用明显更强"。[18]

如果大多数受企业资助的科学家并非存心欺骗，那么上述偏见因何而来呢？新药的临床试验非常复杂，它可能会受到诸多因素的影响，包括治疗时长、患者病情的严重程度、副作用、剂量以及患者在治疗过程中的变异性。我们很少能就结果给出清晰明确的解释。科学研究之所以需要复现和完善，以及大多数研究结果之所以允许存在可以解释的合理差异，这就是原因所在。如果你是一位刚正不阿的科学家，恰巧你针对新药的研究得出了一个模棱两可但令人担忧的发现，比如这种新药可能会导致心脏病发作或中风的风险略有增加。这时，你可能会说："这有些棘手，我们需要做进一步的研究。这种风险的增加或许是意外，也有可能是药物所致，再或者是因为病人异常敏感。"

但是，如果你是有目的地想证明新药比旧药疗效更佳，从而更好地保证持续获得研究经费，得到资方的认可，你就会倾向淡化疑虑，从有利于公司的角度来解释研究中含糊不清的地方。此外，你也会不自觉地为自己的假设寻找唯一确凿的证据。"这没什么，没必要再深究下去了。""反正那些病人已经病得很严重了。""我们不如先假定药物是安全的，除非有相反的证明结果出现。"以上话术正是受默克投资公司资助的一些研究人员所给出的理由。在独立科学家提出相关的风险证据之前，这些研究者一直在对默克公司一款价值数十亿美元的止痛药物——万络（Vioxx）进行调查。[19]

1998年，一支科学家团队在著名医学杂志《柳叶刀》上发表论文称，他们发现孤独症与接种麻腮风三联疫苗之间存在正相关性。这一消息顿时引发了巨大的恐慌，科学家、医生和家长立马被推到了抉择金字塔的最顶端：我们究竟要不要停止为儿童接种疫苗？成千上万的儿童家长，选择了从金字塔顶往"是"的方向滑落，他们要么为知道孩子患孤独症的原因而感到欣慰，要么为掌握预防孤独症的方法而觉得心安。

6年后，参与这项研究的13位科学家中，有10人撤回了上述结论，同时还揭露了论文主要作者安德鲁·韦克菲尔德存在未向《柳叶刀》杂志披露的与其他人的利益关联：他是受代表孤独症儿童家长的律师们所托，来进行此项研究的。韦克菲尔德前前后后一共获得了80多万美元的酬劳，他的研究目的就是要确认能否以研究结果为理由，向有关机构或企业采取法律行动，而且就在论文发表以前，他向律师们给出了肯定的答复。针对这些内幕，《柳叶刀》杂志编辑理查德·霍顿这样写道："我们认定，在我们决定这篇论文是否适合发表、是否可信和是否正确的过程中，所有这些信息都将起到重要作用。"[20]

然而，韦克菲尔德并没有在撤回声明上签字，他认为自己的做法不存在任何问题。他在申辩中写道："当牵涉某个项目，有潜在可能或主动去干涉针对另一个项目过程或结果的客观且冷静的评估时，利益冲突才会产生。受影响的孩子先经过临床转诊和调查，后来他们的家长才提起了诉讼，却对（我们更早就写完的）论文的内容或基调构成了影响，对于这样的说法，我们不能接受……在这里我们需要强调，这不是一篇科学论文，而是一份临床报告。"[21] 哦，现在终于说到点子上了，这竟然不是一篇科学论文。

没有人知道安德鲁·韦克菲尔德研究的真正动机和想法。但我们怀疑，他就像我们本章开篇提到的斯坦利·贝伦特一样，说服自己相信，他的行为很正直，他的工作做得很出色，律师们所支付的80多万美元并没有影响到他。然而，与真正独立的科学家不同，他缺乏动力去寻找疫苗与孤独症之间相关性的证伪证据，却有着充足的动机去忽略其他解释。事实上，孤独症的发生与作为疫苗防腐剂的硫柳汞之间并没有因果关系（尽管从2001年起，儿童疫苗中已禁止添加硫柳汞，但孤独症的发病率并未随之降低）。这种明显的相关性只是巧合，因为孤独症通常被诊断出来的年龄段，恰好赶上儿童的疫苗接种期。[22] 截至2019年，十几项经过同行评议的大规模研究，包括在丹麦完成的涉及超过65万名儿童的一项研究，均未发现麻腮风三联疫苗与孤独症之间存在任何相关性。

那么，那些认定二者之间存在相关性并最终做出抉择的众多家长，是否会如释重负地长出一口气，"感谢上帝终于带来了有用的信息"？当初，有些家长为了不让他们的孩子接种疫苗，曾发起全美范围的宣传攻势。一些密切关注此事的热心人士也希望了解上述问题的答案。事实是，在花了 6 年时间来证明硫柳汞是导致孩子患上孤独症或其他疾病的原因之后，这些家长拒绝接受得出证伪结论的研究。与此同时，他们也拒绝接受美国疾病控制与预防中心、美国食品药品监督管理局、美国国立医学研究院、世界卫生组织以及美国儿科学会支持疫苗接种的声明。"我是个好家长，我知道怎么做对孩子最好。""这些机构告诉我，我做出的决定可能会对孩子造成伤害。"当夹在其中面对认知失调时，这些家长选择相信什么？答案显而易见。"那些科学家又知道些什么。"他们会这样说。

这便是"疫苗接种导致孤独症"恐慌所造成的挥之不去的悲剧性影响。一项重要的流行病学研究表明，自 1924 年以来，儿童疫苗接种计划成功预防了一亿多例严重传染病的发生，挽救了三四百万人的生命。但是，在某些家长停止为孩子接种疫苗后，麻疹和百日咳的发病率开始上升。2012 年甚至发生了自 1959 年以来最严重的百日咳疫情，全美一共报告了 4.8 万例病例。2019 年全美的麻疹病例超过了 1 250 例，也达到了 25 年以来的最高峰。鉴于早在 2000 年，卫生部门就宣布，麻疹在美国已经绝迹，上述病例的出现堪称公共卫生的巨大退步。"美国人正在亲眼见证百日咳、麻疹、流行性腮腺炎和细菌性脑膜炎等疾病患病人数和死亡人数的增加，"费城儿童医院传染病部主任兼疫苗教育中心负责人保罗·奥菲特这样写道，"就因为一些家长对疫苗的恐惧，超过了对疫苗所能预防的疾病的恐惧。"[23]

我们在第一章中曾提到过，即便知道某个信念是错误，人们也往往会选择长期坚持这一信念，尤其是当他们为了支持错误信念，已经从金字塔顶端下滑了很长一段距离时。在这种时候，哪怕是获取了与坚定信念相矛盾的信息，效果也只会适得其反，人们反而会更加顽固地坚守错误的想法。布伦丹·尼汉及其同事曾经主动站出来，向全美具有代表性的儿童家长样本灌输了各种科学信息，希望能消除他们对于疫苗的担忧，这些信息包括：关于疾病的风险提示，儿童不接种疫苗会发生怎样可怕的事情，以及患病儿童的悲惨形象。结果非但无效，那些对疫苗持有异议或负面情绪的家长，反倒越来越不愿意让自己的孩子去接种疫苗。他们虽然相信疫苗不会导致孤独症，但提出了其他担忧或不明确的不适感，以此来为他们不愿意让孩子接种疫苗辩护。[24]（针对那些错误地相信流感疫苗会导致接种者得流感的人群，尼汉的研究也得出了同样的结果。）

这就是自我辩护所导致的无穷遗患，因为大多数反疫苗的危言耸听者都不可能主动站出来说："我们错了，看看我们所造成的伤害。"安德鲁·韦克菲尔德在被英国医疗部门吊销执照以后，依然坚持疫苗会导致孤独症的观点。"我不会被吓到，"他在一篇新闻稿中说道，"这是一个大是大非的问题。"2015 年，在始于迪士尼乐园的大面积麻疹疫情暴发以后，芭芭拉·洛·费希尔，一个散布错误信息且专门阻挠儿童接种疫苗的反疫苗组织的主席，跳出来表示，所有的担忧都属于"炒作行为"，目的就是掩盖疫苗的失败。我们猜想，连迪士尼乐园都暴发了疫情，而这位主席和她所在的组织，怕不是还生活在"幻想乐园"中。[26]

源源不断的小恩小惠

医生和科学家一样，都不希望自己的诚信受损。然而，每一次当医生接受酬劳或其他奖励，以进行某些检查和手术，安排某些病人进入临床试验，或者开出并不比旧药更好或更安全的昂贵新药时，他们其实都是在病人的福祉和自身的经济利益之间进行权衡。盲点有助于他们将天平向自己的方向倾斜，然后为此辩解道："如果制药公司想送钢笔、记事本、日历、午餐券、答谢礼或者一点点咨询费，我们为什么不能接受呢？我们总不至于被这点东西收买吧。"相关调查显示，就道德层面而言，医生通常认为小礼物比贵重礼物更容易接受。美国医学会也同意这一观点，该组织规定，只要单份礼物的价值不超过 100 美元，医生就可以接受医药代表的馈赠。不过，有证据表明，小礼物对于大多数医生的影响程度甚至会超过贵重礼物。[27]

制药公司深谙此道。一项针对美国近 3 000 名初级保健医生和专科医生的全国性随机抽样调查发现，有 84% 的人声称从制药业获得过某种形式的酬劳，包括药物样品、食品饮料、报销和服务费等。[28] 根据医疗保险和医疗补助服务中心所提供的数据，从 2013 年 8 月至 12 月的 5 个月时间里，制药公司和医疗器械制造商向医护人员和教学医院共支付了 35 亿美元的酬劳，其中就包括向 54.6 万名医生个人支付的演讲和咨询费用，其总额约为 3.8 亿美元——事实证明，实际数额比早期的预估多了约 10 亿美元。[29] 虽然个别医生收取的服务费超过了 50 万美元，但绝大多数医生所获得的报酬，都是以办公室小饰品、有偿旅游、"继续医学教育"项目（唯一的"教育"内容便是介绍制药公司的新药）以及"未获认证的培训"等形式赠予的。

大型制药公司之所以在礼品上花费如此巨大，其原因早已为营销人员、说客和社会心理学家所熟知，那便是：获赠礼物会激发起一种隐性的回报欲望。富勒刷子公司的销售人员更是早在几十年前就明白了这个道理，当时他们首创了"得寸进尺"式销售技巧：送给家庭主妇一把小刷子作为礼物，她就不会直接将你拒之门外了。如果没有直接拒绝,她就会更愿意邀请你进门,并最终购买你推销的昂贵的刷子。罗伯特·西奥迪尼多年来一直在研究影响和说服技巧,他曾经系统地观察过印度教社团哈里·克里希那(Hare Krishna)的信徒在机场募捐的过程。[30] 在通常情况下,向疲惫不堪的旅行者直接索要捐款是行不通的,这种无礼的要求只会激起对方的怒火。于是,这些信徒想出了一个更好的办法:他们会走到募捐对象跟前,将一朵花塞到他手里,或者别到他的外套上。如果对方拒绝接受并试图还回去,他们就会抗议道:"这是我们送给你的礼物。"只有到了这个阶段,这些信徒才会请求对方捐赠。在这种情况下,请求很可能会被接受,因为赠送鲜花已经让旅行者产生了某种亏欠感和义务感。如何回报这份心意呢?你可以捐点儿小钱,或者买上一本内容不错但定价过高的《薄伽梵歌》。

旅行者意识到互惠力量对其行为的影响了吗?答案是,完全没有。但是,一旦互惠行为开启,自我辩护便随之而来:"我一直想买一本《薄伽梵歌》,看看它到底讲了些什么。"鲜花的力量是潜移默化的。"这不过是一朵花。"受赠旅行者如是说。"这不过是一份比萨。"住院医师如是说。"这不过是为教育研讨会捐的一点儿钱。"接受捐款的医生如是说。然而,医生与医药代表接触的次数,之所以与医生后来开出的药品费用之间呈正相关性,"鲜花的力量"便是原因之一。"那位代表对新药的介绍非常有说服力。我不妨试试,说不定病人吃了效果很好。"一旦你接受了礼物,无论多小,这种互惠过程就开启了。你会产生回馈的冲动,哪怕一开始只是表露出关注、倾听的意愿或者对于送礼者的同情。最终,你会更愿意通过自己的处方、裁定和投票来回馈对方。你的行为改变了,但由于盲点和自我辩护的存在,你对自身学识和职业操守的看法却没有改变。有一次，我们的某位朋友从医生那里拿到了某种药物的处方，上面列出了一长串注意事项。她在一个独立网站上搜索这种药物时，发现所有相关研究都是由开发这种药物的制药公司完成的。当她向医生指出这一点时，对方竟然反问道："这有什么差别吗？"

卡尔·埃利奥特是一位生物伦理学家兼哲学家，同时也是一位医学博士，他曾就利用小恩小惠来诱骗收礼者的行为写过大量文章。他的兄弟哈尔是一名精神科医生，他将自己如何最终加入某家大型制药公司宣讲团的经历告诉了卡尔：一开始，对方只是邀请他为某个社区群体做一次关于抑郁症的演讲。他心想，这属于公共服务，有何不可呢？紧接着，对方又邀请他去一家医院就相同的主题发表演讲。再后来，对方开始对他的演讲内容提出建议：不要讲抑郁症，要讲抗抑郁药。最后，对方告诉他说，可以安排他进行全国巡回演讲，"那才是真正赚钱的地方"。就这样，制药公司成功地诱使他去为它所生产的新型抗抑郁药物做宣传。再回头看时，哈尔告诉他的兄弟：

> 这就好比你是参加聚会的某位女士，老板对你说："嘿，帮我个忙，对那边的那个家伙友好点儿。"你看到那人长得还不错，而且你也是单身，所以你会想："为什么不呢？我可以表现得友善点儿。"不久以后，你就发现自己置身于一架无标志飞机的货舱里，正在飞往曼谷妓院的途中。此时，你开始大叫起来："我并没有同意这样做！"但同时你又不得不扪心自问："整件事怎么就演变成卖淫了，它是从什么时候开始的？难道是那场聚会？"[31]

现如今，就连专业的伦理学家都被拉入了这一行列，就像看门狗原本是被训练来抓狐狸的，结果却被狐狸驯服了。制药和生物技术行业正在向生物伦理学家提供咨询费、合同和酬金，本来这些人的职责就是撰写相关文章，去揭露医生和药企之间的利益冲突所带来的危险。卡尔·埃利奥特描述了同行们关于收钱行为的辩护言论。"企业咨询费的捍卫者常常对这样的说法感到恼火，即接受企业的钱会有损于他们的公正性，或者导致其道德批评的客观性降低。"他这样写道，"'客观性不过是一种神话'，（生物伦理学家）德伦佐曾告诉我，她从女性主义哲学中汲取论据来支持自己的观点。'我相信在现实中，没有人在从事某项活动时，会对活动所产生的结果完全不感兴趣。'"这也是一种减少认知失调的巧妙说法——"无论如何，要做到完全客观是不可能的，所以我干脆就收了那笔咨询费吧"。

沃顿商学院伦理项目的负责人托马斯·唐纳德森，将伦理顾问比作公司聘请来审计财务的独立会计师事务所，以此来证明上述做法的合理性。那为什么不对这些顾问的道德操守进行审计呢？对于这种自我辩护，卡尔·埃利奥特也不接受。"伦理分析与财务审计完全不同。"他说。会计师的违规行为能够被发现与核实，但如何检验伦理顾问的违规呢？"伦理顾问改变想法究竟是出于正当理由，还是为了金钱，你如何进行区分？受聘于公司的顾问究竟是出于诚信正直还是因为支持公司的规划而获得聘用，你能说得清吗？"[32]与此同时，埃利奥特亦挖苦道，或许我们应当感激美国医学会伦理与司法委员会发起的一项倡议，该倡议的目的在于教育医生在接受制药公司馈赠时，注意所涉及的职业道德问题。讽刺的是，此项倡议所获得的59万美元资助，分别来自礼来公司、葛兰素史克公司、辉瑞公司、美国制药集团、阿斯利康制药公司、拜尔公司、宝洁公司和惠氏艾尔斯特制药公司。

大脑的一时疏漏

阿尔·坎帕尼斯是个非常友好甚至可以说讨人喜欢的人，但同时也是个有缺陷的人，他在81年的人生历程中曾犯了一个巨大的错误——这个错误将永远定性他这个人。

——迈克·利特温，体育专栏作家

1987年4月6日，《夜线》节目组准备用整期节目来纪念杰基·罗宾逊加入美国职业棒球大联盟的40周年。其间，节目主持人泰德·科佩尔采访了洛杉矶道奇队的总经理阿尔·坎帕尼斯，后者早在1943年就加入了道奇队，在1946年罗宾逊自蒙特利尔皇家队转会至道奇队以后，两人就一直是队友。也正是在那一年，坎帕尼斯不仅为罗宾逊出头，拳打了一名侮辱罗宾逊的偏执球员，更是在随后宣布支持职业棒球大联盟接纳黑人球员。在与科佩尔的交谈过程中，坎帕尼斯并无太多戒心，基本是想到哪儿说到哪儿。当科佩尔问罗宾逊的这位老友，为什么棒球界没有黑人教练、黑人总经理或黑人老板时，坎帕尼斯一开始闪烁其词——你必须从小联盟开始慢慢打拼；在你一路往上爬的时候，回报不可能太高——但科佩尔还是步步紧逼。

科佩尔：是的，但你心里清楚得很……你知道那是胡扯。我的意思是说，现在有很多黑人球员，有很多伟大的黑人棒球手，他们都非常希望能担任主教练。我干脆就不拐弯抹角了,直接问吧。你只需要告诉我你为什么会那样想,还是说现在,棒球界依然有那么多的歧视?

坎帕尼斯:不,我不认为这是歧视。我确实觉得他们可能不具备——比方说担任场地教练或者总经理的——某些必要能力。

科佩尔:你真这样认为?

坎帕尼斯:好吧,我不是说所有人都这样,但大部分人在这方面肯定有欠缺。身为场上指挥的黑人有多少?而担任投手的黑人又有多少?

这次采访引发了轩然大波,两天之后,道奇队便解雇了坎帕尼斯。而在一年以后,当回忆起访谈的经过时,坎帕尼斯表示自己当时头脑"一片空白",所说的话不能完全代表他自己。

究竟哪个才是真正的阿尔·坎帕尼斯?是偏执狂还是政治正确的受害者?大概都不是。坎帕尼斯喜爱并尊重自己所认识的黑人球员,在当年那种反种族歧视既非时髦也尚未有明朗前景的政治环境下,他选择站出来力挺杰基·罗宾逊,但与此同时,他也无法摆脱自身的盲点:他认为黑人有能力成为伟大的球员,却没有足够的智慧当上教练。他告诉科佩尔,在内心深处,他并不觉得这种态度有什么不对。"我不认为这是歧视。"他说。坎帕尼斯的确没有撒谎,也没有假惺惺地扭捏作态。作为总经理,他本有资格建议球队聘用一位黑人教练,但思维上的盲点导致他甚至没有考虑过这种可能性。

正如我们能从除自己以外的任何人身上看出虚伪,正如我们会发现除自己之外的任何人都会被金钱所左右,我们也只能看到他人的偏见，而对于自己身上的偏见视若无睹。由于自我保护性盲点的存在，我们会认定自己不可能有偏见，即不可能对其他群体的所有成员都产生某种非理性或刻薄的看法。因为我们认为自己不是非理性或刻薄的，所以我们产生的关于其他群体的任何负面情绪都是合理的。因此，我们的厌恶感源于理性，有着充分的根据，需要被压制的是其他群体的负面情绪。就像宽容博物馆中那些拍打着"无偏见"之门的哈西德派教徒一样，我们对自身的偏见视而不见。

偏见的产生源于人类善于依照类别来对信息进行感知和处理的思维倾向。类别（categories）是一个比刻板印象（stereotypes）更友善且更中性的词汇，但二者本质上就是一回事。认知心理学家认为，刻板印象如同节能装置，能让我们基于过去的经验，高效地做出决策；它还能帮助我们快速处理新信息、检索记忆、理解群体之间的真实差异和预测他人的行为或想法，而且这种预测往往相当准确。[33] 我们机智地依赖刻板印象及其提供的即时信息，来逃避危险，结交可能的新朋友，换一所学校或一份工作，以及确定穿过拥挤人潮向自己走过来的那个人，是否会成为我们的一生至爱。

以上是刻板印象的优点所在。刻板印象的缺点在于，它会抹平我们所注重类别内部事物之间的差异，而夸大不同类别之间的差异。红州人和蓝州人①通常会将彼此视为相互没有交集的两类人，但实际上，有很多堪萨斯人希望当地的学校能讲授进化论，也有很多加州人反对一切形式的枪支管制。虽然我们所有人都能辨识出自己所属性别、党派、种族或国家内部的差异，但我们却倾向于笼统

---

① 在美国，红色代表共和党，蓝色代表民主党。选民投票倾向支持民主党的州份被称为蓝州，蓝州主要集中在西部沿海以及东北部的新英格兰地区；选民投票倾向支持共和党的州份被称为红州，红州主要集中在美国的中部和南部。——译者注

地概括群体之外的其他人，将他们统统归为异类。这种习惯自我们很小的时候便露出苗头。社会心理学家玛丽莲·布鲁尔，多年以来一直在研究刻板印象的本质，有一次，她的女儿从幼儿园回来后抱怨说"男孩都是爱哭鬼"。[34] 对于这种说法，孩子给出的证据是，她看到两个男孩在第一天上学时都哭了。身为心理学家的布鲁尔便有意反问道，难道没有小女孩哭吗？"当然有，"女儿回答道，"但只有一些女孩会哭。我就没哭。"

布鲁尔的女儿已经开始把世界划分为"我们"和"他们"。"我们"是大脑组织系统中最基本的社交类别，这一概念为大脑所固有。哪怕是作为复数代词的"我们"（us）和"他们"（them），也带有强大的情感信号。在一项假装对参与者进行语言能力测试的实验中，研究人员将一些无意义音节，如 xeh、yof、laj 和 wuh，随机地与某个内群体词汇（us、we 或 ours）以及某个外群体词汇（them、they 或 theirs）进行配对，同时作为对照，也将其与其他代词（例如 he、hers 或 yours）进行搭配。然后，所有参与者都必须对这些音节所产生的愉悦或不愉悦感进行打分。你可能会好奇，为什么有人会对 yof 这样无意义的词组产生情感体验，或者认为 wuh 比 laj 看起来更顺眼？然而，当这些无意义音节与内群体词汇关联在一起时，参与者的确更喜欢它们。[35] 没有人猜出其中的原因，也没有一个人知道这些词汇被搭配在一起的真正用意。

不过，一旦人们构建了一个名为"我们"的类别，他们就会不约而同地将不属于这个类别的其他人视为"非我们"。"我们"的具体内涵可以在一瞬间发生变化：我们是朴实的中西部人，而你们是浮夸的沿海人；我们是环保的普锐斯车主，而你们是高油耗的SUV（运动型多功能车）车主；我们是波士顿红袜队的球迷，而你们是洛杉矶天使队的球迷（这里只是随便举了个例子，本书的两位作者恰好分别是两队的球迷）。正如亨利·泰弗尔及其同事在以英国男学生为实验对象的一个经典实验中所展示的那样，在实验条件下，"我们"这样的类群可以在一分钟内被创造出来。[36] 泰弗尔向这些男学生展示了一些上面带有不同数量圆点的幻灯片，并让他们猜测圆点的数量有多少。展示完毕后，泰弗尔假装武断地告知一些受试对象，说他们属于"高估者"，然后再将"低估者"的帽子扣在另外一些人头上，最后要求所有这些男生都去完成某项任务。在这个阶段，他们有机会给其他被认定为"高估者"或"低估者"的男生打分。虽然所有男生都在属于自己的小房间里独自完成了任务，但几乎每个人都给他们认为和自己一样属于"高估者"或"低估者"的其他男生，打了更高的分数。当男生完成任务从自己的房间里走出来时，其他孩子会问他："你属于哪一组？"他的回答会得到同组者的欢呼，而让另外一组人发出嘘声。

很显然，相比开什么车或预估幻灯片上的圆点数量，还有些与"我们"相关的特定类别对于我们的身份更为重要，譬如性别、性取向、宗教、政治派别、种族以及人一生下来就具备的国籍。如果我们对那些赋予我们生命意义、身份和目标的群体缺少依附感，我们就会产生某种无法忍受的痛苦，仿佛自己是一颗无依无靠的弹珠，在茫茫宇宙中胡乱飘荡，没有归宿。因此，我们会不惜一切代价维持这些依附关系。进化心理学家认为，民族中心主义——认为自己的文化、民族或宗教优于其他所有文化、民族或宗教——实质上有助于生存，因为它强化了个体与主要社会群体之间的联系，从而提高了个体为群体工作、战斗甚至献身的意愿。当一切顺利的时候，我们大多数人对其他文化和宗教，甚至是其他性取向者，都相当宽容。但是，当感到愤怒、焦虑或受到威胁时，我们自身的盲点就会自动激活。"我们"拥有智慧和深情这些人类品质，而"他们"要么愚昧无知，要么是些"爱哭鬼"，完全不懂爱、羞耻、悲伤或悔恨的真正含义。[37]

"他们"不如"我们"聪明或通情达理，正是这种想法让我们感觉自己与那些与我们相像的人更亲近。但同样重要的地方在于，这种想法使得我们能够为自己对待"他们"的方式进行辩护。大多数人都假定刻板印象会导致歧视，例如，阿尔·坎帕尼斯相信黑人缺乏成为教练的"必备能力"，因而拒绝将黑人球员引入管理层。但认知失调理论表明，态度和行动之间的路径具有双向性。在通常情况下是歧视引发了让人展开自我辩护的刻板印象。阿尔·坎帕尼斯缺乏说服道奇队聘用黑人教练的意愿或勇气，他通过暗示自己黑人无论如何都做不了这份工作，来为自己裹足不前辩护。同理，我们如果奴役了另一个群体的成员，剥夺了他们正常受教育或工作的机会，将其排除在我们的职业领域之外，或者否定他们的人权，随后我们就会诉诸刻板印象，来为自己的行为辩护。通过说服自己相信他们不值当、不可教、能力差、天生数学不好、不道德、作恶多端、愚蠢乃至低人一等，我们就不会因为自己对待他们的方式而产生负罪感或不道德感。当然，我们也不会觉得自己有偏见。我们甚至对他们中的某些人心存好感，只要他们能摆正自己的位置——不用说，他们肯定不会成为我俱乐部的队友，我大学的校友，我职场的同事，我社区的邻居。简而言之，我们要利用刻板印象来为自己的行为辩护，否则这些行为就会让我们感到不痛快，以至于发出这样的感叹：为什么我们竟然是这样的人？为什么我们竟然生活在这样的国家？

既然分门别类是一种普遍的思维特征,那为什么只有某些人对其他群体抱有强烈的偏见呢?因为阿尔·坎帕尼斯并不是因为对黑人的强烈反感而产生偏见,所以我们有理由相信,经过说服,他或许会放弃黑人球员无法成为优秀管理者的想法。刻板印象会在证伪信息的重压之下变形甚至瓦解,偏见则不同,它的特点在于不受理性、经验和反例的影响。在首次出版于1954年的划时代著作《偏见的本质》中,社会心理学家戈登·奥尔波特描述了某位偏见者在面对与其信念相悖的证据时,所表现出来的反应特征。

X 先生:犹太人的问题在于,他们只关心自己的群体。

Y 先生:但公益金募捐活动的记录表明,就人数比例而言,犹太人向一般慈善机构捐款的慷慨程度超出了非犹太人。

X 先生:那只能说明他们总试图收买人心,插手基督教事务。他们眼里只有钱,所以才会出现那么多犹太人银行家。

Y 先生:可最近的一项研究表明,犹太人从事银行业务的比例微乎其微,远低于非犹太人。

X 先生:的确如此,他们不做体面生意,就会通过搞电影或经营夜总会赚钱。[38]

奥尔波特完美地诠释了 X 先生的思维过程。X 先生甚至没打算回应 Y 先生提出的证据,他只是从一个理由转到另一个理由,来解释自己为什么不喜欢犹太人。人一旦产生了偏见,就像拥有了某种政治意识形态，即便与偏见核心理念相矛盾的证据无可辩驳地摆在眼前，他们也不会轻言放弃。而且，他们会想出另外一个理由来维护自身信念或合理化自己的行动。假设我们这位通情达理的Y先生告诉你，昆虫是重要的蛋白质来源，而且"蚱蜢和虫子餐厅"里那位手艺一流的新大厨，正在推出美味的毛毛虫肉泥主菜。听了这话，你会急不可耐地去展开这场美食冒险吗？如果对吃昆虫这件事心存偏见，你恐怕就不会去尝试，即便这位大厨登上了《纽约时报》美食版的头条。你会像偏执的X先生一样，另找理由为自己辩解。"唉，昆虫看上去好怪，还黏黏糊糊的。"你会这样告诉Y先生。对方则回答说："的确如此。那你能说说看，为什么吃龙虾和生牡蛎你就不抗拒呢？"

　　后天的偏见很难消除。正如伟大的法学家奥利弗·温德尔·霍姆斯所言："尝试教育某位偏执狂，就如同把光照进眼睛的瞳孔中——它会收缩。"为了避免改变自身的偏见，大多数人都会耗费巨大的心力，将证伪的证据归为"证明结论的例外"，对其视而不见。（令我们感到好奇的是，究竟什么样的证据才能否定这一结论？）"但我最好的一些朋友也会……"，虽然这句话现在受到嘲讽是理所当然的，但它经常被使用，正是因为当偏见与例外相冲突时，它是解决认知失调的有效方式。多年以前，埃利奥特到明尼阿波利斯的明尼苏达大学任教时，有位邻居过来搭话："你是犹太人？但你看起来友善得多，比……"说到这里，她顿住了。"比什么？"埃利奥特反问道。"比我想象的。"她蹩脚地结束了话题。通过承认埃利奥特不符合她心目中的刻板印象，她既能感受到自己的心胸开阔、慷慨大方，同时又保持住了她对整个犹太人群体的基本偏见。在对方看来，这甚至是对埃利奥特的恭维："相比他所属……种族的其他人,他看起来友善得多。"

杰弗里·谢尔曼和他的同事也通过一系列的实验,展示了严重偏见者为了保持偏见,同时接纳相抵触的信息,所随时准备付出的努力。实际上,与一致信息相比,他们更关注那些不一致的信息,因为就像 X 先生和明尼苏达州的那位邻居一样,他们需要想办法解释那些不和谐的证据。在其中一项实验中,异性恋学生被要求评价一位名叫罗伯特的男性同性恋者。根据描述,这位罗伯特分别做过 8 件符合同性恋刻板印象的事情(比如,学过形意舞),以及 8 件不符合同性恋刻板印象的事情(比如,某个周日他去看了一场橄榄球比赛)。结果表明,反同性恋者不仅扭曲了关于罗伯特的证据信息,而且与不带偏见者相比,他们后来将罗伯特描绘得更加"女性化",进而使得自身的偏见得以维持。为了解决矛盾事实所造成的认知失调,他们将其解释为特定场合下的矫揉造作。没错,罗伯特是去看了一场橄榄球比赛,但这只是为了陪他来访的表弟弗雷德。[39]

在实验室以外的大千世界里,为了减少认知失调而产生的类似的扭曲行为时有发生。我们不妨看看某些白人至上主义者在得知潜在盟友并非"全白"时所采取的手段。亚伦·帕诺夫斯基和琼·多诺万研究了白人民族主义组织"风暴前线"(Stormfront)论坛上的数百条帖子,想了解该组织如何劝导某些特殊申请者——这些人汇报了"令人苦恼的消息":DNA(脱氧核糖核酸)检测结果表明自己存在非白人或非欧洲血统。风暴前线的创始人对于成员资格有着严格的规定,他们只接纳"纯欧洲血统的非犹太人,无一例外",而且他们还表示,"白度"是由基因决定的。但是,如果希望扩充组织势力,他们又该如何处理 DNA 检测为非白人血统的潜在成员呢？他们有两种方式可以减少认知失调，一种较为严格，另一种更加灵活。严格的做法就是直接剔除这些人。

发帖者：大家好，我今天拿到了 DNA 检测结果，显示我有 61% 的欧洲血统。我为自己的白人血统和欧洲血统感到非常自豪。我知道你们许多人都比我"更白"（原文如此），但我不在乎，我们的目标是一致的。我愿意尽一切可能，保护我们的白人种族、我们的欧洲根基和我们的白人家庭。

回复者：我给你准备了一杯饮料，61% 的成分是水，剩下的是氰化钾。我想你应该不会反对将其一饮而尽吧……氰化物不是水，**你也不是白种人**。

但研究人员发现，风暴前线的大多数成员为了增加人数、减少失调感，以及安抚忧心忡忡的潜在支持者，会提出一些不科学的理由来解释这些检测结果为什么不足为凭。比如，"衡量'白度'的方法有很多种，所以请留下来"；"基因检测的数据并没有被准确解读"；以及一直很流行的犹太人阴谋论："犹太人控制了那些基因检测公司，我们都知道他们在密谋邪恶的多元文化计划。"（"基因检测公司 23 and Me 受犹太人控制，搞不好其他所有基因检测公司都被犹太人控制了。"某位成员这样写道，"我觉得 23 and Me 公司或许正在谋划一次秘密行动，先获取 DNA，然后这些犹太人就可以制造生物武器，用它们来对付我们。"）在风暴前线组织中，黑人和犹太人是最受鄙视的两个种族，但即便是在论坛中汇报检测结果显示自己身上存在黑人和犹太人血统的申请者，也得到了安抚性的回复，其目的就是消除或尽量减少认知失调。例如，有位女性网友"惊慌失措"地呼吁论坛众人帮助解释，为什么她母亲的 DNA 检测结果显示存在"11% 的波斯 – 土耳其 – 高加索基因"，这是不是意味着她的血统被玷污了。别担心，有人回复她说，虽然今天高加索地区的主要群体为穆斯林，但"起初那里都是白人"，况且"波斯人也属于雅利安人"。[40]

　　风暴前线组织的成员和其他顽固的白人民族主义者热衷于公开展示他们的偏见。但大多数对某一特定群体抱有偏见的美国人其实都知道，在许多生活和工作环境中，随便发表某些带有歧视意味的言论，有可能会被轻罚、公开羞辱甚至直接解雇，因此有些事情还是不公开表露为好。然而，正如在信息相互冲突的情况下维持偏见需要付出心智努力，抑制这些负面情绪也需要耗费心神。社会心理学家克里斯·克兰道尔和艾米·埃舍尔曼在评估了大量关于偏见的研究文献后发现，每当人们情绪低落，比如困倦、沮丧、愤怒、焦虑、醉酒或压力过大时，他们表达自身对于另一个群体真实偏见的意愿，就会变得更加强烈。梅尔·吉布森曾因酒后驾车和发表反犹言论而被捕，在第二天的道歉声明中，他声称："我所说的那些可鄙言论，连我自己都不敢相信是真的。对于自己所说的一切，我深感羞愧……我为自己在醉酒状态下做出的任何不符合身份的行为道歉。"这番话可以理解为："这不是我的问题，全都是因为酒精作祟。"狡辩得不错，不过有科学证据清楚地表明，醉酒会让人更容易暴露自身的偏见，而不是将这些态度埋在心里。因此，当人们在道歉时说，"我真的不敢相信自己所说的那些话"，"我当时太疲倦 / 焦虑 / 愤怒 / 醉得太厉害了"，或者，就像阿尔·坎帕尼斯所说的"大脑一片空白"，那么，我们就可以非常肯定，对于自己所说的那些话,他们其实完全相信。

但大多数人对自己内心的这种想法感到不满,而且由此产生了失调感,即"我不喜欢那些人"的想法,与"这样说在道德或社交层面是错误的"这一强烈信念,发生了冲突。克兰道尔和埃舍尔曼认为,感受到这种失调的人,会急切地寻求任何可以自我辩护的机会,这种自我辩护让他们既能表达真实想法,又可以继续认为自己是道德且善良的。就连唐纳德·特朗普也不例外,他曾对一长串自己不喜欢的群体(尤其是拉美裔、穆斯林和残疾人)大放厥词,四处散布奥巴马并非出生在美国,因此没资格做美国总统的谎言,针对非裔美国人的歧视态度更是尽人皆知。在此之后,他觉得有必要站出来说点儿什么,于是他通过推特向公众保证:"我是你们所见过的最没有种族歧视的人"以及"我身体里没有一根种族主义的骨头"。对此,克兰道尔和埃舍尔曼解释道:"自我辩护可以消除压抑,提供掩护,保护了某种平等主义意识和不带偏见的自我形象。"[41]

在一项相当典型的实验中,一些白人学生被告知,作为生物反馈研究的一部分,他们将会对另一名学生(即学习者)实施电击。相比与白人学习者合作的学生,与黑人学习者合作的学生起初实施电击的强度更低,这或许体现了一种表明自身不存在偏见的愿望。随后,研究人员又设计让这些学生在无意中听见学习者针对自己的非议,此举自然会激怒他们。现在,如果再给他们一次电击的机会,相比与白人学习者合作的学生,与黑人学习者合作的学生会实施强度更高的电击。相同的结果也出现在类似的研究中,比如说英语的加拿大人如何对待说法语的加拿大人,异性恋者如何对待同性恋者,非犹太学生如何对待犹太学生,以及男性如何对待女性。[42]在正常情况下，参与者都能够成功地控制自己的负面情绪，但一旦变得愤怒、沮丧或自尊心受挫，他们就会直接表达偏见，因为现在他们可以为此辩护了："我不是一个有偏见的坏人，但是，看吧——他侮辱了我！"

就这样，偏见成了民族中心主义的能量源。它似睡非睡地潜伏在那里，直到被民族中心主义唤醒，去完成一些不体面的工作，譬如为我们这些好人偶尔想做的坏事进行辩护。在19世纪的美国西部，华人移民受雇在金矿工作，这有可能会抢走白人劳工的饭碗。白人经营的报纸便煽动起针对华人的偏见，将华人描述为"堕落邪恶""贪婪无比""残忍且毫无人性"之辈。然而，仅仅10年后，在这些华人毫无怨言地承担起修建横贯北美大陆的铁路这一危险而艰苦的工作——这是白人劳工所不愿意从事的工作——以后，公众对于他们的偏见才逐渐消失，取而代之的看法变成了"华人普遍稳重、勤劳且守法"。铁路大亨查尔斯·克罗克就曾表示："他们可媲美最优秀的白人。他们非常值得信赖，非常聪明，会依约履行合同义务。"铁路竣工以后，工作机会再次变得稀缺，再加上南北战争的结束，导致大量退伍军人涌入就业形势本就紧张的劳动力市场。于是，反华偏见卷土重来，媒体笔下的华人又变成了"犯罪者"、"共谋犯"和"狡猾愚蠢之徒"。[43]

偏见为我们施加于他人的不公待遇提供了辩护，我们之所以想要不公平地对待他人，就是因为我们不喜欢对方。我们为什么不喜欢他们？因为他们在形势严峻的就业市场上与我们竞争工作机会；因为他们的存在让我们怀疑自己的宗教是不是唯一真正的宗教；因为我们希望维护自身的地位、权势和特殊待遇；因为我们的国家正在对他们发动战争；因为我们不喜欢他们的习俗，尤其是性习俗，他们就像是喜欢滥交的变态；因为他们拒绝融入我们的文化；因为他们想融入我们的文化且表现得太过了；因为我们需要感觉自己比别人强。

在理解了偏见就如同自我辩护的奴仆以后，我们就能更深刻地意识到，为什么有些偏见如此难以消除：它们的存在让人们能够为自己最重要的社会身份——"白人"种族、宗教信仰、性别和性取向——进行辩护，同时消减"我是一个好人"与"我真的不喜欢那些人"之间的认知失调。幸运的是，由此我们也可以更好地理解减少偏见的条件，譬如减少经济竞争，签署休战协议，增强各行各业的协作，让彼此之间变得更加熟悉，相处得更加融洽，不再将"他们"视为无差别的整体，而是意识到他们和我们一样，都是由多元化个体所构成的集合。

· · ·

希特勒的忠实追随者阿尔伯特·斯佩尔在回忆录中曾这样写道："在正常环境中，背离现实的人很快就会因为周围人的嘲笑和批评而回归正途，这会让他们意识到自己已经失去了可信度。但在第三帝国，尤其是对于那些身处上层社会的人来说，这样的纠错机制并不存在。相反，每一次的自欺行为都会被成倍放大，它会让你感觉就像身处装满了哈哈镜的大厅里，为你打造一个反复被确认的梦幻世界的图景，这个梦幻世界与严峻的外部世界不再有任何联系。在这些镜子里，我什么也看不到，只能看到自己的脸被无数次复制。"[44]

对于我们而言，自我纠错的最大希望在于，确保自己没有置身于满是哈哈镜的大厅之中，以免我们所看到的一切，都是自身欲望和信念的歪曲反映。在人生之路上，我们需要一些值得信赖的反对者，这些批评人士愿意戳破我们自我辩护的保护罩，并在我们偏离现实太远时，将我们拉回。对于位高权重者来说，这一点尤为重要。

按照历史学家多丽丝·卡恩斯·古德温的说法，亚伯拉罕·林肯是世所罕见的总统之一，因为他懂得身边有意见相左者的重要性。林肯所创建的内阁便囊括了四位政敌，其中三人曾在 1860 年与他竞争过共和党总统候选人，当时他们对于输给一位名不见经传的乡下律师而感到羞耻、震惊和愤怒。这三人分别是后来担任国务卿的威廉·西沃德、担任财政部长的萨蒙·蔡斯和担任总检察长的爱德华·贝茨。尽管在维护联邦制和废除奴隶制这样的大是大非面前，内阁所有人都与林肯目标一致，但在如何实现上述目标的问题上，这支"劲敌幕僚"（古德温给出的称谓）却存在着激烈的分歧。

南北战争初期，林肯在政治上深陷困境。他不仅要安抚希望解放逃亡奴隶的北方废奴主义者，还要平息密苏里和肯塔基等边境州奴隶主们的愤怒情绪。这些边境州随时都有可能加入南方联盟，对于北方联邦来说，这将会是一场灾难。在如何使双方保持利益一致的问题上，林肯的幕僚们有不同的想法。随后的争辩让林肯意识到，他不能自欺欺人地认为，在每个决定上他们都达成了共识。于是，他开始考虑其他方案，并最终赢得了这些昔日竞争对手的尊重和支持。[45]

只要坚信自己完全客观，绝不腐败且完全不受偏见影响，那么我们中的大多数人，就会时不时地发现自己正走在"通往圣安德鲁斯的道路"上——有些人甚至坐上了"飞往曼谷的飞机"。在上一章中,我们曾描述过杰布·斯图尔特·马格鲁德在水门丑闻中深陷政治腐败的案例,他便是被自身的信念蒙蔽了双眼,认为必须不惜一切代价,哪怕是采取非法行动,也要打败"他们"——尼克松的政敌。但被捕以后,马格鲁德却敢于直面自我。对任何人而言,这都是一个令人震惊和痛苦的时刻,就像不经意在镜子里瞥见自己,发现额头上长了一个巨大的紫色肿块。马格鲁德本可以像我们大多数人所选择的那样,化个浓妆,然后说:"什么紫色肿块?"他忍住了这种冲动。他表示,归根结底,并没有人强迫他或其他人犯法。"我们本可以反对当时正在发生的一切,或以辞职抗议,"他写道,[46]"但我们说服了自己,让错事变得正确,然后毫不犹豫地向前推进。"

"我们无法为入室行窃、窃听、做伪证以及其他掩盖事实的行为进行辩护……我和其他人以'寻常政治'、'情报收集'或'国家安全'为由,将非法行为合理化。我们完全错了,只有当我们承认了这一点,并为自己的错误公开地付出了代价以后,我们才能期望广大民众对我们的政府或政治体制抱有信心。"

第三章

记忆：自我辩护的"历史学家"

> 我们……自信地称之为记忆……的东西，实际上只是一种在脑海中绵延不绝的叙事形式，且通常会随着讲述而变化。
>
> ——威廉·麦克斯韦尔，传记作家和编辑

多年以前，在卡特政府执政期间，个性张扬的作家兼媒体名人戈尔·维达尔曾登上《今日秀》节目，接受了著名电视记者兼主持人汤姆·布罗考的采访。按照维达尔的说法，在采访期间，布罗考曾说"你写了很多关于双性恋的文章——"，但话还没说完，维达尔就直接打断说："汤姆，早间节目可不是这么做的。现在谈性还为时过早，恐怕没有人乐意在这个时间点听这种话题。即便有这种想法，估计他们现在也正忙着呢！可别扫了人家的兴。""可能吧，但是戈尔，你写了不少关于双性恋——"，维达尔再次打断了对方，说自己的新书与双性恋无关，他更愿意谈论政治。"不妨来谈谈卡特……他为什么要和那些巴西独裁者在一起？那些人都假装自己是热爱自由的民主领袖。"于是，在接下来的采访中，话题都转向了

卡特。几年后，布罗考当上了《晚间新闻》的主持人，《时代》杂志做了一期关于他的专题。当被问到经历过哪些特别困难的采访时，布罗考专门提到与戈尔·维达尔的那次交谈，"我希望谈论政治，"他回忆说，"而他想谈论双性恋。"

"（事实）完全颠倒过来了，"维达尔说，"我竟然成了故事里的反派人物。"[1]

汤姆·布罗考是有意将戈尔·维达尔塑造成故事里的反派人物吗？还是说布罗考在撒谎，就像维达尔所暗示的那样？都不太可能。毕竟，故事是布罗考告诉《时代》杂志记者的，他本可以选择自己漫长职业生涯中其他任何一次艰难的采访，无须专门美化或说谎。况且，那位采访的记者肯定会去核查原始记录，这一点他非常清楚。所以，布罗考在无意识中颠倒"谁说了什么"的做法，不是存心要让维达尔难堪，而是为了美化自己。如果《晚间新闻》的新主播只关心一些关于双性恋的问题，那可太不得体了，所以不如相信（并牢记）自己选择的是政治话题，这条博学型的高端路线才适合自己。

当针对同一件事，当事双方形成了截然不同的记忆时，旁观者通常会认为其中有一个人在撒谎。当然，有些人确实会杜撰故事或对其添油加醋，来操纵或欺骗听众，抑或单纯只是为了卖书。但是，我们中的大多数人，在大多数时候，既没有完全说实话，亦非刻意欺骗。我们不是在撒谎，我们只是在自我辩护。每个人在讲述自己的故事时，都会添加一些细节，省略一些不便提及的事实。我们会给自己的故事添加一些自我标榜式的小插曲。如果这种小插曲效果不错，下一次我们就会采取更为夸张的润饰。我们会认为这种善意的谎言无伤大雅，它只是让故事听起来更精彩、更明晰。最终，我们记事的方式可能会导致我们所回忆起来的事情与实际发生的事实相去甚远。

这样一来，记忆就化身成为我们个人所独有的"历史学家"，它相伴我们左右，必要时会跳出来为我们辩护。社会心理学家安东尼·格林沃尔德曾经指出，"自己"被一个"极权自我"所统治，该极权自我会无情地摧毁它不想听到的信息，并以胜利者的立场改写历史，就像所有法西斯领导人一样。[2]但是，极权统治者改写历史是为了蒙蔽子孙后世，而极权自我改写历史则是为了欺骗自己。历史由胜利者书写，当我们在书写自己的历史时，我们有着与国家统治者相同的目标，即为自身的行为辩护，美化我们自己以及我们所做或未做的事情，使自己感觉良好。如果我们犯了错误，记忆就会帮助我们将错误转嫁给他人。即便自己当时在场，我们也只是无辜的旁观者。

在最简单的层面上，记忆通过证真偏差有选择性地使我们遗忘那些与我们所珍视的信念不一致的否定信息，从而抚平认知失调所产生的褶皱。如果我们是完全理性的人，我们就会努力记住那些聪明且合理的想法，而不会费心记住那些愚蠢的念头。但认知失调理论预测，我们会轻易忘记对手提出的精辟论点，正如我们会忘记己方提出的愚蠢论点一样。迎合己方立场的愚蠢观点会招致认知失调，因为它会引发人们质疑此立场或支持此立场的人是否明智。同样，来自对手的理智论点也会激起我们的失调感，因为它相当于提出了这样一种可能性：也许，对方真有可能是对的，或者我们应该认真看待对方的观点。由于己方的愚蠢争辩和对方的精辟论证都会引发认知失调，因此认知失调理论预测：我们要么对这些论点浅尝辄止，要么很快将其遗忘。1958年，为了测试公众对于取消种族隔离的态度,爱德华·琼斯和瑞卡·科勒在北卡罗来纳州开展了一项经典实验,其结果印证了上述预测。[3] 每一方都倾向于记住同意己方立场且貌似合理的论点,以及与对方立场相一致的不合情理的论点;每一方也都会忘记支持己方观点的不可信论点,以及支持对方观点的貌似合理的论点。

当然,有些记忆可能非常详细和准确。我们记得初吻和最喜欢的老师;记得家庭故事、最爱的电影、最重要的约会、棒球比分、童年时期的失败和成功;记得人生故事中的核心事件。但是,如果记忆出错,那就表明,我们的错误并不是偶然形成的。有助于减少认知失调的记忆失真,每天都在帮助我们理解这个世界以及我们在其中所处的位置,保护我们的决策和信念。当我们需要保持自我概念的一致性时,当我们需要维护自尊时,当我们需要为失败或错误的决定找借口时,或者当我们需要为当下出现的问题找到某种解释——最好是已有的事实时,这种失真甚至会更加强烈。[4] 当我们实施的行为与核心自我形象相抵触,而极权自我又想要保护我们免受其带来的痛苦和尴尬时("我为什么要那样做?"),作为记忆战场上的主力军,混淆、扭曲和单纯的遗忘就会被召唤至前线。这就是记忆研究者喜欢引用尼采名言的原因:"'我做过。'我的记忆说。'我不可能么做。'我的自尊不容置疑地辩解道。最终——记忆宣布屈服。"

记忆的偏颇

本书的作者之一卡罗尔有一本非常喜欢的儿童读物,那就是詹姆斯·瑟伯的《神奇的O》。她记得小时候父亲送过这本书给她。

"一伙海盗占据了一座岛屿,然后禁止岛上的当地人说包含字母 O 的词语或使用包含字母 O 的物品。"卡罗尔回忆道,"我非常清楚地记得父亲在读这本书时的情景,一读到书中害羞的奥菲莉娅·奥利弗竟然说自己的名字里不包含字母 O 时,我们便一起哈哈大笑起来。我还记得自己站在受侵略的岛民一边,勇敢地尝试猜出第四个绝对不能被丢弃的包含字母 O 的单词[前三个是 love(爱)、hope(希望)和 valor(英勇)],而父亲给出的答案则充满了戏谑:Oregon(俄勒冈)? orangutan(红毛猩猩)? ophthalmologist(眼科医生)?然而就在不久之前,我找到了自己收藏的那本《神奇的 O》。它出版于 1957 年,也就是我父亲去世后一年。我愕然地盯着那个日期,感觉难以置信。很显然,送书给我的另有其人,读书给我听的另有其人,和我一起取笑'菲莉娅·利弗'的另有其人,希望我理解第四个包含字母 O 的不能被丢弃的单词是 freedom(自由)的另有其人。这个人竟然从我的记忆中莫名消失了。"

这则小故事告诉了我们关于记忆的三个要点:首先,意识到一段充满情感和细节的生动记忆,其实错得异常离谱,这种感觉是多么让人摸不着头脑;其次,即使可以完全肯定记忆是准确的,也并不意味着它一定就是如此;最后,记忆中的错误为我们当下的情感和信念提供了支持。"我有一套关于父亲的全方位的信念,"卡罗尔说,"他是一个热心的人,风趣幽默,忠于职守,喜欢给我读书,带我去逛图书馆,喜欢玩文字游戏。于是,我顺理成章地认定——不,是记住——那个给我读《神奇的 O》的人是他。"

关于记忆的隐喻与我们所处的时代和所使用的技术相匹配。几个世纪以前,哲学家将记忆比作一块柔软的蜡板,它可以保存印在上面的任何内容。随着印刷术的出现,人们开始将记忆比作图书馆或档案柜，它们可存储各种事件和事实，用于日后检索，前提是你能通过海量的卡片目录找到相应的记录。在电影和录音被发明以后，人们又开始觉得记忆就如同摄像机，从出生那一刻起就开始拍摄和记录。到了当下，我们又从计算机的角度来看待记忆，尽管有些人希望拥有更多的随机存取内存（RAM），但我们依然假定，发生在我们身上的一切都被"存储"了下来。我们的大脑可能不会选择去展示所有记忆，但它们就在那里，等着我们去"读取"。我们可以让它们显示在屏幕上，然后就着爆米花，观摩欣赏。

这些关于记忆的隐喻虽然广为流传且颇为令人信服，但其实并不正确。记忆并不像考古现场的骨骼化石，被埋藏在大脑的某个角落里。你无法将其挖出，完美地保存起来。我们不能记住发生在自己身上的所有事情，我们只会选择性地重点记忆。如果不选择遗忘，我们的大脑就无法高效工作，因为它会被各种精神垃圾——上周三的气温、公交车上的无聊对话、昨天市场上桃子的价钱——所占据。有极少数人能记住所有的事情，从1997年3月12日的天气状况这样的随机事件，到公共事件，再到个人经历，都可以留在他们的记忆中，但拥有这种才能并不像表面看起来那么好。某位具有这种超强记忆力的女性，将自己的记忆力描述为"一种无休止、无法控制且令人精疲力竭的负担"。[5]因此，对记忆进行明智的修剪是一种适应性的做法，即便拥有超凡记忆力的人，也不会将发生在自己身上的一切，像录像一样"记录"下来。

此外，还原记忆完全不同于检索文件或回放录音，它更像是通过观看电影中若干毫无关联的画面，然后推测出剩下的场景是怎样的。我们可以通过死记硬背复现诗歌、笑话和其他类型的信息，但在记忆复杂信息时，我们通常会对其进行修整，然后将其融入某个故事情节中。

　　由于记忆具有重构性，所以不可避免地会出现虚构的内容，即把发生在别人身上的事情与发生在自己身上的事情搞混，或者相信自己记得某些实际上从未发生过的事情。在重构记忆的过程中，人们会从许多源头获取信息。当回忆起自己 5 岁的生日派对时，你可能会直接想起弟弟把手指插进蛋糕里，把蛋糕弄坏的事情，但你也会把后来从家庭故事、照片、家庭录像以及电视上看到的生日派对场景中所获得的信息合并起来，编织成一个完整的叙事。如果有人对你进行催眠，让你回顾 5 岁生日派对时的情景，你就能讲出一个生动的故事来，而且你会觉得这个故事非常真实，但其中包含的许多细节，其实并未真实发生过。一段时间以后，你就无法将自己的实际记忆与后来从别处悄然混入的信息区分开来。这种现象被称为"来源混乱"（source confusion），也就是所谓的"我是从哪里听来的"难题。[6] 这些信息，究竟是我读到的，看到的，还是别人告诉我的？

　　在《天主教女孩回忆录》(*Memories of a Catholic Girlhood*) 中，作者玛丽·麦卡锡出色地运用了自己对于虚构的理解，采用了一种独特的叙事方式。在每一章的结尾，麦卡锡都会通过证据来证实或证伪记忆，即使有时候证据的存在，会毁掉一个好故事。在"锡蝴蝶"一章中，麦卡锡生动地回忆起了管教严厉的叔叔迈尔斯和婶婶玛格丽特的一些故事，这二人在麦卡锡父母双亡以后收养了她和她的兄弟们。有一次，叔叔和婶婶指责她偷了弟弟零食里的奖品——一只锡制的蝴蝶。麦卡锡矢口否认，而且在家里彻底翻找后也没有发现这只蝴蝶。但有天吃完晚饭后，他们在餐桌的桌布下，找到了那只蝴蝶。它就在麦卡锡的座位附近。夫妻二人以偷窃为由狠狠地打了她一顿，叔叔用棍子，婶婶用梳子。但锡蝴蝶究竟是如何出现在那里的，依旧是个谜。多年以后，当姐弟俩长大成人，一起回忆往事时，他们聊起了可怕的迈尔斯叔叔。"也就是在那个时候，弟弟普雷斯顿告诉我，"麦卡锡写道，"在那个因为锡蝴蝶闹得不可开交的夜晚，他曾亲眼看到迈尔斯叔叔从书房溜进餐厅，掀开桌布，手里还攥着那只锡蝴蝶。"

如果这一章到此结束，那真可谓精彩绝伦！戏剧性的结局，出色的叙事。但在此之后，麦卡锡又补充了一段后记。她表示，在创作这个故事的时候，"我突然想起来，在大学阶段，我曾尝试写过一个关于同样主题的剧本。迈尔斯叔叔把蝴蝶放在我吃饭的位置，会不会是老师给我的建议呢？我仿佛能听见她兴奋地对我说：'一定是你叔叔干的！'"为了求证，麦卡锡给兄弟们都打了电话，但他们都不记得有过这件事，包括普雷斯顿，他既不记得看见迈尔斯叔叔拿着蝴蝶（当时他只有7岁），也不记得探亲那天晚上对姐姐说过那样的话。"恐怕，最有可能的情况是，"麦卡锡总结道，"我融合了两种记忆。"也就是说，麦卡锡有可能在记忆中将失踪蝴蝶的故事和随后老师对可能发生的情况的解释融合在了一起。[7] 这在心理学上说得通：迈尔斯叔叔把蝴蝶藏到桌布下面的举动，与麦卡锡总体上对他所抱有的怨恨感是相吻合的，同时也进一步为自己受到不公平惩罚而产生的义愤之情找到了辩护理由。

然而，当大多数人撰写回忆录或描述自己过去的经历时，他们做不到像玛丽·麦卡锡这样。他们会像面对治疗师一样，讲述自己的故事："医生，事情就是这样的。"他们知道这位听众不会说："哦，是吗？你确定事情的经过就是这样？你确定你的母亲憎恨你吗？你确定你的父亲真是这样残暴吗？说到这里，不妨让我们来看看你对于自己那位糟糕前任的回忆。你有没有可能忘记，你曾经做过的那些让人恼火的事情——比方说，你和那位来自俄克拉何马的律师纠缠不清？"我们在讲述自己的故事时，总是信心满满地觉得，听众不会提出异议，也不会提出反面的证据，这意味着我们很少需要主动去细致地审查故事的准确性。你拥有关于父亲的印象最深刻的记忆，它们代表了父亲的为人以及你和他之间的情感联系。你忘记的是什么？你还记得有次自己不听话，父亲打了你一巴掌，直到今天你还在为他没有解释为什么要揍你而耿耿于怀。但有没有可能你就是那种不耐烦、冲动且不听话的孩子，根本听不进去父亲的解释呢？在讲述某个故事时，我们往往会把自己的原因排除在外：父亲这样做，因为他就是这样的人，而不是因为我就是这样不听话的孩子。这也是为什么当意识到记忆出错时，我们会感到惊愕，感到困惑，就好像脚下的土地移位了，自己开始站不稳了。从某种意义上说，事实确实如此。这种感觉会迫使我们重新思考自己在故事中的角色定位。

每位父母都曾是"你赢不了"游戏中不情愿的参与者。给女儿报班上钢琴课，后来她会抱怨你毁掉了她对钢琴的热爱；因为女儿不喜欢枯燥的练习而劝她放弃钢琴课，后来她又会抱怨你为什么当初不强迫她坚持下去，搞得现在她一点儿钢琴都不会弹；要求儿子下午去希伯来语学校，他会觉得就是因为你，他才没能成为像汉克·格林伯格那样的棒球明星；如果允许儿子不去上希伯来语学校，长大以后他又会责怪你，没让他感受到与传统之间的更多联系。在回忆录《与爸爸共舞》(Dancing with Daddy)中，作者贝茜·彼得森就满腹牢骚，责怪父母给她报游泳课、蹦床课、骑马课和网球课，就是不让她上芭蕾课。"我唯一想要的东西，他们却不给我。"她这样写道。责怪父母是一种盛行且方便的自我开脱方式，因为它可以让人们与自身的遗憾和不完美稍稍和解。错误的确存在，但都是我父母种下的因。至于我曾经因为这些课程大吵大闹过，或者压根儿不想学习，那些都无关紧要。所以说，记忆可以将我们自身的责任最小化，同时夸大他人的责任。

到目前为止，记忆中最重要的歪曲和虚构，都是那些用来为我们自己的生活提供辩护和解释的东西。作为用来建构意义的器官，大脑不会将我们的经历当作独立的"碎片"来进行解释，而会将它们拼接成一整块"瓷砖"。经由岁月长河的冲刷，我们看清了瓷砖上面的图案。它似乎是有形的，不可改变的。我们无法想象该如何将这些碎片重新组合，拼成另一种图案。这是我们多年以来的叙事成果，这个被塑造而成的人生叙事中，充满了英雄形象和恶棍角色，它讲述了我们是如何变成现在这般模样的。这种叙事是我们理解世界以及我们在其中所处位置的一种方式，它的意义比各部分的总和要更大。如果其中的某一部分，即某一段记忆，被证明是错误的，那人们就必须去消减由此导致的认知失调，甚至重新思考基本的心理分类：你的意思是，父母终究没那么好（坏）？他们本质上还是复杂的人？人生叙事有可能基本上是真实的，你的父母亲或许确实可憎或慈爱。但问题在于，当这种叙事成为自我辩护的主要根源，成为叙事者用来为错误和过失开脱的依据时，记忆就会在发挥功用的过程中变得扭曲。叙事者只记得代表父母恶行的确凿事例，却忘了能展现其优秀品质的另类实证。随着时间的推移，故事情节不断固化，叙事者越来越难以看到完整的父母——他们有好的一面，也有坏的一面；他们既有缺点，也有优点；他们身上不乏善良的好意，也有令人遗憾的失误。

记忆创造了我们的故事，但故事也创造了属于我们的记忆。一旦展开叙事，我们就会塑造记忆，使之与叙事相匹配。芭芭拉·特沃斯基和伊丽莎白·马什曾通过一系列实验，展示了我们是如何"编造生活经历"的。在其中一项实验中，受试对象阅读了一则关于两个室友的故事，这两人都做过一些令人讨厌的事情和一些充满善意的事情。然后，这些参与者被要求写一封信对其中一位室友进行评价，这封信有可能是寄给住房管理局的投诉信，也有可能是写给社交俱乐部的推荐信。研究人员发现，在写作过程中，参与者会在信中添加原故事中不存在的细节，例如，如果写的是推荐信，他们可能会加上"瑞秋爱说爱笑"这样的描述。后来，当被要求尽可能准确地回忆起最初的故事时，受试对象们的记忆已经开始向着信中的方向偏离。[8] 他们记住了自己添加的虚假细节，却忘记了没有被记录在信件中易引发认知失调的真实信息。

为了说明记忆如何改变以适配我们的故事，心理学家研究了记忆随时间的推移而演变的过程：如果是关于同一个人的记忆发生了改变，而且它变得积极或消极取决于当下你的生活中发生了什么，我们就可以说，记忆的改变完全在于你自己，而与你所记忆的对象无关。这个过程是循序渐进的，以至于当意识到自己曾经还有过完全不同的感受时，你会颇为震惊。"几年前，我找到了一本自己在十几岁时写的日记，"一位女性读者在给情感专栏作家艾米的信中这样写道，"日记中充满了不安全感和愤怒感。我惊讶于自己竟然还经历过这样的阶段。我认为自己同妈妈之间的关系非常亲密，我也不记得我们之间有什么大问题，然而从日记看来，事实并非如此。"

为什么这封信的作者"不记得有什么大问题"？布鲁克·菲尼

和朱迪·卡西迪通过两个实验揭开了原因,并展示了青少年如何记住(或忘记)与父母之间的争吵。在实验中,研究人员邀请了一些青少年和他们的父母来到实验室填写表格,列出典型的分歧话题,譬如个人形象、熄灯令以及与兄弟姐妹的争斗等。接下来,每位青少年分别与父母展开10分钟的对话,讨论并试图解决彼此之间最大的分歧。最后,青少年们需要对面对冲突的感受、情绪激烈程度和自身对父母的态度进行评分。6周后,他们被要求再次回忆和评价当时发生的冲突,以及他们对冲突的反应。结果显示,那些当下与父母关系亲密的青少年,其回忆中争吵和冲突的程度,都不如他们当时所报告的那般强烈;而那些当前与父母存在矛盾或关系疏远的青少年在回忆起冲突时,其感受比当时更加愤怒和痛苦。[9]

　　正如我们现在对父母的感受会塑造父母曾经如何对待我们的记忆一样,我们当前的自我概念也会影响我们对自己生活的记忆。1962年,年轻的精神病学住院医生丹尼尔·奥弗和同事采访了73名少男,内容涉及他们的家庭生活、性、宗教、父母、家庭管教以及其他容易引发情绪波动的话题。34年后,当这些男孩已经48岁时,奥弗和他的同事再次对他们进行了采访,询问他们对于当年的情形还记得些什么。"令人吃惊的是,"研究人员总结道,"在猜测自己当年说过什么话时,这些男人基本等同在瞎蒙。"那些记忆中自己曾是大胆、外向的少年的中年人,多数在14岁时都形容自己比较害羞。在经历了20世纪70年代和80年代的性解放浪潮以后,这些人记忆中自己对于性自由和性冒险的开放程度远远超出了实际情况。近一半人记得,在青少年时期,他们认为高中生发生性行为是没有问题的,但实际上,只有15%的人在14岁时确实这样认为。这些人当下的自我概念模糊了其记忆,使得他们过去的自我与现在的自我达成了统一。[10]

记忆会以各种方式向自我拔高的方向歪曲。男性和女性记忆中的性伴侣数量比实际拥有的要少；他们记忆中与这些性伴侣发生性关系的次数比实际次数要多得多；他们记忆中使用避孕套的次数也比实际次数更多。人们还会回忆起自己没有参加过的选举；他们记得自己投票给最终获胜的获选人，但实际并非如此；他们记得自己给慈善机构的捐款比实际捐款多；他们记得自己孩子开始走路和说话的年龄比实际年龄更早……现在，你明白个中原委了吧。[11]

了解记忆是如何运作的，以及它为什么经常出错，有助于我们更好地评估大学校园和新闻报道中许多关于"他说/她说"的冲突案例。这里说的冲突，并不是指那些明显带有胁迫意味的冲突，而是指大多发生在人际交往灰色地带的冲突。站在某一方的立场，得出另一方在撒谎的结论，这是公众典型的冲动表现。但是，通过对记忆和自我辩护的理解，我们可以发现一种更为微妙的视角：一个人不一定非得撒谎才叫犯错。

当然，性误解、性虐待和性骚扰可能会发生在所有情侣之间，包括同性恋者、异性恋者、双性恋者和跨性别者，很多争议都是以"他说/她说"的形式呈现的。不过，异性恋情侣往往会因为不同的性别规则、规范和期望而产生额外的误解。性研究人员经常会发现，许多人在性接触开始时很少说出自己的意愿，而且他们通常言不由衷。他们发觉很难说出自己不喜欢的事情，因为他们不想伤害对方的感情。他们可能起初会认为自己想要发生性关系，随后又改变想法。他们也可能会认为自己不想发生性关系，然后又改变主意。简而言之，他们正在经历社会心理学家黛博拉·戴维斯所说的"暧昧之舞"（dance of ambiguity）。正如性学家从研究和临床经验中所了解到的，大多数异性恋情侣，甚至老夫老妻，都会通过暗示、肢体语言、眼神交流、试探和读心（其准确性基本上等同于心灵感应）等方式，间接而含糊地传达自身的性意愿——包括不想做爱的意愿。这种模棱两可的"舞蹈"对伴侣双方都有好处。如果对方拒绝，这种模糊和间接的方式让双方的自尊心都能得到保护。迂回的方式可以避免很多情感伤害，但也会引发一些问题：当女性严肃地认为，该让男性知道自己希望他停止时，男性却以为对方同意了。

戴维斯和她的同事吉列尔莫·比利亚洛沃斯以及理查德·莱奥认为，许多"他说/她说"分歧产生的主要原因，并不在于一方捏造指控或撒谎否认。相反，双方都在为彼此之间发生的事情提供"诚实但虚假的证词"。[12] 所有人都认为自己说了实话，但记忆是不可靠的——它天然具有重构性，极易受到暗示的影响——且双方都有为自身行为辩护的动机，因此有可能一方或者双方都是错的。自我辩护会导致个人歪曲或改写记忆，以证实他们对自我的看法，这就是为什么他们会"记得"自己说过一些当时只是想说或打算说（实际并未说出口）的话。由此，女性可能会错误地记得自己说过某些想说但没说出来的用以阻止事态发展的话，因为她认为自己是个有主见的人，惯于直言不讳地表达自我。男性则可能会错误地记得自己曾尝试征得女方的同意（实际并未如此），因为他认为自己是个正直的人，绝对不会违背女性意愿强人所难。她并非说谎，她只是记错了；他也不见得就是在撒谎，他只是在自我辩护。

在这种局面下，如果将酒精的因素再考虑进来，那情况将更是一团糟。从让人不舒服或模棱两可的性谈判到诚实的虚假证词，酒精绝对是最为常见的催化剂——尤其是会让当事人烂醉如泥乃至不省人事的饮酒量。在大学校园里，此类问题泛滥成灾。酒精不仅会降低抑制力，还会严重影响自己对于他人行为的认知解读。醉酒的男性通常无法准确解读拒绝信息，而醉酒的女性所传达的拒绝信号通常也不那么强烈。最重要的是，酒精还会严重影响当事双方对当时所发生事情的记忆。随着记忆的形成，过往的一切被自我辩护所封存。

· · ·

如果某段记忆构成了你身份认同的核心部分，那么，自利性的歪曲就更有可能出现了。拉尔夫·哈珀是一位杰出的认知心理学家，他喜欢讲述自己如何不顾母亲的反对，选择去斯坦福大学读研究生的故事。在他的印象中，母亲希望他去密歇根大学继续深造，因为那里离家近，但他想去更远的地方，变得更加独立。"我记得很清楚，当得知斯坦福大学录取了我并提供奖学金时，我高兴得蹦了起来。我满怀热情，准备向西进发。此事已成定局！"25 年后，在哈珀回密歇根州庆贺母亲的 80 岁生日时，母亲递给他一个鞋盒，里面装的是他们这么多年来的往返信件。打开最早的一封信，他才意识到，当年自己已经明确决定要留在密歇根州，并拒绝所有其他的录取通知。"正是我的母亲，"他告诉我们，"热切地恳请我改变主意（选择离家深造）。""我肯定是重构了关于这段矛盾选择的全部历史，好让记忆保持前后一致，"哈珀说道，"即与我离开家庭庇护的实际行动保持一致；与我希望看到能够离家独立的自己保持一致；也与我想要一个希望将我拴在身边的慈爱母亲的情感需求保持一致。"这里顺便提一下，哈珀的专长是研究自传式记忆。

在拉尔夫·哈珀的案例中，记忆的扭曲维系了其自始至终都具有独立精神的自我概念。但对于大多数人来说，自我概念建立在对改变、进步和成长的信念之上。甚至对于某些人而言，自我概念的基础来自这样一种信念，即我们已经彻底改变了，以至于过去的自我看起来就像是另外一个人。当人们皈依宗教，从灾难中幸存下来，经历癌症折磨，或者戒除毒瘾以后，他们往往会觉得自己已经脱胎换骨，过往的自己"与我无关"了。对于经历过这种转变的人来说，记忆可以通过直接改变其观点的方式，帮助他们克服过去的自我和现在的自我之间的不一致性。当人们回忆起与当前自我看法不一致的行为时——例如，信教者被要求回忆自己有多少次应该参加宗教仪式却没有参加，或者反宗教者回忆起自己参加了多少次宗教仪式——他们会以第三人称的视角来想象记忆，就仿佛他们是最公正的观察者。但是，每当回忆起与当前身份相符的行为时，他们又会切回第一视角来讲述故事，就好像他们在用现在的眼睛看待以前的自己。[13]

但如果我们认为自己有所进步，实际上却无任何改变，那又该怎么办呢？记忆会再一次拯救我们。在一项实验中，迈克尔·康威和迈克尔·罗斯让106名本科生参加了一个提高学习技能的课程，和许多此类课程一样，其承诺的内容总是比能兑现的要多。一开始，学生对自己的学习技能进行评估，然后他们被随机分配到课程或候补名单中。事实上，该培训课程对学习习惯和成绩完全没有影响。那么，参加课程的学生又如何证明这种浪费时间和精力的做法是合理的呢？3周以后，当被要求尽可能地回忆自己最初的技能评估时，他们都给出了错误的答案，他们印象中的评估要远远差于自己实际所做的评估，这让他们相信自己的技能有所提高，但实际上根本没有变化。6个月后，当被要求回忆自己在该课程中的成绩时，他们的记忆同样出错了，其印象中的成绩比实际更高。留在课程候补名单上的学生没有付出任何努力、精力或时间，他们不存在任何的认知失调感，也没有什么需要辩护的。因为没有必要扭曲自身记忆，所以他们准确地记起了当时的能力评估结果和对应的成绩。[14]

  康威和罗斯认为，这种自利性的记忆扭曲实质上是"通过修改你曾经拥有的，来获得你想要得到的"。放眼至更为广阔的人生舞台，我们中的许多人正是这样做的：我们将自己的过往错误地记忆成比实际情况更糟糕，这扭曲了对于自身进步程度的认知，这样一来，我们就会对现在的自己感觉更好。[15]的确，每个人都在成长，变得更加成熟，但其变化的幅度通常没有我们想象的那么多。这种记忆偏差解释了，为什么我们每个人都感觉自己发生了深刻的变化，但我们的朋友、敌人和爱人在我们看来，却依然如故。我们在高中同学聚会上遇见了哈里，当哈里忙着讲述自己毕业之后学到了多少东西，成长了多少时，我们只是微微颔首，心里却默默念道："还是那个哈里。人胖了点儿，头发少了点儿。"

  如果不是因为我们人生之路的展开、针对他人决策的制订、指导性人生哲学的形成以及完整叙事体系的构筑，都建立在往往大错特错的记忆基础之上，记忆的自我辩护机制，都将只是人性中富有魅力却又常常令人恼火的另类特质而已。发生过的事情我们不记得，这已经够让人沮丧了。但如果我们记住了从未发生过的事情，那才是最可怕的。我们的许多错误记忆是良性的，譬如记错了谁给我们读《神奇的O》，但有时它们会产生更为深远的影响，不仅是针对我们自己，也会波及我们的家人、朋友乃至整个社会。

虚构记忆的真实故事

1995年,宾杰明·威尔科米尔斯基在德国出版了回忆录《碎片》(*Fragments*),讲述了在马伊达内克和比尔克瑙集中营度过的可怕童年经历。《碎片》从一个孩子的观察视角,展示了纳粹的暴行以及自己最终获救并移居瑞士的全过程,因而获得了极高的评价。有些书评人认为,这本回忆录足以与普里莫·莱维和安妮·弗兰克的作品相媲美。《纽约时报》表示,该书"令人震撼"。《洛杉矶时报》则称其为"研究大屠杀的经典第一手资料"。在美国,《碎片》获得了1996年"全美犹太自传和回忆录图书奖",美国行为精神病学协会因威尔科米尔斯基对大屠杀和种族灭绝研究的贡献而授予其海曼奖;在英国,该书获得了《犹太季刊》文学奖;在法国,《碎片》获得了"纳粹浩劫纪念奖"。位于华盛顿的美国大屠杀纪念馆,甚至委派威尔科米尔斯基参与全美六城筹款之旅。

但随后曝光的事实证明,《碎片》就是一出彻头彻尾的骗局。该书作者的真名为布鲁诺·格罗斯让,他既不是犹太人,也没有犹太血统。此人是一名瑞士音乐家。1941年,一位名叫伊冯娜·格罗斯让的未婚女子生下了他,几年后他又被无子女的瑞士夫妇多塞克先生和夫人领养。他本人从未踏进过集中营,书中的故事也都取材于他读过的历史书、看过的电影以及耶日·科辛斯基的超现实主义小说《被涂污的鸟》,它讲述了一个男孩在大屠杀期间所经历的残酷遭遇。[16](具有讽刺意味的是,科辛斯基也曾声称自己的小说具有自传性质,但后来遭人揭穿。)

让我们暂时把视线从瑞士转移到位于波士顿市郊的富人区,威尔·安德鲁斯(这是采访他的心理学家给他取的化名)就住在那里。威尔现年40多岁，英俊潇洒，能说会道，婚姻幸福。威尔相信自己被外星人绑架过，他清楚地记得，外星人一直在他身上进行各种医学、心理和性方面的实验，其跨度至少有10年之久。他还表示，自己曾让外星向导受孕，并诞下一对双胞胎儿子，他们现在已经8岁了。他很伤心地说，虽然自己从未见过他们，但这两个孩子在他的生活中扮演了重要的情感角色。虽说被绑架的经历非常可怕和痛苦，但总体而言，他很高兴自己"被选中"。[17]

这两人是否犯下欺诈罪？毕竟，宾杰明·威尔科米尔斯基，或者说布鲁诺·格罗斯，让通过编造故事实现了扬名世界的目的，威尔·安德鲁斯通过虚构被外星人绑架的记忆，也登上了美国全国性的脱口秀节目。但我们不认为他们犯下了欺诈罪，而且我们也不认为他们是在撒谎，即便他们撒谎了，其程度也不比汤姆·布罗考更甚。那么，是这些人的精神方面出了问题吗？完全不是。他们过着完全理性的正常生活：拥有很好的工作，人际关系良好，日常量入为出。事实上，他们相当于某一类人的典型代表，这类人会经常回忆起童年或成年时期所遭受的可怕、痛苦的经历——但这些经历在后来被证明从未在他们身上发生过，纯属子虚乌有。心理学家对很多这样的人进行测试后发现，他们并非患有精神分裂症或其他精神疾病。他们身上所出现的精神问题（如果有的话），都属于常见的人类痛苦范畴：抑郁、焦虑、进食障碍、孤独或存在感异常等。

所以，威尔科米尔斯基和安德鲁斯并非疯子或骗子，但他们的记忆是虚假的，而且是出于某些自我辩护式的特殊理由而虚构的。从表面上看，他们的故事相差甚远，但却拥有着共同的心理和神经机制，这些机制可以创造出虚假却让人感觉蕴含真情实感的生动记忆。这些记忆并不是在一夜之间突然形成的。它们需要耗费几个月，有时甚至长达数年的时间，其出现的各个阶段现在已为心理科学家所熟知。

瑞士历史学家斯特凡·梅希勒曾经采访过威尔科米尔斯基及其朋友、亲戚、前妻以及其他所有与此故事相关的人，他认为布鲁诺·格罗斯让虚构故事的动机，并不是处心积虑地想要获得私利，而是为了自我说服。格罗斯让花了20多年的时间将自己改造为威尔科米尔斯基，创作《碎片》是他蜕变为新身份的最后一步，而不是精心策划的骗局的第一步。"通过威尔科米尔斯基演讲的录像带和相关的现场报告，我们能感觉到，这是一个会被自我陈述鼓动到欣喜若狂的人，"梅希勒这样写道，"他在集中营受害者的角色中真正绽放了自身的光芒，因为正是通过这一角色，他终于找到了自我。"[18]大屠杀幸存者的新身份为威尔科米尔斯基赋予了强烈的意义感和使命感，同时也让他获得了无数人的崇拜和支持。若非如此，他又怎能赢得那么多的奖章和演讲邀请，而不至于像个二流的单簧管演奏家，只能自吹自擂、自我欣赏？

宾杰明·威尔科米尔斯基，或者说布鲁诺·格罗斯让，在4岁之前一直居无定所。其间，母亲只是断断续续地和他见过几面，最后为了彻底抛弃他，把他送到了孤儿院。他在那里一直生活到被多塞克夫妇领养。成年后，威尔科米尔斯基认为早年经历是造成他目前问题的根源所在，或许事实确实如此。不过，这个司空见惯的故事——被无力抚养孩子的单身母亲带到人世间，最终被一对善良的合法夫妻领养——显然完全不足以令人信服地解释他的困境。但是，如果他不是被领养，而是战后从集中营里被救出，并在孤儿院里改名为布鲁诺·格罗斯让呢？"不然的话，"威尔科米尔斯基的传记作者，曾为其辩护道，"他为什么经常会突然惊恐发作不能自已？他后脑勺上畸形的凸起和前额的伤疤从哪里来的？他为什么会噩梦连连？"[19]

难道还有其他的解释原因吗？答案是肯定的。惊恐发作是那些易受惊恐发作影响的人对于压力的正常反应。几乎每个人的身上都存在这样或那样的凸起和疤痕——事实上，威尔科米尔斯基的儿子头上的同一部位，也有类似的畸形凸起，这就暗示该谜团可以从遗传的角度找到答案。噩梦在普通人群中也很常见，但令人惊讶的是，噩梦并不一定是对真实经历的反映。许多受过心理创伤的成人和儿童并不会做噩梦，但很多从未有过此类经历的人，却经常会做噩梦。

但威尔科米尔斯基对这些解释并不感兴趣。为了寻求生命的意义，他决定从早年经历中找寻导致症状产生的真正原因，即从自己的抉择金字塔上迈步而下。起初，他不记得任何早年的创伤经历，他越是执着于记忆，就越感觉那个阶段难以捉摸。他开始阅读有关大屠杀的书籍，包括幸存者的自述。在此过程中，他逐渐认同犹太人的文化，还在自家大门的门柱上放门柱经卷，并佩戴"大卫之星"徽章。38岁那年，他结识了埃利苏尔·伯恩斯坦，这位居住在苏黎世的以色列心理学家随后便成了他最亲密的朋友，也成了他过往探寻之旅中的顾问式人物。

为了追寻记忆，威尔科米尔斯基与包括伯恩斯坦夫妇在内的一帮朋友，前往马伊达内克旅行。刚抵达集中营，威尔科米尔斯基便泪流不止："这里曾是我的家！当年孩子们就被隔离在这里！"旅行团又拜访了集中营档案馆的历史学家们，当威尔科米尔斯基问及孩子们被隔离的情况时，他们不无嘲笑地表示，当年年幼的孩子要么死亡，要么被杀，纳粹并没有在专门的营房中为这些孩子开设托儿所。然而，此时的威尔科米尔斯基已在身份探索之路上走得太远，即便有证据表明他错了，他也不可能回头。所以，当时他的第一反应便是通过驳斥历史学家来减少认知失调。"他们让我看起来愚蠢至极,这种做法真是太令人作呕了。"他告诉梅希勒,"从那一刻起,我知道自己可以更多地倚仗记忆,而不是所谓的历史学家说过的话,他们在研究中就从来没考虑过儿童的存在。"[20]

威尔科米尔斯基迈出的第二步是接受治疗,解决做噩梦、恐惧和惊恐发作的问题。他找到了一位偏心理动力学取向的精神分析师,名叫莫妮卡·玛塔。对方分析了他的梦境,并采用了一些非语言技巧,譬如绘画和其他有助于提升"身体情绪意识"的方法。玛塔敦促他写下自己的回忆。对于那些总是被某段创伤或隐秘经历所困扰的人来说,写作的确颇为有益,它往往能让患者从新的角度看待自己的经历,并开始将其抛诸脑后。[21]但对于那些试图回忆起从未发生之事的人而言,写作、梦境分析和绘画,这些心理治疗师的常用技巧,反倒成了迅速将想象与现实混为一谈的有效手段。

记忆领域的杰出科学家伊丽莎白·洛夫特斯将这一过程称为"想象膨胀"(imagination inflation),因为对某件事想象得越多,你就越相信它真的发生过——你也就越有可能将其鼓吹成真实记忆,并在此过程中不断添加细节。[22](科学家们甚至已经追踪到了大脑中发生想象膨胀的过程,他们利用功能性磁共振成像技术,展示了其如何在神经层面发挥作用。[23])在某项实验中,研究者朱莉安娜·马佐尼和她的同事,曾要求参与者讲述自己的某个梦境,然后他们会给讲述者反馈一则(虚假的)"个性化"梦境分析。研究人员告诉其中半数的受试者,此梦境意味着他们在3岁之前曾受到某种霸凌,在公共场合走失过,或者有过类似的令人不安的早期遭遇。与没有获得此类解释的对照组受试者相比,实验组受试者更有可能相信关于梦境的解释确实发生过,其中约有一半的人最终产生了与这段经历相关的详细记忆。在另一项实验中，受试者被要求回忆校医从他们小手指上取皮肤样本进行某种国民健康测试的情景。（实际上根本不存在这样的测试。）只需要简单想象一下这不太可能发生的一幕，这些实验参与者就会更加确信，这件事曾经在自己身上发生过。他们越自信，就会在虚假记忆中添加越丰富的感官细节（"那地方闻起来很可怕"）。[24] 研究人员也可以间接地制造想象膨胀，其手段不过是让人们解释不太可能发生的事情如何成真。认知心理学家玛丽安娜·格里发现，当人们告诉你某件事会如何发生时，他们其实已经开始觉得它就是真的。儿童尤其容易受到这种暗示的影响。[25]

写作将转瞬即逝的想法变为了史实，对威尔科米尔斯基来说，写下回忆就等于证实了回忆。"我的病情告诉我，是时候为自己记录下这一切了，"他说，"它们被珍藏在我的记忆中，是时候去追溯每一点蛛丝马迹了。"[26] 马伊达内克的历史学家曾对他的回忆提出疑问，但被他否决；现在，他又同样否决了那些告诉他记忆的运转机制并非如此的科学家。

在《碎片》的成书过程中，出版商曾收到过一封来信，信中宣称威尔科米尔斯基的故事是虚构的。出版商震惊之下，便联系了威尔科米尔斯基求证。埃利苏尔·伯恩斯坦和莫妮卡·玛塔为此向出版商去信力证书稿内容的真实性。"在阅读布鲁诺手稿的过程中，我从未对它的真实性产生过怀疑，"伯恩斯坦在信中写道，"我敢冒昧地说一句，据我判断，只有亲身经历过这些事情的人，才能写出这样的文字来。"善于在自我辩护领域"起舞"的精神分析师玛塔，对威尔科米尔斯基的回忆内容及其身份的真实性，同样没有丝毫怀疑。她在信中写道，威尔科米尔斯基是一个才华横溢且诚实正直的人，他拥有"异常精确的记忆能力"，童年的经历对他影响深远。

她希望所有"荒谬的质疑都能消弭",因为这本书的出版关系到威尔科米尔斯基的精神健康。她希望命运不要以这种背信弃义的方式击垮他,"只是为了再次证明,他就是个'无名小卒'"。[27]出版商对专家们的证言和担保深信不疑,最终如期出版了这本书。"无名小卒"终于出人头地了。

・・・

某天傍晚,骑着自行车穿行于内布拉斯加州乡野的迈克尔·谢尔默,被外星人绑架了。一艘巨大的飞船从天而降,把谢尔默逼到路边。外星人从飞船上下来,绑架了他一个半小时。除此之外,他就什么都不记得了。谢尔默的经历并非个例,在美国,有数以百万计的美国人相信,他们曾经遭遇过不明飞行物或外星人。按照其中某些人的说法,这种遭遇发生在漫长而枯燥的驾驶途中,沿途景色单调,时间一般在晚上,他们感觉昏昏沉沉,失去了时间和距离的概念,完全不知道在丧失意识的几分钟或者几小时内究竟发生了什么。还有些当事人,包括专业的飞行员,会看到在天空中盘旋的神秘灯光。但对于大多数经历者而言,这种体验出现在半睡半醒间奇异的精神恍惚状态下,他们看到了站在床边的鬼魂、外星人或幻影。他们通常感觉身体麻痹,无法动弹。

这些自行车手、驾驶员和睡梦中的人,此时都处于抉择金字塔的顶端:这些事情莫名其妙且令人震惊,但它们究竟该怎么解释?我们可以接受今天醒过来心情莫名糟糕的事实,但无法接受醒过来时突然看见床边坐着一个小妖精。如果你是一位科学家或怀疑论者,你会做一些调查,并了解到原来这种可怕的事情背后存在令人信服的解释：在深度睡眠期，也就是最有可能做梦的时候，大脑会关闭身体的运动功能，这样我们就不会在梦见被老虎追逐时，在床上到处乱窜。如果我们在身体恢复运动功能之前先醒过来，此时的我们实际上会处于暂时麻痹的状态；如果我们的大脑仍在生成梦境图像，此时的我们就等于经历了一个几秒钟的清醒梦境。这就是床边的那些身影亦真亦幻、捉摸不定的原因——你就是在做梦，但眼睛却是睁着的。研究记忆和创伤的哈佛大学心理学家和临床医生理查德·麦克纳利表示，睡眠麻痹"和打嗝差不多，根本算不上病态"。这种现象很常见，"尤其对那些睡眠模式被时差、轮班工作或疲劳打乱的人来说，更是如此"。约30%的人有过睡眠麻痹的感觉，但只有约5%的人同时产生了清醒的幻觉。几乎所有经历过睡眠麻痹和清醒梦境的人都表示，二者组合所带来的感觉非常可怕。[28]我们敢说，那就是一种"见到外星人"的感觉。

在性格和职业影响之下成为怀疑论者的迈克尔·谢尔默，几乎立刻就明白了自己身上发生了什么。"我被外星人绑架的体验，是由极度睡眠不足和身体疲惫引起的，"他后来写道，"当时我参加了穿越美国自行车赛，其总长约4 980千米，比赛期间需要不间断地横跨美国大陆。在开赛后的头几天里，我已经连续骑行了83小时，跑完了2 030千米。我睡眼惺忪地在公路上蹬着自行车，此时我的后援汽车闪烁着远光灯靠了过来，工作人员劝我休息一下。那一刻，我的清醒梦境中浮现出20世纪60年代电视连续剧《入侵者》的遥远记忆……突然间，我的支援小组成员都变成了外星人。"[29]

面对如此玄幻的体验，像谢尔默这样的人给出的反应不过是："天哪，真是一个诡异而可怕的清醒梦境，大脑也太神奇了吧？"但是，威尔·安德鲁斯和其他几百万相信自己曾与外星人有过某种接触的美国人，却朝着另一个方向滑下金字塔。临床心理学家苏珊·克兰西曾经采访过数百位这样的信徒，她发现，被外星人绑架的可能性看似越来越高，但同时从金字塔顶下滑的过程也在稳步推进。"我采访的所有对象，"她写道，"都遵循着相同的心路历程：一旦他们开始怀疑自己被外星人绑架，这种想法就挥之不去了……一旦信念的种子被种下去，一旦与外星人扯上关系，被绑架者就会开始寻找确凿的证据。而一旦开始找寻，证据就几乎总能出现。"[30]

诱因在于某些可怕的体验。"我半夜醒过来，感觉动弹不得，"她的一位受访者这样描述道，"我满心恐惧，以为家里有人闯了进来。我想尖叫，但却发不出任何声音。整个过程只持续了一会儿，但足以让我不敢再继续睡觉了。"还有些人想弄明白究竟发生了什么事，他们希望在找到解释的同时，也能一并揭开其他现有问题的谜团。"从记事开始，我就一直处于抑郁之中，"克兰西的一位研究对象说，"我的身体一定存在严重的问题，我想搞清楚原因。"也有一些人描述了性功能障碍、体重问题以及各种让自己感到困惑和担忧的奇怪经历或症状："我想知道为什么醒来时，我的睡衣会被丢在地板上"；"我流了很多鼻血——我从来不会流鼻血的"；"我想知道我背上那些硬币状的瘀伤是怎么来的"。[31]

为什么这些人会选择用外星人绑架说来解释这些症状和担忧呢？他们为什么不考虑更合理的解释，比如"半夜很热，我在迷迷糊糊的时候脱掉了睡衣"，或者"也许流鼻血是因为房间太干燥了——我得买个加湿器"，又或者"也许是时候好好照顾自己了"？鉴于睡眠问题、抑郁症、性功能障碍和常规身体症状等都可以解释这些问题，克兰西想知道的是，为什么有人会选择最令人难以置信的解释，言之凿凿地宣称自己记得发生过我们大多数人认为不可能发生的事情。问题的答案部分在于美国文化，部分在于"亲历者"自身的需求和个性。亲历者是许多相信自己被外星人绑架的人对自己的一种称谓。

亲历者首先是通过阅读相关故事和听取其他人的证词，才开始相信，被外星人绑架是对其症状的合理解释。当某个故事被重复的次数足够多时，它就会变得耳熟能详，人们最初对其所持的疑虑就会被削弱，即便是在孩提时代曾目睹恶魔附身这样如同天方夜谭的故事，如果经历过上述流程，也能让人们深信不疑。[32] 多年以来，关于外星人绑架的故事在美国大众文化中无处不在，它们充斥于书籍、电影、电视和脱口秀中。反过来看，这样的故事也满足了亲历者的需求。克兰西发现，大多数这样的亲历者都是在传统宗教信仰的熏陶下长大的，但他们最终摒弃了传统信仰，转而以强调通灵和替代治疗方案的"新纪元"（New Age）思想取而代之。这使得他们比其他人更易受到幻想和暗示的影响，同时也会更多地陷入信息来源混淆的麻烦，即他们往往会把自己想过或直接经历过的事情，与他们阅读过或从电视上看到过的故事混为一谈。（相比之下，谢尔默却能直接辨别出自己所看到的外星人，来自20世纪60年代的一部电视剧。）或许最重要的一点在于，被外星人绑架的解释与亲历者可怕的清醒梦境的情感强度和戏剧效果相契合。克兰西表示，这种解释让他们感觉很真实，而说他们只是经历了普通的睡眠瘫痪则不会让他们有类似的感觉。

正如威尔科米尔斯基发现大屠杀幸存者理论可以用来解释自身困境一样，亲历者亦发现，外星人绑架说与自己的症状相吻合，此时他们所感受到的那种"灵感迸发"的状态令人无比振奋。绑架故事有助于亲历者解释自己所遭受的心理困扰，同时也让他们可以避免为自身的错误、遗憾和难题承担责任。"我不能被人触碰,"某位女性告诉克兰西,"甚至我的丈夫也不行,他是个友善温柔的人。我已经45岁了,竟然还不知道什么是美好的性爱,简直难以想象!现在我明白了,这都与'那些家伙'对我的所作所为有关。我从小就是它们的性实验对象。"所有的受访者都告诉克兰西,他们感觉自己因为这些经历而改变,他们变成了更好的人,他们的生活得到了改善,最令人感慨的是,他们现在的生活变得有意义了。正如威尔·安德鲁斯所言:"我都准备放弃了。我不知道哪里出了问题,但知道有所缺失。现在,一切都不同了。我感觉非常好。我知道外面有些东西——它们比我们更大、更重要——出于某些原因,它们选择向我暴露它们的存在。我与它们之间有了某种联系……这些生命正在向我们学习,我们也需要向它们学习,最终将会诞生一个新世界。我将直接或通过我的双胞胎间接地参与这一过程。"而当威尔的妻子(地球上的这个)忧伤地向克兰西发问:"如果我们能生孩子,是不是事情就不会发展到这种地步?"我们终于明白了威尔虚构出我们看不到的外星后代的另一大动机所在。[33]

在最后阶段,一旦接受了外星人绑架的说法,并且找回了相关记忆,亲历者就会去寻找有类似经历的其他人,同时只阅读那些能证实其新解释的报道。他们会坚决排斥任何导致认知失调的证据,或者从其他理解途径来看待发生在他们身上的事情。克兰西的一位受访者表示:"我对上帝发誓,如果有人再向我提起睡眠麻痹,我可真的要吐出来了。那天晚上真的有东西在房间里!我是在旋转……我没有睡着。我就是被带走了。"[34]克兰西所采访的每一个人都知道相关的科学解释,但都愤怒地排斥这些解释。多年以前在波士顿,麦克纳利曾与约翰·马克进行过一场辩论,后者是一位精神病学家，他认为被绑架者的故事是真实的。[35]马克还带了一位亲历者到现场。这位女性听了整场辩论的内容，包括麦克纳利提供的相关证据，譬如相信自己被绑架的人容易产生幻想，会将常见的睡眠体验误解为看到外星人。在随后的讨论中，这位女性亲历者对麦克纳利说："难道你不明白吗，如果有人能给我一个合理的替代解释，我就不会相信自己被外星人绑架了。"对此，麦克纳利只能无奈地回应道："那你以为我们刚才是在做什么。"

等到这一过程结束时，亲历者站在金字塔的底部，与迈克尔·谢尔默等怀疑论者相距甚远，他们已经将新的虚假记忆内化，甚至已经不可能将其与真实的记忆区分开来。当被带到实验室并被要求讲述外星人所实施的可怕绑架时，这些亲历者所表现出来的生理反应（譬如心率和血压），与那些患有创伤后应激障碍的病人同样强烈。[36]换句话说，他们已经逐渐开始相信自己的故事了。

· · ·

虚假的记忆让人们能够原谅自己，为自己的错误辩护，但有时也会使人付出高昂的代价，即无力对自己的生活担负起责任。认识到记忆会被扭曲，意识到即便最深刻的记忆也可能是错误的，可能会鼓励人们更加谨慎地对待记忆，不再确定无疑地认为自己的记忆总是准确无误的，同时不再利用过往来为当下问题进行辩护。如果说许愿时需小心谨慎，是因为愿望有可能会成真，那么，在选择搬出哪些记忆来为我们的生活进行辩护时，我们同样要谨言慎行，因为往后的生活将不得不仰仗这些记忆。

当然，许多人希望能仰仗的最具震撼力的故事之一，便是受害者的叙述。虽然没有人真的被外星人绑架过（尽管亲历者会和我们展开激烈争辩），但有很多人在孩提时代经受过残酷的考验：被疏于照顾、性虐待、父母酗酒、暴力、被遗弃和战争等。许多人站出来讲述了他们的故事，关于他们如何应对，如何忍受，从中学到了什么，如何迈向新的人生。这些关于创伤和超越的故事，都是展现人类坚忍不拔精神的励志典范。[37]

正是因为这些讲述具有如此强烈的情感冲击力，成千上万的人在感召之下，也构建出了"我也是如此"的情感认同。有些人开始宣称自己是大屠杀的幸存者，不少人断言自己曾被外星人绑架过，更多人声称自己是乱伦、强奸和其他性创伤的受害者，在他们成年后接受治疗以前，这些创伤一直被压抑在记忆中。但如果不曾有过这些痛苦的经历，他们为什么还要声称自己记得这些事情，尤其当这种念头会导致他们与家人或朋友产生裂痕时？通过扭曲记忆，这些人可以通过修改过往的经历，来得到他们想要的东西，即把现在黯淡无光或平淡无奇的生活，变为战胜逆境的耀眼胜利。受虐记忆还能帮助他们解决"我是个能干的聪明人"与"我现在的生活过得一团糟"之间的认知失调。"我过得很糟糕，我没能成为一流歌唱家，这都不是我的错，看看父亲对我做过的那些可怕的事情"，这样的解释能让他们更加自我感觉良好，同时撇清责任。艾伦·巴斯和劳拉·戴维斯在《治愈的勇气》(*The Courage to Heal*)一书中明确了这个道理。她们告诫那些对童年性虐待毫无记忆的读者："当你第一次记起自己所遭受的虐待或承认其影响时，你或许会感到无比轻松。最终，你找到了问题的根源。但一定会有些人或有些事，要因此而受到谴责。"[38]

也难怪，大多数虚假的早期痛苦记忆的建构者，譬如那些坚信自己被外星人绑架的人，会不遗余力地为自己的新解释进行辩解。

让我们来看看一位名叫霍莉·雷蒙娜的年轻女子的故事，她在大学毕业一年后，接受了抑郁症和贪食症方面的治疗。在这一过程中，治疗师告诉她，这些常见问题通常是童年遭受的性虐待所导致的，但霍莉否认自己曾经遭受过虐待。然而，随着时间的推移，在治疗师的催促之下，再加上精神科医生给她注射了阿米妥钠（民间错误地将其称为"吐真剂"），霍莉逐渐记起在5岁到16岁期间，她曾多次被父亲强奸，父亲甚至强迫她与家里的狗发生性关系。对此，霍莉的父亲愤怒异常，他以"植入或强化她小时候遭受父亲猥亵的错误记忆"为由，控告这两名治疗师行医不当。陪审团同意了这一说法，最终认定父亲无罪，治疗师有罪。[39]

上述判决让霍莉陷入了某种失调状态，她可以通过两种方式来解决这种认知失调：方式一，接受判决，认识到自己的记忆是虚假的，同时请求父亲的原谅，并尝试修复这个因为自己的指控而分崩离析的家庭；方式二，拒绝接受判决，认为这是对正义的践踏，且比以往任何时候更加坚信父亲曾经虐待过自己，重申自己对于恢复记忆疗法的信任。前一种方式，即改变想法再加上道歉，就如同在狭窄的河道中让轮船掉头——回旋余地不多，而且四面八方都是危险。相较之下，后一种方法是到目前为止最简单的选择，因为她只需要为自己给父亲和其他家人造成的伤害进行辩护。一条路走到黑会简单得多。事实上，霍莉·雷蒙娜不仅强烈地拒绝了判决结果，还去读了研究生……成了一名心理治疗师。

・・・

然而，偶尔也会有人站出来说出真相，即使这样的真相阻碍了一个能够自圆其说的好故事的诞生。要做到这一点并不容易,因为这意味着我们要以一种全新的怀疑论视角,来看待过往岁月中那些让人感觉良好的记忆,从各个角度来审视它们的合理性,并且,无论随之而来的失调感有多么强烈,都坚决地选择放下。作家玛丽·卡尔在整个成年生活中,一直保留着这样一段记忆:当她还是个天真无邪的少女时,父亲怎样无情地将自己抛弃。这段记忆令她觉得,面对父亲的冷漠无情,自己是个英勇的幸存者。然而,当坐下来撰写回忆录时,她开始意识到这个故事不可能是真的。

"唯有通过探求真实事件,质疑自身动机,复杂的内心真相才能从黑暗中浮现出来。"她这样写道。

但是,一位回忆录作者如何能从虚假的事件中揭露生活的真相呢?记得有一次,我写了一幕告别的场景,用以展示我那酗酒的牛仔老爸是如何在我进入青春期后抛弃我的。当真正开始搜寻青少年时期的回忆来证明这一点时,我却收获了一个截然不同的故事:老爸一直按时来接我,为我做早餐,约我出去钓鱼和打猎,是我主动拒绝了他。我离开了他,跟着一群毒贩去了墨西哥和加利福尼亚,然后上了大学。

这可比我一开始卡通式的自画像要可悲许多。如果我坚持自己的假设,坚信自己的人生是从我无力克服的阻碍面前展开的,即把自己描绘成是从残酷命运中脱颖而出的幸存者,那么,我就不会了解真正发生的事情。这就是我所说的"上帝就在真理之中"的真正含义。[40]

第四章

真善意，伪科学：
临床判断中的"闭环思维"

无论你的猜测多么巧妙，这对事实都没有任何影响。无论你有多聪明，谁完成的猜测，他的名气有多大，这些都没有任何作用——如果与实验结果不一致，它就是错的。仅此而已。

——理查德·费曼，物理学家

在陪审团判定霍莉·雷蒙娜的治疗师为其植入了虚假记忆以后，如果霍莉因此而陷入了认知失调境地，你能想象她的治疗师会有什么感受吗？你是不是觉得他们会说，"哦，天哪，我们在治疗你的抑郁症和进食障碍时犯下了严重的错误，我们要为此向你道歉。我们最好还是回学校里多学点儿关于记忆的知识吧"？不过相比之下，我们觉得另一位心理治疗师在面对这种情况时的反应，或许更为典型。某位女士，这里我们不妨称她为格蕾丝，在惊恐发作后接受了治疗。她和自己的男性上司一直相处得不好，这是她有生以来第一次感到自己处于她自己无法控制的境地。然而，为其服务的心理治疗师既没有治疗格蕾丝的惊恐发作，也没有帮助她解决工作上的难题,而是认为症状的出现,意味着她的父亲曾在她小时候对她进行过性虐待。起初,格蕾丝接受了治疗师的解释,毕竟对方是这方面的专家。然而,就像霍莉一样,一段时间以后,格蕾丝开始相信父亲真的曾经猥亵过自己。于是,她直接控告了父亲,断绝了与父母和姐妹的关系,暂时离开了丈夫和儿子。不过,这些新记忆让她始终感觉不对劲,因为它们同她与父亲之间原本良好且充满温情的关系互相矛盾。终于有一天,她告诉治疗师,她再也不相信父亲曾经虐待过自己了。

面对这种情况,一般的治疗师或许就会接受来访者的反馈,并开始与来访者一起寻求更好的方案,以解决问题;或者去阅读最新的研究报告,了解哪种治疗方案是治疗惊恐发作的首选;抑或与同事讨论该病例,看看自己是否忽略了什么。但是,格蕾丝的治疗师却选择了什么都不做。当格蕾丝质疑自己恢复的记忆是否为真时,这位治疗师竟然回复道:"看来,你比刚来时病得更严重了。"[1]

・・・

20世纪80年代和90年代,关于儿童和妇女遭受性虐待的各种证据一时大量涌现,这在社会层面引发了两波意想不到的流行风潮,社会科学家称之为"道德恐慌症"。第一波是"恢复记忆"治疗现象,成年人在刚接受这种治疗时,对于童年创伤并无任何记忆,但随着治疗的进行,她们逐渐开始相信自己曾经遭受过父母的性骚扰,或在邪恶的宗教仪式中受过折磨。这些痛苦有时甚至持续多年,而在当时她们并没有意识到这一点。不过,她们的说法也没有得到兄弟姐妹、朋友或医生的证实。她们表示,治疗师通过催眠让自己回忆起在蹒跚学步的婴儿期、在尚处于襁褓的幼儿期乃至在前世所遭受的可怕经历。一位女性回忆说,她的母亲曾将蜘蛛放进她的阴道。另一位女性说,自己在5岁到23岁之间一直被父亲猥亵,甚至在结婚前几天还被他强奸——这些记忆在治疗之前一直被压抑着。还有人说自己曾被烧伤,可她们的身体上却没留下伤疤。也有些人说自己曾经怀孕并被迫堕胎,但她们的身体完全没有表现出怀孕过的迹象。那些上法庭起诉嫌犯的受害者,甚至请来专家证人,其中许多证人在临床心理学和精神病学领域都拥有令人瞩目的资历,其目的就是证明,这些恢复的记忆可以作为自己曾被虐待的确凿证据。[2]

精神病学家认为,如果遭受的创伤特别严重,受害者的人格可能会分裂成2个、3个、10个或上百个,这会导致他/她患上多重人格障碍(MPD)。在20世纪80年代以前,只有少数病例被报道过,患者通常声称自己有2个人格。(患者夏娃称自己有3个人格)。然后,在1973年,《人格裂变的姑娘》一书出版。作为书中的主角,在被确诊之前展现出了16种人格的西碧尔,成了轰动全美的现象级人物。这本书是根据为西碧尔进行诊断的心理医生科妮莉亚·威尔伯的口述改编而成,当年就卖出了500多万册。1976年,更是有多达4 000万美国人观看了由乔安娜·伍德沃德和莎莉·菲尔德主演的上下集电视专题片。1980年,美国精神病学协会认定多重人格障碍为合法诊断结果,从而正式认可了该综合征的存在,病例由此开始激增。美国各地开启了多家诊所来治疗越来越多的多重人格障碍患者。到了20世纪90年代中期,根据多种统计,有超过4万人接受过治疗,他们相信自己拥有几十乃至上百个"分身"。[3]

第二波道德恐慌症源自社会对日托中心儿童遭受性虐待的恐惧。1983年，加利福尼亚州曼哈顿比奇的麦克马丁幼儿园的教师，被指控对其看护的幼儿实施了令人发指的行为，譬如在地下室用邪恶的宗教仪式折磨幼儿，当着他们的面屠杀宠物兔，以及强迫他们接受性行为。有些孩子说，老师曾带他们去乘坐飞机。虽然检方无法让陪审团相信孩子们受到过虐待，但这起案件却引发了全美各地对于托儿所教师的模仿指控。伯纳德·巴兰，马萨诸塞州的一名年轻人，是第一个因此被错误定罪的人。在经过重审、被释放以前，他已经在监狱中度过了21年的时光。起初指控巴兰的那位父亲曾向托儿所抱怨说，他"不想让同性恋者"教育自己的孩子，而且他的妻子也曾在证词中表示，同性恋者"不应被允许在公共场合出没"。[4]

在巴兰案发生后不久，便有多所其他托儿所的教师受到指控，譬如北卡罗来纳州的小淘气托儿所、新泽西州的凯利·迈克尔斯幼儿园、马萨诸塞州的阿米劳特之家幼儿园、圣迭戈的戴尔·阿基基幼儿园、奥斯汀的弗兰和丹·凯勒幼儿园和休斯敦的布鲁斯·帕金斯幼儿园。还有位于明尼苏达州乔丹、华盛顿州韦纳奇、密歇根州奈尔斯、佛罗里达州迈阿密以及其他地区的几十家幼儿园，都发生过涉嫌猥亵儿童的案件。孩子们讲述了一些离奇的故事。有孩子说他们曾被机器人袭击，遭到了小丑和龙虾的猥亵，或者被迫吃下一只青蛙。有一位男孩指控说，当着所有老师和孩子的面，他曾被赤身裸体地绑在学校操场的一棵树上，然而来往的行人并没有注意到这一点，也没有其他孩子证实他的话。社会工作者和其他心理治疗师受邀对孩子们的证词进行了评估，对他们展开了治疗，并帮助他们披露所发生的事情。其中的许多人后来在法庭上做证说，根据他们的临床判断，托儿所的老师有罪。[5]

这些流行风潮消失以后去了哪里？为什么最近看不到名人出现在脱口秀节目中，大谈特谈他们被复原的在婴儿时期遭受折磨的记忆？多重人格病例为何消失不见了？涉嫌虐待儿童的恋童癖者都关闭了自己的托儿所吗？事实上，大多数被定罪的教师在上诉以后都获得了自由，但还有很多老师和家长仍在监狱中服刑，被软禁于家中，或者作为被登记在册的性犯罪者度过余生。许多人的生活受到严重打击，无数家庭支离破碎。但是，童年受虐记忆被复原的案例依旧出现在法庭上、新闻里和电影中。[6]如果我们仔细审视这些故事，会发现其中有很多当事人的记忆，都是由心理治疗师帮助"恢复"的。

至于多重人格障碍，随着相应的精神科医生被成功起诉——这些医生一直在诱导易受伤害的病人相信自身患有此病——诊所被最终关闭，这种疾病也开始淡出文化舞台。2011年，调查记者黛比·内森出版了一本西碧尔的自传，书中透露，当年为了宣传自己和卖书，几乎整个故事都是科妮莉亚·威尔伯编造的。西碧尔并没有遭受过导致其人格分裂的童年创伤，她是在威尔伯不易察觉的威逼之下，迫于压力才产生了所谓的多重人格。威尔伯威胁要停止给西碧尔开药，而当时西碧尔对这些药物已经上瘾，所以她极力想要讨好自己的心理医生。[7]

虽然可怕的流行风潮已经消退，但点燃它们的那些假定仍然根植于大众文化之中：如果我们在童年时代反复遭受创伤，我们就可能会压抑其相关记忆；如果我们压抑了记忆，催眠术可以帮助我们恢复记忆；如果我们完全相信自己的记忆是真实的，那它们肯定就是真实的；如果我们不存在相关记忆，只是怀疑自己受到过虐待，那么很有可能就是受过虐待；如果我们在脑海中突然闪现自己被虐待的画面，或者梦见自己被虐待，那么就可以说，我们正在揭开一段真实的记忆。孩子们在性问题上几乎从不撒谎。我们需要做的就是注意各种迹象：如果你的孩子做噩梦、尿床、想夜里开灯睡觉或自慰，那说明他或她可能曾遭到过猥亵。

这些理念并非如雨后春笋般在一夜之间就展露于文化视野之中。它们来自心理健康领域的专业人士，这些人不仅借助会议、临床期刊、媒体和畅销书大肆传播这些理念，还将自己标榜为儿童性虐待诊断以及恢复记忆方面的专家。他们的说法主要基于针对压抑、记忆、性创伤和梦境意义的弗洛伊德式（和伪弗洛伊德式）诠释，以及对于自身临床洞察力和诊断能力的自信。这些心理治疗师的所有观点，后来都没有通过科学的检验。它们都是错误的。

• • •

承认这一点令人感到痛苦，但当麦克马丁事件刚成为新闻焦点时，我们两位作者都偏向于幼儿园老师有罪的判断。在不了解指控细节的情况下，我们先入为主地接受了"有烟之处必有火"的陈词滥调。作为科学家，我们本应该更清楚，有烟的地方往往只是有烟而已。审判结束几个月后，完整的故事浮出水面——第一个提出指控的那位母亲情绪失控，她的指控变得越来越疯狂，甚至到最后连检察官都不再理会她；孩子们被热衷于道德讨伐的社会工作者们胁迫了好几个月之久，才"讲述"了所谓的真相，而且他们说出的故事也越发离谱——我们才感受到了自身的愚蠢和尴尬，因为我们在愤怒的祭坛上献祭了自己的科学怀疑精神。起初的轻信给我们带来了巨大的认知失调，而且现在仍未消散。不过，与那些亲历其中或公开表明立场的人相比，我们的认知失调不值一提，这些人中不少是心理治疗师、精神病医生以及自认为经验丰富的临床医生和保护儿童权益的社会工作者。

　　没有人喜欢认错，也没人喜欢知道自己的记忆被扭曲或篡改了，更没人喜欢知道自己犯了令人难堪的专业错误。对于任何以治病救人为职业的专业人士而言，这样的心态带来的风险尤为巨大。如果你坚守一整套用以指导实践的信念，然后又发现其中有些内容是错误的，此时你要么主动承认自己的不对，并改变做法，要么拒绝接受新的证据。要是这些错误并没有太过威胁到你对于自身能力的看法，而且你也没有为其公开辩护，那你或许会心甘情愿地改变现有方式，同时怀着感恩的心接受更好的做法。但是，如果某些错误的信念使得你的来访者的问题变得更严重，导致其家庭分崩离析，或者连累无辜者含冤入狱，那么你就会像格蕾丝的治疗师一样，需要去解决严重的认知失调问题。

　　这便是我们在引言中所描述的山姆维斯现象。山姆维斯发现，如果医科学生在为产妇接生前洗手，死于产褥热的产妇人数就会减少。但为什么他的同事不会说，"嘿，伊格纳奇，你终于找到了造成病人悲剧性的无谓死亡的罪魁祸首，我们非常感谢你"？理由很简单，在接受伊格纳奇简单易行却又能挽救生命的干预手段之前，这些医生必须承认，一直以来，他们才是造成所有那些妇女死亡的元凶。这是一种难以容忍的认知，它直接冲击了医生们将自身视为医学专家和白衣天使的核心价值观。所以，他们干脆要求山姆维斯，带着自己的愚蠢想法直接滚蛋。这些医生顽固地拒绝接受山姆维斯提供的证据，即医生洗手有助于降低病人死亡率，而在当时还不存在医疗事故诉讼的说法，因此，我们可以肯定地说，他们的行为是为了保护自尊，而不是为了收入。自那以后，虽然医学领域不断取得进步，但自我辩护的需求却丝毫未减。

大多数职业最终都会要求从业者不断自我完善和自我纠正，即便有时改变的速度很慢。假如你是一位医生，你需要洗手和戴手套，如果你忘了，同事、护士或病人也会提醒你。假如你经营着一家玩具公司，却错误地预测自家新玩偶的销量将超过芭比娃娃，这个时候市场会教你认清现实。假如你是一位科学家，却伪造了克隆羊的数据，然后又试图蒙蔽同事，那么一旦发现你的结果无法被重现，他们就会迫不及待地向全世界宣布，你就是个骗子。假如你是一名实验心理学家，在实验设计或结果分析上出了错，你的同行和批评者也会急不可耐地知会你，知会科学界的其他人士，甚至巴不得用大喇叭宣传。当然，并不是所有科学家都具备科学精神。具备科学精神的人思想开明，愿意放弃坚定的信念，或勇于承认利益冲突有可能会玷污自己的研究。不过，即便个别科学家不愿自我纠正，科学最终也会做到这一点。

相较之下，心理健康专业则全然不同。该领域的专业人士拥有形形色色的证书、培训经历和方法论，但它们彼此之间却往往没什么联系。不妨设想一下，如果在法律行业的从业人员中，既有正规法学院出身、勤奋学习过各领域法律知识并通过严苛律师资格考试的科班人士，也有只花费 78 美元去接受法庭礼仪课程培训的周末班学员，那结果会怎样呢？这样一对比，你就会对问题有个大致的了解。假如你被起诉了，你会希望哪位律师来为你辩护呢？

在心理治疗行业，临床心理学家的专业性质最接近受过传统训练的律师。他们大多拥有博士学位，如果是在重点大学而非独立治疗中心获得的学位，那么他们通常掌握了心理学研究领域的基础知识。有些人会自己做研究，以确定成功治疗的关键要素或情绪异常的根源。但是，无论亲自实践与否，他们基本上都精通心理科学，知道哪种疗法对什么样的病情最有效。他们也会知道，认知行为疗法是治疗惊恐发作、抑郁症、进食障碍、失眠、慢性愤怒和其他情绪异常的首选心理疗法。这些方法通常和药物治疗一样有效，甚至比药物治疗更有效。[8]

相比之下，大多数拥有医学学位的精神科医生，学习的是医学和药物治疗学，他们对于心理学的基础研究知之甚少。在整个20世纪，他们通常都是弗洛伊德精神分析或其分支理论的实践者。要进入精神分析相关的培训机构工作，你就必须具备医学博士学位。随着精神分析风潮的式微，情绪异常的生物医学模型开始占据上风，大多数精神科医生开始用药物，而不是各种形式的谈话疗法，来治疗患者。尽管有一些精神科医生开始学习大脑知识，但很多人对于情绪异常的非医学原因或科学的本质——提出疑问，几乎仍然是一无所知。人类学家坦尼娅·鲁尔曼花了4年时间来研究精神科住院医生，参加他们的课程和会议，在诊所和急症室里观察他们的工作。她发现，这些住院医生不需要阅读太多专业书籍，他们只需要吸纳相应的课程知识即可，不需要辩论或质疑。讲座提供的是实用技能，而非知识内涵。讲解者会讨论在治疗中应该怎么做，而不会讨论为什么这样的疗法会起到帮助，或者什么类型的疗法最适合某种特定的病情。[9]

最后需要指出的是，很多人运用的是不同形式的心理疗法。有些人拥有心理学、心理咨询或临床社会工作的硕士学位，并取得了婚姻和家庭治疗等领域的专业执照。但也有些人压根没有接受过心理学方面的培训，他们甚至连大学本科学位都没有。"心理治疗师"一词在很大程度上是不规范的。在美国许多州，任何人都可以在没有接受过任何培训的情况下，声称自己是心理治疗师。

在过去20年里，随着各类心理健康从业者数量的激增，大多数心理咨询方向的课程和心理治疗培训课程，都将自身与大学心理学系所教授的以科学训练为主的同类课程切割开来。[10] "我为什么要了解统计学和研究方法？"很多接受过此类培训课程的毕业生会这样说，"我只需要知道如何治疗患者就行了，所以我最需要的是临床经验。"就某些方面来看，他们的说法不无道理。治疗师经常需要就治疗方案做出决策：眼下怎样做才对患者有益？我们应该朝哪个方向努力？现在是质疑患者对于个人经历描述的合适时机吗？或者我应该在诊疗室外去质疑他？做出这些决定需要经验，需要去体察人类心灵深处无穷无尽的怪癖和激情，去看透人心之中的黑暗和爱。

此外，就其本质而言，心理治疗相当于治疗师与来访者之间的私人互动。在咨询室的私密氛围中，没有人会对治疗师进行严密监视，一旦他或她做错什么，就迫不及待地上前去予以指正。不过，这种互动的天然私密性同时也意味着，缺乏科学训练和怀疑精神的治疗师，无法从内部纠正困扰我们所有人的自我保护式认知偏见。他们的判断证实了他们所信奉的东西，而他们所信奉的东西又影响了他们的判断。这是一个闭环。患者的病情有改善了？太好了，这说明我的做法很有效。患者没有变化或者变得更糟糕了？这很不幸，谁让她对治疗有抵触情绪，还为此深受困扰呢！况且，有时候患者的病情就是要向更坏的方向发展，然后才能逐渐好转。我相信压抑的愤怒会导致性功能障碍吗？是的，那么患者的勃起问题一定反映了他对母亲或妻子压抑的愤怒。我相信性虐待会导致进食障碍吗？是的，那么患者的贪食症一定意味着她小时候受到过猥亵。

我们需要清楚地认识到，有些患者就是对治疗存在抵触情绪，并因此深受困扰。本章的内容并不是要全盘否定治疗，就像指出记忆的错误并不意味着所有的记忆都是不可靠的，或者科学家之间存在利益冲突并不意味着所有科学家的研究都受到了玷污。对临床实践的闭环可能会导致的各种错误进行审视，并展示自我辩护如何致使这些错误长期存在，这才是我们的本意所在。

对于任何私人执业的心理治疗师来说，怀疑主义和科学都是走出闭环的不二法门。怀疑主义教导治疗师要谨慎对待当事人所讲述的事情。如果某位女性患者说 3 岁时母亲曾将蜘蛛放进她的阴道，具有怀疑精神的心理治疗师可以同情这样的遭遇，但不见得就会相信这件事真的发生过。假如一个孩子说，老师带他去坐飞机，飞机里装满了小丑和青蛙，持怀疑精神的治疗师可能会被这则故事所吸引，但不会相信老师真的包了一架私人飞机（最起码凭借有限的薪水，他们做不到这一点）。科学研究为心理治疗师提供了改进临床实践和避免错误的方法。如果打算使用催眠术，那你就应该知道，虽然催眠术可以帮助当事人学会放松、控制疼痛和戒除烟瘾，但绝对不应该利用它来帮助当事人找回记忆，因为在你主观意愿的引导下，易受暗示的当事人往往会编造出不可靠的记忆来。[11]

然而，当下的许多精神科医生、社会工作者、心理咨询师和心理治疗师，在进行私人执业时，既不具备怀疑精神，也缺少科学依据指导。作为临床医生和科学研究者都曾取得过卓越成就的保罗·米尔，在学生时代就曾注意到，所有心理学家训练内容的共性在于"不被愚弄和不愚弄他人的一般性科学承诺。就这一点来说，临床实践中发生的一些事情让我感到担忧。这种不被愚弄且不愚弄他人的怀疑精神，似乎并不像半个世纪之前那样，是所有心理学家职业心理禀赋的基本组成部分……在本地的法庭上，我曾听过一些心理学家的证词，透过这些证词，我们基本上感受不到批判心态的存在"。[12]

著名的精神病学家贝塞尔·范德科尔克经常在涉及被压抑记忆的案件中，为原告出庭做证，从他的证词中我们不难看出米尔所担心的问题所在。范德科尔克曾经解释说，作为一名精神病学家，自己接受过医学培训和精神病学住院医师培训，但从未上过实验心理学课程。

问：基于访谈信息的临床判断或临床预测的可靠性或有效性，关于这方面的任何研究，你了解过吗？

答：没有。

问：你如何理解"证伪证据"这一术语？

答：我猜想它是指那些与人们所珍视的观念不相符的证据。

问："人可以压抑记忆"或者"人可以有意识地屏蔽一系列创伤事件，将其储存在记忆中，并在多年以后准确地恢复这些记忆"，对于这一理论，你认为最强有力的证伪证据是什么？

答：你是想问，最强有力的反驳理由是什么？

问：对，证伪证据中最有力的是什么？

答：我实在想不出有什么好的证据来反驳……

问：你是否阅读过关于利用催眠术来虚构记忆的相关

文献？

答：没有。

问：是否有研究表明，临床医生经过多年的临床实践后会形成更为准确的临床判断？

答：我不知道有没有，实际上……

问：你有用过什么技巧来区分真假记忆吗？

答：身为人类，我们所有人都要不断面对这一难题，即是否要相信别人传递给我们的信息，同时也要不断做出判断。有一种东西我们称之为内在一致性，如果人们告诉你的东西具有内在一致性，并且伴有适当的情感反应，那么你就会倾向于相信这些故事是真实的。[13]

在说出这段证词之时，范德科尔克既没有阅读过任何关于虚假记忆或催眠术如何让人产生虚假记忆的研究文献，也不知道"基于访谈信息的临床预测"已被证明具有不可靠性。此外，对于任何可以驳斥其"创伤记忆通常会被压抑"这一观点的研究报告，他也压根儿没有阅读过。不过，在涉及被压抑记忆的案件中，他却能代表原告自信地出庭做证。和许多临床医生一样，他自信地认为，根据自身的临床经验，他会知道在当事人道出实情时，所讲述的记忆究竟是真还是假。其线索就在于当事人的故事是否具有"内在一致性"，以及当事人在叙述回忆时是否带有适当的情感——也就是说，当事人是否真的觉得记忆是真实的。但是，正如我们在上一章中所提到的，这种推理的问题在于，就连无数心智健全的人都会相信自己曾被外星人绑架过，而且他们也能以内在一致的方式，讲述他们认为自己曾经经历过的离奇实验，并辅以适当的情感。正如研究心理学家约翰·基尔斯特罗姆所观察到的,"准确性与可信度之间关联的薄弱性,是目击者记忆研究百年历史中最有据可考的现象之一"。[14] 几乎所有学过《心理学入门》这门课程的本科生都曾听说过这一发现,但范德科尔克对此竟然一无所知。

尽管关于记忆不可靠性的相关证据不断累积,而且记忆恢复案例中也出现了许多虚构情节,但恢复记忆概念的鼓吹者们并没有承认错误,他们只是改变了对于所谓的创伤记忆丢失机制的看法。在他们看来,实际起作用的不再是压抑,而是分离;大脑以某种方式将创伤记忆分离出来,并将其放逐至回忆难以触及的幽暗角落。这种观点转变使得这些"大师"们,能够面不改色心不跳,继续堂而皇之地以科学专家的身份,为记忆恢复相关的案件出庭做证。

我们不妨来看看 2014 年克里斯蒂娜·库尔图瓦的证词。库尔图瓦是一位心理咨询师,30 多年来一直在倡导记忆恢复治疗法。(她的诊所于 2016 年关闭。)在一桩民事诉讼案中,她以专家身份被请来为原告方做证。这位原告声称在自己还是个男孩的时候,曾遭到被告的猥亵,但直到最近才慢慢回忆起这件事。为了确定原告的说法是否有可靠的科学依据,法庭举行了审理前听证会。通常,包括儿童虐待案在内的民事诉讼都存在诉讼时效。但很多法庭规定,如果原告起初对伤害毫无察觉,后来才回忆起来,那么这段时间不算在诉讼时效内。当某人处于昏迷状态时,则诉讼时效停止计时,关于这一点,所有法庭均无异议,但对于被压抑的记忆是否也可以使诉讼时效停止计时,各法庭并没有达成一致意见。解决问题的关键就在于创伤记忆可以被压抑或分离这一说法是否具有科学依据。如果上述说法在科学上成立,我们就可以在原告记起被猥亵后而非在猥亵发生后的一定期限内,提起相应的民事和刑事诉讼。这就是为什么在此类案件中,原告律师会请来他们能找到的最厉害的临床专家,来证明原告存在所谓的记忆压抑,或者当下所流行的记忆分离。得益于神经科学和大脑研究大行其道,这么多年来一直在为压抑性记忆存在做证的专家们,如今也开始语焉不详地提及大脑的某些部分,以支持其关于分离性记忆存在的新观点。这一点,从库尔图瓦医生语无伦次的证词中就可以看出。

答:这与个体大脑对压力创伤的过度抑制有关,大脑的不同部位要么点亮,要么关闭,并由此展现出不同的反应。因此,分离的部分记忆与经历所导致的人格解体和现实解体有关,这些机制的存在使得信息更容易被封存。这些信息显然不会消失,而且以后还可以获取,但会被封存于大脑之中。

某些研究还表明,与没有受过创伤的儿童相比,受过心理创伤的儿童由于经历不同,他们的大脑往往从很小的时候就开始不同,大脑发育不同,大脑功能和结构也不同。这可能会对以后的记忆留存、记忆编码和记忆检索产生影响。[15]

这段话给你留下深刻印象了吗?如果是的话,有这种想法的恐怕不止你一个人。这种表达方式听起来很严肃,也很科学,但稍加推敲,你就会发现它不过是技术术语的堆砌而已。大脑的不同部分具体在执行什么功能?它如何分区?创伤记忆受害者的大脑结构有哪些不同?"对记忆留存的影响"究竟是什么意思?"封存于大脑中",到底是封存于大脑的哪个部分呢?是胼胝体旁边的"小壁橱"

里吗？在《神经科学解释的诱人吸引力》一文中，迪娜·韦斯伯格及其同事给出证明，如果你向一群外行就某种行为做出简单明了的解释，同时对另外一群人也做出同样的解释，不过其中却含糊其词地插入一些关于大脑的理论（"大脑扫描结果表明"或"已知与额叶大脑回路有关"），那么人们通常会认为后者更具科学性，因而也更加真实可信。许多聪明人，包括心理治疗师在内，都会被这种语言所迷惑，而在法庭上，这些大放厥词的外行并不会被要求去解释其表述的真正含义。[16]

没有人会提出建议，让联合国观察员去干预治疗过程中的私密性；也不会有人提议，所有心理治疗师都应该独立开展研究。在帮助客户寻找所存在问题的答案这一主观过程中，关于如何进行科学思考的理解，可能并不会对治疗师有所助力。但是，如果治疗师声称自己拥有某些领域的专长且因此可以下定论时，上述理解就变得非常重要了，因为在这些领域中，治疗师未经证实的临床理论可能会直接毁掉他人的生活。科学方法由各种程序的运用过程组成，这些程序不仅旨在证明我们的预测和假设是正确的，也可能表明它们是错误的。科学推理对从事任何工作的人都非常有用，因为它能让我们直面自己会犯错的可能性，甚至已经犯错的可怕现实。它迫使我们正视自我辩护，并将其公之于众，让他人来评判。因此，就其核心而言，科学是一种制约傲慢的形式。

"善良海豚"之疑问

每隔一段时间，我们就能在媒体上读到这样一则感人肺腑的新闻：一位遭遇海难的水手在波涛汹涌的大海中快被淹死了，突然间，一只海豚出现在水手身边，温柔而坚定地将他安全地推向岸边。海豚一定是真的喜欢人类，所以才会来拯救溺水的我们！但是先别急着下结论。海豚真的知道人类的游泳技术不如它们吗？它们真的有意提供帮助吗？为了回答这个问题，我们需要搞清楚，究竟有多少遭遇海难的水手曾经被海豚温柔地推向更远的海面，淹死在那里，从此杳无音信。我们之所以没有听说过这样的事情，是因为那些倒霉蛋再也没有机会活着讲述他们遭遇"邪恶"海豚的经历。如果掌握了这些信息，我们或许会得出这样的结论：海豚既不善良，也不邪恶，它们只是在玩耍而已。

甚至西格蒙德·弗洛伊德本人，都曾在不知不觉中沦为"善良海豚"式推理的受害者。当有分析师同行质疑其关于所有男性都存在阉割焦虑的观点时，弗洛伊德觉得十分可笑。他这样写道："我们听到某些分析师夸口说，尽管他们已经研究了几十年，他们却从未发现有阉割情结存在的迹象。我们必须低头承认……有一种关于忽略和误解艺术的高超技巧。"[17] 也就是说，如果分析师在病人身上发现了阉割焦虑的存在，弗洛伊德就是对的；如果没有发现，那就是病人"忽略"了这种焦虑的存在，弗洛伊德依然是对的。男性自己无法告诉你他们是否感受到了阉割焦虑，因为这种焦虑是无意识的，但如果他们否认这种感觉的存在，那就是在拒绝承认。

多么了不起的理论！它无论如何都不会错。但正因如此，弗洛伊德关于文明及其缺憾的观察虽富有启发性，却算不上是科学研究。任何理论要具有科学性，都必须用这样一种方式来进行陈述，即它可以被证明是错误的，也可以被证明是正确的。假如任何结果都能证实你的假设，即所有男性都会无意识地陷入阉割焦虑（或者物种的多样性可归结于智能设计而非演化，又或者你最喜欢的通灵者只要那天早上没有洗澡就能准确预言"9·11"恐怖袭击事件），那么你的观点就只是信仰问题，而与科学无关。然而，弗洛伊德却将自己视为完美的科学家。1934年，美国心理学家索尔·罗森茨威格写信给他，建议他用实验检验自己的精神分析论断。"这些论断来自大量的可靠观察结果，这使得它们可以独立于实验验证而存在，"弗洛伊德傲慢地回应道，"不过，做点儿实验也没什么坏处。"[18]

然而，由于证真偏差的存在，所谓的"可靠观察结果"并不可靠。"我一看就知道"，这样的临床式直觉对许多精神科医生和心理治疗师而言，是对话的结束，但对科学家来说，却是对话的开始——"观察得不错，但你究竟看到了什么，你怎么知道你是对的？"缺少独立验证的观察和直觉是不可靠的向导，就像无赖的当地人喜欢误导游客一样，它们偶尔会将我们引至错误的方向。

尽管现在正统的弗洛伊德主义者已经不多见了，但还是存在很多心理动力学治疗流派，之所以这样称呼，是因为它们源自弗洛伊德对于无意识心理动力的强调。大多数这样的课程与大学心理科学系毫无关联（不过有些课程依然是精神科住院医生的培训内容），学生们从这些课程中几乎学不到任何科学方法，甚至连基本的心理学研究成果也了解不到。还有很多没有执业资格的治疗师，他们对于心理动力学理论也知之甚少，却不加批判地吸收了渗透至大众文化中的弗洛伊德式表述，诸如退行、否认和压抑的概念。正是这种对自身观察力的错误依赖以及由此形成的闭环思维，将这些临床从业者团结在了一起。他们所看到的一切，恰好证实了他们所相信的东西。

闭环思维的一大危险之处在于，它容易导致从业者陷入逻辑谬误。以著名的三段论为例："人终有一死，苏格拉底是人，所以苏格拉底终有一死。"到此为止，这种说法没什么问题。但仅仅因为人终有一死，我们并不能推断出所有会死的都是人，当然也不能推断出所有人都是苏格拉底。然而，恢复记忆运动正是建立在这样的逻辑谬误之上，即如果在童年时期遭受过性虐待的某些女性有抑郁、进食障碍和惊恐发作等症状，那么所有表现出抑郁、进食障碍和惊恐发作等症状的女性，都必定遭受过性虐待。由此，许多信奉心理动力学的临床医生，开始逼迫其郁郁寡欢的客户去翻看过往的历史，为他们的理论寻找支持证据。有些当事人否认自己曾被虐待过，如何应对这种与预期不一致的反应呢？弗洛伊德的观点给出了答案：人们会无意识地主动压抑创伤经历，尤其是性创伤方面的经历。这一下就解释得通了！霍莉·雷蒙娜为什么会忘记父亲强奸了她整整 11 年之久，这就是原因所在。

一旦这些临床医生惯于利用压抑来解释患者为什么不记得痛苦的遭受性虐待的经历，你就会理解，为什么有些人会认为，不惜一切代价撬开当事人被压抑的记忆是理所当然的行为，从职业性角度来看甚至是责无旁贷的。因为当事人的否认更加证明了压抑的存在，所以必须采用强有力的手段。如果催眠不行，那我们就试试阿米妥钠，即所谓的"吐真剂"，然而这种干预手段只能起到放松的作用，它反倒会增加产生错误记忆的概率。[19]

当然，我们中的许多人都会刻意回避痛苦的回忆，转移注意力或尽量不去回想。很多人都曾有过这样的经历：当身处某种情境中时，一段尴尬的记忆会被突然唤醒，我们原以为这段记忆早已不复存在了。这种情况被记忆科学家称为提取线索（retrieval cues），即熟悉的信号唤醒了记忆。[20]

不过，心理动力学治疗师却声称，压抑与正常的遗忘和回忆机制完全不同。他们认为压抑可以解释为什么一个人可以忘记多年以来的创伤经历,比如多次被强奸。临床心理学家理查德·麦克纳利在其著作《记住创伤》(*Remembering Trauma*)中,对相关的实验研究和临床证据做了细致的回顾,并得出了如下结论:"心灵通过压抑或分离创伤记忆并阻止其进入意识来保护自身的概念,堪称一个精神病学领域的'民间传说',它缺乏令人信服的实证支持。"[21] 况且,在绝大多数情况下,从证据中恰恰得出了相反的结论。对于大多数有过创伤经历的人来说,问题不在于他们忘记了这些经历,而在于他们无法忘记,这些记忆一直在侵扰着他们。

所以说,人们不会压抑在狱中遭受折磨、在战场上浴血奋战或者在自然灾害中脆弱无助的记忆(除非他们的大脑在当时受损),只是这些可怕经历的细节会随着岁月的流逝而失真,正如其他所有记忆一样。"真正的创伤事件,即那些危及生命的可怕经历,是永远不会被遗忘的,如果它们还重复发生,那就更不可能被遗忘了,"麦克纳利说,"其基本原则在于:如果虐待事件在发生当时造成了创伤,那它就不可能被遗忘。如果它被遗忘了,那就说明它不可能是创伤性的。即便创伤事件真的被遗忘了,我们也没有证据表明,它是被阻隔、压抑和封存在某道心灵屏障之后,变得无法触及了。"

在坚信多年遭受残害的人会压抑记忆的临床医生看来,上述观点显然属于否定信息。如果他们是对的,那么大屠杀幸存者肯定是压抑记忆的主要人群。但众所周知,也正如麦克纳利所记载的那样,没有哪位大屠杀幸存者遗忘或压抑曾经发生在他们身上的一切。对于这些证据,记忆恢复的倡导者们也做出了回应,不过他们的做法是对其进行歪曲。在二战结束40年后开展的一项研究中,研究人员要求埃里卡集中营的幸存者们回忆他们在那里所经历的一切。在将其当下的回忆内容与他们刚被释放时提供的证词进行比较后，研究者们发现，这些幸存者对于往事的记忆非常准确。任何中立的观察者在读到这项研究时，都会由衷地惊叹说："真不可思议！他们在40年后竟然还能回忆起所有这些细节。"然而，某个倡导记忆恢复的团队也引用了此项研究作为证据，并声称"纳粹大屠杀集中营经历所导致的失忆症，亦见诸报告"。事实上，报告中所呈现的内容与失忆症并无太大关联。有些幸存者确实无法回忆起大量类似经历中的几起暴力事件，还有人忘记了一些具体细节，譬如某个虐待狂看守的名字。但这不是压抑，而是对细节的正常遗忘，在经年累月之后，我们每个人都会经历这样的过程。[22]

相信压抑相关说法的临床医生会觉得压抑无处不在，甚至在别人察觉不到压抑的地方也能察觉它的存在。但是，如果你在临床经验中所观察到的一切，无一不是支持你想法的证据，那么你认为所谓的反证是什么呢？如果当事人不存在关于虐待的记忆，不是因为它被压抑，而是因为虐待压根儿从未发生过呢？有什么办法能让你跳出这个闭环吗？为了避免因我们的直接观察而产生偏差，科学家们引入了对照组：对照组中的受试者没有采用新的治疗方法，或服用新型药物。大多数人都知道对照组在新药疗效研究中的重要性，如果缺少对照组，我们就无从判断人们表现出来的积极反应是来自药物的作用，还是来自安慰剂效应（相信药物会对自己有所帮助的普遍预期）。一项针对抱怨性方面存在问题的女性研究发现，41%的受试者表示自己在服用万艾可后恢复了性欲。不过，在服用糖丸的对照组中，也有43%的人恢复了性欲。[23]（这项研究确凿无疑地表明，在性冲动中承担最主要责任的器官，其实是大脑。）

显而易见，如果你是一位心理治疗师，你肯定做不到将某些来访者随意列入候诊名单，而对另外一些来访者给予认真关注，因为这样前者会很快另寻高就。但如果你没有接受过专门训练，没有意识到"善良海豚"问题的存在，而且绝对肯定地认为自己的观点正确，临床技能无懈可击，那么你肯定会犯下严重错误。例如，某位临床社工曾经让一个孩子脱离其母亲的监护，她给出的理由是，这位母亲在孩童时期曾遭受过身体虐待。这位社工告诉法官说，"我们都知道"，这意味着她几乎肯定会成为一个虐待孩子的家长。这种关于虐待循环的假设，来自对确认案例的观察：被判入狱或正在接受治疗的施虐父母报告说，他们小时候也曾遭到父母的毒打或性虐待。但我们所遗漏的是证伪案例，即儿童时期受虐待，长大后却没有成为施虐者的家长。社会工作者和其他心理健康专业人士之所以看不到他们，是因为这些家长显然不会被送进监狱或接受治疗。心理学家通过对儿童的长期跟踪研究发现，尽管儿童时期遭受身体虐待与长大后成为施虐家长的概率增加有关，但绝大多数受虐儿童——有将近70%——不会重复父母的残忍行为。[24] 如果你正在为受父母虐待的儿童或虐待儿童的父母进行治疗，那么这些信息可能与你无关。但如果你正处于需要做出预测的关头，而你的预测又将影响到父母对于孩子监护权的去留，那么上述信息必定对你来说关系重大。

同样，假设你正在对遭受性骚扰的儿童进行治疗。他们的遭遇触动了你的心灵，你会详细记录下他们的症状：恐惧不安、尿床、喜欢夜里开灯睡觉、做噩梦、自慰或者向其他孩子暴露生殖器。如果将这些症状列入检查清单，一段时间以后，你可能会对自己判断孩子是否受到虐待的能力十分自信。你或许会将一个解剖学上的仿真玩偶，递给一个蹒跚学步的孩子，让其随便玩耍，理由是他或她无法用语言表达的东西，可能会在游戏中显露出来。于是，你亲眼看到其中的某个小家伙，将一根棍子插进了玩偶的阴道，而另外一个4岁的孩子则聚精会神地观察起了玩偶的阴茎。

没有接受过科学思维训练的治疗师，可能不会去关注那些看不见的案例——这些案例中的孩子没有被他们视为来访者。他们可能也不会去思考，尿床、性游戏和恐惧这些症状在普通儿童中有多常见。事实上，在经过询问调查以后，研究人员才发现，没有被猥亵过的儿童也可能会自慰和对性存在好奇心，那些胆小的孩子也经常会尿床和怕黑。[25]即便是遭受过猥亵的儿童，也不见得就一定会表现出一系列可预测的症状。这些信息是科学家通过长期观察儿童反应而获得的，而不是通过一两次临床访谈就掌握的。研究人员曾对遭受性虐待的儿童进行了长达18个月的跟踪研究，完成了45项研究，相应的研究综述表明，尽管相比未受虐待的儿童，起初这些儿童出现了更多的恐惧和性宣泄行为症状，但"没有一种症状是多数受到性虐待的儿童所共有的特征，而且大约1/3的受害者没有表现出任何症状……研究结果表明，遭受性虐待的儿童不存在任何特定的症状表现"。[26]

此外，没有受过虐待的儿童与受过虐待的儿童，在玩弄仿真玩偶方面也不存在明显区别，他们都只是觉得玩偶突出的生殖器颇为有趣。有些孩子会做出一些怪异举动，但这并不能代表什么，只能说明用玩偶来进行诊断测试是靠不住的。[27]在由两位著名发育心理学家玛吉·布鲁克和斯蒂芬·塞西所主导的一项研究中，有个小女孩就曾将一根棍子插入了玩偶的阴道，然后向她的父母展示说，这就是医生在那天检查时对她做过的事情。[28]虽然监控录像显示，医生并没有做过这样的事情，但可以想象一下，假如看到自己的女儿如此粗暴地玩弄玩偶,然后又有一位心理医生郑重其事地告诉你,这意味着她遭受过猥亵,你会做出怎样的反应?你很可能会要求医生对此保密。

许多心理治疗师对于自己判断儿童是否遭受猥亵的能力有强烈的自信心,按照他们的说法,这是因为他们有多年的临床经验来支持自身的判断。然而,一项又一项的研究证明,这些人的自信是毫无根据的。以其中的一项重要研究为例,临床心理学家托马斯·霍纳和他的同事对一组临床专家所提供的评估进行了检查,其评估的内容是一位父亲被指控猥亵了自己3岁的女儿。这些专家审查了笔录,观看了对孩子的访谈以及亲子交流的录像,并分析了临床发现。虽然掌握的信息完全相同,但有些专家确信发生过虐待行为,另外一些专家则同样确信,不存在虐待行为。随后,研究人员又另外招募了129名心理健康专家,请他们来评估本案中的证据,判断小女孩被父亲猥亵的可能性,并就监护权提出建议。最终结果还是一样,肯定存在猥亵和肯定不存在猥亵的结论都有。有些专家希望禁止父亲再见到女儿,另一些专家则希望给予父亲全部的监护权。那些倾向于认为家庭中性虐待行为猖獗的专家,很快就会从支持自身观点的角度来诠释模棱两可的证据,而那些持怀疑态度的专家则不然。研究人员表示,对于前者而言,"所信即所见"。[29]

迄今为止,已有数百项研究证实了临床预测并不可靠。这些证据对于心理健康方面的专业人士来说,是导致认知失调的不利消息,因为他们自信的根本来自这一信念,即作为专家自己做出的评估极其准确。[30] 我们所说的"科学是一种制约傲慢的形式",就是这个意思。

正是"所信即所见"这一原则的存在，促成了20世纪80年代和90年代一系列幼儿园丑闻事件的爆发。就像麦克马丁事件一样，所有事件的起因都是某位精神失常或憎恶同性恋的家长的指控，或某个孩子异想天开的评论。指控和评论引发了调查，调查又进一步引发恐慌。例如，新泽西州Wee Care幼儿园一个4岁的孩子在诊所接受肛温测量时说："在学校，我的老师也对我做过同样的事情。"[31]孩子的母亲马上通知了州儿童保护机构。该机构将孩子领到检察官办公室，给了他一个解剖玩偶让他玩。男孩将手指伸进玩偶的直肠里，还说另外两个男孩也被这样测量过体温。由此，检察官要求相关家长在自家孩子身上寻找被虐待的迹象。专业人员也被找来与孩子面谈。不久以后，孩子们就开始宣称，幼儿园里的凯莉·迈克尔斯老师将花生酱涂在他们的生殖器上然后又舔干净，还让他们喝她的尿液，吃她的粪便，并用刀叉和玩具强奸他们。按照孩子们的说法，这些行为发生在上课期间，时间跨度长达7个月之久，但奇怪的是，其间没有一个孩子有过抱怨，可以随意进出幼儿园的家长们，也没有察觉出孩子有任何问题。

凯莉·迈克尔斯因犯下115项性虐待罪，而被判处47年监禁。但最终她在被关了5年后就获释出狱，因为上诉法院裁定，孩子们的证词受到了面谈方式的影响。为什么会这样呢？人们完全受到证真偏差的影响，而且缺少科学的审慎精神，那些关于幼儿园虐童事件的面谈都有这一特点。儿科护士苏珊·凯莉曾在多起此类案件中

与孩子进行过面谈,她是这样利用伯特和厄尼①布偶来"辅助"儿童回忆往事的:

> 凯莉:你会告诉厄尼吗?
>
> 孩子:不会。
>
> 凯莉:啊,别这样(恳求的语气)。请告诉厄尼,快点儿说,快点儿说。只有这样我们才能帮你。求你了……你可以小声告诉厄尼……(指着一个玩具娃娃的外阴)有人碰过你这里吗?
>
> 孩子:没有。
>
> 凯莉:(指着玩具娃娃的臀部)有人碰过你的屁股吗?
>
> 孩子:没有。
>
> 凯莉:你会告诉伯特吗?
>
> 孩子:他们没有碰过我!
>
> 凯莉:谁没有碰过你?
>
> 孩子:我的老师没有。没有人。
>
> 凯莉:有大人碰过你的屁股吗?
>
> 孩子:没有。[32]

"谁没有碰过你?"我们仿佛走进了《第二十二条军规》所描述的场景,在约瑟夫·海勒的这部伟大小说中,留着大胡子的上校对克莱文杰说:"你说我们不能惩罚你是什么意思?"克莱文杰回应道:"我没有说过你不能惩罚我,长官。"上校说:"你什么时候

---

① 伯特和厄尼是美国儿童电视节目《芝麻街》中的两个主要角色。——译者注

没说我们不能惩罚你？"克莱文杰说："我从来没有说过你不能惩罚我，长官。"

当时，负责与儿童面谈的心理治疗师和社会工作者坚持认为，除非坚持不懈地向孩子们提出引导性问题，否则他们不会告诉你发生了什么，因为他们感到害怕或羞耻。在缺乏研究的情况下，这是一种合理的假设，而且很明显，它有时会是正确的。不过，在什么时候追问会沦为强迫呢？心理学家已经运用实验研究过儿童记忆和证词的方方面面，譬如儿童如何理解成人的问话，他们的回答是否取决于其年龄、语言能力和所问问题的类型，在什么情况下儿童有可能会说真话，以及在什么情况下，儿童有可能受到暗示，会说出实际上并没有发生过的事情。[33]

在一项针对学龄前儿童的实验中，塞娜·加尔文和她的同事运用了以麦克马丁案中向儿童提问的真实记录为基础的面谈技巧。研究人员安排了一名年轻男子来幼儿园探望孩子们，并给他们讲故事和分发点心。他没有做过任何带有攻击性、不恰当或令人惊讶的举动。一周以后，一位实验者就该男子的来访对孩子们展开询问。她问了一组孩子一些具有引导性的问题，比如"他推老师了吗？他朝正在说话的孩子扔粉笔了吗？"然后，她又向另一组孩子提出了同样的问题，并加入了麦克马丁案中提问者所使用过的影响技巧：她告诉这些孩子，其他孩子一般会怎样回答；另外，如果孩子给出的答案是否定的，她就会表现出失望之情，同时表扬提出指控的孩子。最终，只接受了引导性提问的第一组孩子，对大约15%关于该男子来访的虚假指控表示"是的，有发生过"，这比例不高，但也不算低。然而，在第二组，也就是加入影响策略的那组中，3岁孩子对80%以上的虚假指控表示肯定，4到6岁孩子对大约一半的指控表示肯定。这些结果是在仅持续 5 到 10 分钟的面谈后得出的，而在实际的刑事调查中，面谈者通常会在数周或数月内反复询问儿童。而在另一项类似的研究中，调查对象换成了 5 到 7 岁的儿童，研究人员发现他们可以轻易地让孩子针对某些荒谬的问题，譬如"帕科有没有带你去坐飞机"，做出肯定的回答。更令人担忧的是，在很短的时间内，孩子们许多不准确的陈述就会固化为稳定的虚假记忆。[34]

类似这样的研究促使心理学家想办法去改进与儿童面谈的方法。他们的目标是帮助受虐儿童披露自身经历，但又不能让未受虐待的儿童因为受到暗示而做出虚假的回答。科学家们的研究表明，5 岁以下的儿童通常无法区分别人告诉他们的事情和真正发生在他们身上的事情。如果学龄前儿童无意中听到大人们交流关于某些事件的谣言，他们中的许多人后来就会开始相信自己确实经历过此类事件。[35] 在所有这些研究中，最具影响力的发现在于，如果成年人在面谈时已经确信对面的孩子遭受过猥亵，他们就极有可能在主观上影响面谈过程。也就是说，当要求孩子说出真相时，他们只愿意接受一种"真相"。就像苏珊·凯莉一样，他们绝不接受孩子回答的"没有"。"没有"意味着孩子在否认、压抑或不敢说。孩子根本无力去说服成年人相信，他/她没有受到过猥亵。

这些成年人甚至有可能包括孩子的父母。麦克马丁案结束审判 21 年后，当年曾参与指控幼儿园教师的凯尔·齐尔普洛在《洛杉矶时报》上公开进行了道歉。他在公开信中表示，他当时就知道自己在撒谎，这样做只是为了取悦警察出身、喜欢惩恶扬善的继父，因为继父坚信麦克马丁幼儿园的老师是恋童癖。正如齐尔普洛所言：

但说谎真的令我感到困扰。我一直记得有个很特别的夜晚。当时差不多10岁的我，试图告诉妈妈，其实什么事都没发生过。我躺在床上，哭得不能自已——我想一吐为快，将真相和盘托出。妈妈一直问我究竟发生了什么事。我说她肯定不相信我说的话。她坚持道："我保证会相信你的！我真的很爱你！告诉我你究竟在烦恼什么！"就这样僵持了很久：我觉得她不会相信我，她却一直向我保证她会相信我。我记得终于有一天，我对她说出了真相："什么都没发生过！我在那所幼儿园里什么事也没发生过。"

结果不出所料，她根本不相信我的话。[36]

齐尔普洛认为母亲无法接受他没有受到猥亵的事实，因为如果她接受了这一事实，"她又该如何解释所有的家庭问题？"母亲和继父从未倾听过他的心声，从未对他没有受到伤害的事实表示过欣慰，也从未看过任何质疑此案中检方处置手段的相关书籍或电影。

我们能理解，为什么会有那么多的专业人士、检察官和家长都迅速假设了最坏的情形，因为没有人愿意让一个猥亵儿童者逍遥法外。但是，也没有人希望对无辜成年人定罪。现如今，根据多年来围绕儿童所完成的实验研究，美国国家儿童健康与人类发展研究所和个别州政府已经为社会工作者、警方调查人员以及需要与儿童面谈的其他人士，起草了新的示范协议。[37]这些规程强调了证真偏差的危害，并指导面谈者去验证可能存在虐待的假设，而不是直接假设自己知道发生了什么。其指导原则亦承认，大多数儿童会很乐于披露实际的虐待行为，但也有些儿童需要劝说。另外，指导原则也明确告诫面谈者，不要使用已知的会导致虚假陈述产生的技巧。

从不加鉴别地"相信孩子"到更为明智地"理解孩子",这一变化反映出人们认识到,心理健康专业人员的思维方式需要更接近科学家,而非倡导者;他们必须公平地看待所有证据,并考虑自身的怀疑存在毫无事实根据的可能性。如果做不到这一点,那他们伸张的就不是正义,而是自我辩护。

科学、怀疑精神和自我辩护

1981年,精神病学专家朱迪思·赫尔曼出版了《父女乱伦》(*Father-Daughter Incest*)一书,书中所描述的患者能够完全清楚地记得发生在自己身上的事情。当时,像赫尔曼这样充满女权意识的临床医生,正在努力提高公众对于强奸、虐待儿童、乱伦和家庭暴力的认知。这些医生并未宣称自己的患者压抑了记忆,而是认为她们选择了保持沉默,因为她们感到害怕、羞愧且不被任何人信任。《父女乱伦》一书的索引中找不到关于压抑的任何条目。然而,不到10年光景,赫尔曼就成了恢复记忆的倡导者。在1992年出版的《创伤与复原》一书中,她开篇的第一句话便是:"对暴行的正常反应,是希望将其从意识中驱逐出去。"从相信创伤经历很少会被遗忘,到相信遗忘创伤经历这种反应完全"正常",赫尔曼和其他经验丰富的临床医生,是如何逐步形成了这种思想上的转变的呢?答案便在于,日积跬步,谬以千里。

设想一下,如果你是一名心理治疗师,非常关心妇女和儿童的权益及安全问题。你认为自己技艺精湛且富有同情心。你非常清楚,要让政客和公众认真关注妇女和儿童问题有多么困难。你也知道让受虐待的女性勇敢说出自己的遭遇殊为不易。这时,你关注到某种新现象：在治疗过程中，一些女性突然恢复了压抑了一辈子的关于恐怖事件的记忆。这些案例出现在脱口秀节目中，出现在你所参加的学术会议中，也呈现于各类书籍之中，尤其是那本1988年出版的畅销书《治愈的勇气》。可以肯定的是，该书的作者艾伦·巴斯和劳拉·戴维斯没有接受过任何心理研究或心理治疗方面的培训，更不用说科学了。对于这一点，她们也大方地予以承认。"书中所呈现的一切内容，都不以心理学理论为基础。"巴斯在序言中这样解释道。但从她们所主导的研讨会可以看出，对于心理学的无知并没有妨碍她们将自己定性为治愈大师和性虐待问题方面的专家。[38] 她们提供了一份症状清单，按照她们的说法，出现其中任何一种症状，都表明这位女性可能是乱伦的受害者。清单上的症状包括：感觉无能为力且缺乏动力；存在进食障碍或性问题；内心深处总觉得不对劲；感觉自己必须做到完美；感觉自己堕落、肮脏或充满羞愧。如果你是一名心理治疗师，存在这些问题的女性就是你的服务对象。那么，你会假定多年来压抑在记忆中的乱伦伤害，是导致这些症状的最主要原因吗？

眼下你正处于金字塔的顶端，需要做出抉择：选择加入恢复记忆的潮流，还是保持怀疑态度。大多数心理健康领域的专业人士选择了后者，没有去跟风。但也有不少心理治疗师——据多项调查统计，其占比约在1/4到1/3之间[39]——朝着前者的方向迈出了第一步，而且鉴于临床实践上的闭环思维，我们可以发现，他们这样做有多么轻而易举。他们中的多数人都没有接受过专门训练，并不具备"用数据说话"的质疑精神。他们也不知道证真偏差的存在，因此根本不会想到，巴斯和戴维斯会将某位女性所表现出来的任何症状，甚至不存在任何症状表现的事实，都视为乱伦存在的证据。她们对于对照组的重要性缺乏深刻认知，所以也不可能去深究，究竟有多少没有遭受猥亵的女性，也会有进食障碍，或者感觉无能为力且缺乏动力。[40] 他们更不会停下来去思考，除了乱伦，还有哪些原因会导致那些女性出现性方面的问题。

甚至一些持怀疑态度的从业者，也不愿意逆潮流而行，批评自己的同事或讲述自身经历的女性。当意识到某些同事正在用愚蠢或危险的想法玷污你所从事的职业时，令人不适的失调感便会油然而生。尤其是在努力地劝说受害女性为自身遭遇而发声，让全世界都开始重视儿童受虐待的问题以后，你意识到妇女和儿童也会编造谎言，那种令人尴尬的失调感更是难以自抑。有些心理治疗师担心，公开质疑恢复的记忆的真实性，会损害那些真正遭受过猥亵或强奸的受害女性言论的可信度；也有人担心，针对恢复记忆运动的批评，会为性犯罪者和反女性主义者提供借题发挥的机会和道义上的支持。当然，一开始，他们并没有预料到全美范围内会爆发一场关于性虐待的恐慌，以及在追捕罪犯的过程中，无辜者也被卷入其中。然而，在不幸发生时保持沉默，等于任由自己更进一步地从金字塔上滑落下来。

• • •

恢复记忆疗法及其"创伤记忆通常被压抑"的基本假设，现如今的状况如何？随着那些轰动一时的案件逐渐淡出公众视野，问题看似已经得到了解决，理智和科学占据了上风。但正如认知失调理论所预言的那样，一旦某种不正确的观点占据了主导地位，特别是当这种观点还曾造成广泛伤害时，它就很少会彻底消失。它会在暗中潜伏、等待，就像"疫苗会导致孤独症"的错误信念一样，一旦时机成熟，其倡导者就可以鼓吹自己自始至终一直正确，这种观点就会死灰复燃。依然会存在相关的诉讼，依然有家庭处于四分五裂的状态，就因为家庭中的某些成员，在治疗中回忆起自己曾遭受过性骚扰或其他虐待。美国精神病学协会已将多重人格障碍更名为分离性身份障碍（dissociative identity disorder）。某个由创伤精神科医生和心理治疗师组成的专业协会，多年以来一直在其专业领域中推广上述诊断。直至今天，该协会依旧在颁发"科妮莉亚·威尔伯奖"，以表彰"在分离性身份障碍治疗方面做出临床杰出贡献"的人士。

2014年的一项研究报告指出，"尽管有迹象表明，与20世纪90年代相比，如今怀疑论更盛行"，但科学家与从业者之间的鸿沟依然"大到难以弥合"。研究人员对许多专业心理学家和心理治疗师群体进行了抽样调查，发现调查对象接受的科学训练越多，他们关于记忆和创伤的信念就越准确。在临床心理学科学学会的会员中，只有17.7%的人认为"创伤记忆通常被压抑"。在普通心理治疗师中，这一比例为60%；在精神分析师中，该比例为69%；而在神经语言程式治疗师和催眠治疗师中，上述比例高达81%——差不多与普通民众中的比例相当。[41]"记忆战争并未结束，"某个记忆科学家团队曾在2019年这样写道，"它们依旧存在，并在临床、法律和学术领域不断造成潜在的破坏性后果。"[42]

也难怪这种鸿沟会持续存在，因为所有那些造成恢复记忆和多重人格病例盛行一时的心理治疗师和精神科医生，都需要重新爬上金字塔。有些人还在继续着老本行，即帮助患者发掘"被压抑"的记忆。[43]另一些人则悄然放弃了将被压抑的乱伦记忆作为患者病情主导性解释的做法，于他们而言，这种观点已经过时，就像几十年前的阴茎嫉妒、性冷淡以及自慰导致精神错乱的说法一样。当某种风潮失去吸引力，他们就会选择放弃，转而投身于下一波风潮，却极少会停下来质疑，所有那些被压抑记忆的乱伦案例都去了哪里。他们可能隐约意识到其中存在争议，但坚持自己一贯以来的做法，并在其中加入某种较为新颖的技术概念，似乎更简单易行。有些心理治疗师已然忘记他们曾经多么热衷于恢复记忆的假设和做法，现在他们将自己视为论战过程中的温和派。

毫无疑问，需要与最强烈失调感达成和解的从业者，当数那些曾经最积极地推广恢复记忆疗法和多重人格疗法，并从中获益的临床心理学家和精神病学家。许多人都拥有令人瞩目的资历。这次运动给他们带来了巨大的声誉和成功。他们曾是专业会议上的明星讲师。当被要求出庭做证（无论过去还是现在），说明孩子是否受到虐待，或者原告恢复的记忆是否可靠时，正如我们所看到的，他们通常会无比自信地做出判断。随着证明其错误性的科学证据逐渐累积，他们怎么可能欣然接受这些数据，并对足以颠覆其行医实践的记忆和儿童证词的研究表达感激之情呢？如果能这样做，那就意味着他们已经意识到，他们伤害到了那些自己曾试图提供帮助的妇女和儿童。对于他们来说，摒弃与临床实践无关的科学研究，进而信守自身承诺，要容易得多。一旦开始自我辩白，他们就会陷入巨大的心理困境，难以自拔。

现如今，站在金字塔最底层致力于记忆恢复的大多数临床医生，在专业方面已经与他们的科学同行相距甚远。他们花费了20多年的时间推广的这种疗法，却被理查德·麦克纳利称为"自前脑叶白质切除术时代以来心理健康领域遭遇的最大灾难"。[44]但即便如此，这些临床医生仍然一如既往地坚守信念，继续宣扬其长期以来一直实践的理念。那他们究竟是如何减少认知失调的呢?

盛行的做法之一是尽可能地对问题的严重程度及其所造成的伤害轻描淡写。临床心理学家约翰·布里埃是恢复记忆疗法最早期的支持者之一,他最终在某次会议上承认,20世纪80年代涌现的大量恢复记忆的案例或许可以归咎于——至少应部分归咎于——那些"过度热情"的治疗师,他们试图"从当事人大脑中抽取记忆"的做法并不妥当。错误已经铸成——犯错的就是那些人。但只是其中的极少数人,他急忙补充道。布里埃还表示,被恢复的错误记忆并不多见,而被压抑的真实记忆则更为常见。[45]

其他人则通过指责受害者来减少认知失调。精神病学家科林·罗斯因宣扬被压抑的受虐记忆会导致多重人格障碍而名利双收,他最终认同了这样一种观点,即"由于糟糕的治疗技术,易受影响的个体产生了一些在大脑中精心编造的记忆"。但因为"正常人的记忆极易出错",他得出结论,"错误记忆在生物学上是正常的,所以不见得就是治疗师的过错"。治疗师并没有创造患者大脑中的虚假记忆,因为他们只是"顾问医师"。[46]如果患者产生了错误记忆,那也只是患者自己的过错。值得一提的是,科林·罗斯在2016年获得了"科妮莉亚·威尔伯奖"。

那些意志最为坚定的临床医生,甚至通过"扼杀信使"来减少认知失调。20世纪90年代末,当精神科医生和心理治疗师因为使用强制手段而使病人产生虚假的恢复记忆和多重人格而被判定为渎职时,在一次会议上,科里登·哈蒙德医生就曾向他的同行们建议:"我认为,现在该有人站出来,向学者和研究人员讨回公道。特别是在美国和加拿大,由于学者对极端错误的记忆科学持支持态度,情况已经变得非常极端。所以我认为,临床医生是时候向研究人员和期刊编辑们发起科研渎职的道德指控了——我要指出的是,他们中的大部分人都没有医疗事故责任保险。"[47]此言一出,很快就有一些精神科医生和临床心理学家接受了哈蒙德的建议,向研究人员和期刊编辑发送骚扰信件,对研究记忆和儿童证词的科学家提起违反伦理的虚假指控,并发动滥诉,以阻止批判性文章的发表和书籍出版。[48]不过,这些努力都没能让科学家保持沉默。[49]

当然,为了减少认知失调,他们还有最后一条路可选:忽略所有的科学研究,将其视为针对儿童受害者和乱伦幸存者进行反攻倒算的手段之一。《治愈的勇气》第三版结尾部分的标题为"尊重事实:对反攻倒算的回应",而没有一个章节叫"尊重事实:我们犯了一些大错"。[50]

· · ·

错误实践恢复记忆疗法的心理治疗师,将数十位伯纳德·巴兰这样的无辜者送进监狱的儿童专家,几乎没有人愿意主动承认自己的错误。不过,从为数不多的公开认错的人身上,我们还是可以看到,是什么力量帮助他们从自我辩护的保护茧中挣脱出来。譬如对于琳达·罗丝,这股力量来自主动走出私密治疗咨询的封闭圈,迫使自己直面那些无辜入狱的父母,他们的生活因为已成年子女的指控而被摧毁。一位来访者曾带她去参加一个被控诉的父母的集会。在此期间,罗丝突然意识到,来访者在治疗过程中所讲述的故事看似离奇却有可能存在,但如果一屋子的人都在诉说着类似的遭遇,那就显得太过离奇了。"我一直非常支持女性去倾诉她们压抑的记忆,"她说,"但我从来没有考虑过父母亲们的感受。现在我才知道,那些故事听起来有多么荒诞不经。集会上，一对老年夫妇做了自我介绍，妻子告诉我说，他们的女儿指控丈夫杀害了三个人……这些父母的脸上写满了悲苦。所有事件的唯一导火索就是他们的女儿接受了恢复记忆治疗。从那天起，我再也没有为自己或自己的职业而感到非常自豪过。"

罗丝说，自从那次集会以后，她时常"带着恐惧和痛苦"在半夜里醒来，因为那个"保护茧"已经破裂开来。她担心自己会被起诉，但大多数时候，她"满脑子都是那些希望自己孩子能够回心转意的父亲和母亲"。于是，她给以前的来访者打电话，试图挽回自己造成的伤害，同时也改变了自己的治疗方式。在美国国家公共电台的《美国生活》节目中，罗丝接受了阿里克斯·斯皮格尔的采访，她讲述了自己陪同一位来访者与其父母会面的经历。为了找出女儿在治疗过程中宣称记起的尸体证据，警察将她父母的家翻了个底朝天。[51] 其实，所谓的尸体根本就不存在，就像麦克马丁幼儿园的地下审讯室一样。"所以我有机会告诉他们我在其中所扮演的角色，"罗丝说，"而且我也告诉他们，如果他们整个余生都无法原谅我，我也完全能理解。但我非常清楚的是，我需要他们的谅解。"

在采访的末尾，阿里克斯·斯皮格尔感叹说："我们几乎找不到像琳达·罗丝这样的执业治疗师，敢于站出来公开讲述个人经历，勇于承认罪责，或试图弄清楚这一切的来龙去脉。破天荒地，专家们这一次选择了保持沉默。"

第五章

司法体系中的失调

我猜想,任何一位检察官都很难承认错误并说出:"哎呀,我们竟然判了这家伙25年的监禁。那太过分了。"

——戴尔·M.鲁宾,托马斯·李·戈德斯坦的律师

1980年,大学生兼前海军陆战队队员托马斯·李·戈德斯坦,被判犯下莫须有的谋杀罪,在狱中度过了24年时光。他唯一的罪行就是在错误的时间出现在了错误的地点。虽然住在受害人被害地点的附近,但警方没有发现任何能将戈德斯坦与罪案联系起来的物证,没有枪支,没有指纹,也没有血迹。他也不存在任何作案动机。戈德斯坦被裁定有罪的证词,来自一位可能名叫爱德华·芬克的监狱线人,此人曾先后35次被捕,3次被判重罪,并有吸食毒品的前科。他以线人身份对10人提出过指证,而且此人每次都表示,被告是在两人共用一间牢房时对其坦白罪行的。(某位监狱顾问曾将芬克描述为"一个骗子,喜欢随意捏造事实,就好像事实具有无限弹性一般"。)芬克在宣誓后撒了谎,他否认自己一直以来都

是在用证词交换减刑。控方唯一的其他证据来自一位名叫洛兰·坎贝尔的目击证人，在警察向他谎称戈德斯坦没有通过测谎仪测试以后，他才指认戈德斯坦是凶手。另外5位目击者都未指认戈德斯坦，其中4人说凶手为"黑人或墨西哥人"。坎贝尔后来又推翻了自己的证词，他说自己"有些过分焦虑"，他只是想通过告诉警方他们想听到的东西来提供帮助。然而，一切为时已晚。戈德斯坦因谋杀罪被判处27年监禁。

多年以来，已经陆续有5位联邦法官认定，此案中的检察官没有将他们与芬克的交易内幕告知辩方，这相当于剥夺了戈德斯坦获得公平审判的权利，但即便如此，戈德斯坦依旧被关在监狱中服刑。最终，在2004年2月，加州高等法院的一名法官以证据不足以及此案性质恶劣——证词完全依赖一位做伪证的职业告密者——为由，本着"促进司法公正"的精神，驳回了诉讼。然而，洛杉矶县的检察部门仍拒绝承认他们犯了错。在法官做出裁决后的几个小时内，他们就对戈德斯坦提出了新的指控，并将保释金定为100万美元，同时以谋杀罪对其提起了新的诉讼，要求重新审判。"我们肯定没抓错人，对此我非常有信心。"副检察官帕特里克·康诺利说。但两个月后，地方检察官办公室终于承认对戈德斯坦的指控不成立，并将其释放。

· · ·

1989年4月19日晚上，一名女性在纽约中央公园慢跑时，惨遭强奸和殴打。警方很快逮捕了5名来自哈莱姆区的非洲裔和西班牙裔未成年人，他们曾在中央公园"撒过野"，有过随机攻击和粗暴对待路人的不良行径。警方认为他们很可能就是袭击慢跑者的嫌犯，这不无道理。于是，他们拘留了这些少年，并对其展开了持续14到30个小时的高强度审讯。最终，这些十几岁的男孩承认了犯罪事实，不过他们所做的不只是认罪，还坦白了其犯罪的荒唐细节：有人演示了他如何脱掉受害者的裤子；有人讲述了受害者的衬衫是怎样被刀划破的，以及团伙中的某人如何用石头反复击打受害者头部；还有人对自己的"首次强奸"行为表示了悔恨，他说自己是迫于来自其他人的压力才这样做的，并且保证以后再也不会这样做了。但是，没有任何物证，譬如精液、血迹或DNA等，能够证明这些未成年人与这起犯罪有关。对于上述结果，检方也非常清楚。但是，男孩们的供词说服了警方、陪审团、法医专家和公众，他们都坚信罪犯已经落网。唐纳德·特朗普甚至斥资8万美元在报纸上刊登广告，呼吁判处这些少年嫌犯死刑。[1]

然而，这些少年都是无辜的。13年后，一个名叫马蒂亚斯·雷耶斯的重刑犯，承认自己才是当年这起命案的唯一真正元凶。此人当时因犯下三起强奸、抢劫案和一起强奸、杀人案而入狱服刑。另外，他还透露了其他人都不知道的犯罪细节，而且他的DNA与从受害者体内和袜子上残留的精液中所提取的DNA完全吻合。由罗伯特·M.摩根索所领导的曼哈顿地区检察官办公室调查了将近一年，并未发现雷耶斯与被定罪的男孩们之间有任何关联。"如果13年前我们能根据DNA结果做出判决就好了。"摩根索后来感叹道。对于辩方提出撤销定罪的动议，曼哈顿地区检察官办公室表示了支持。该动议于2002年获得批准。但直到12年后的2014年，拒不承认错误的纽约市当局，才与"中央公园五人组"达成了赔偿4 100万美元的和解协议。

摩根索的决定遭到了办公室前任检察官和最初参与调查的警务人员的愤怒谴责，他们拒绝相信这些男孩是无辜的。[2]毕竟，他们已经认罪了。琳达·法尔斯汀是当年负责此案的检察官之一，作为地方检察官办公室性犯罪部门的负责人，她曾对多起令人发指的案件成功提起过诉讼。在她看来，"中央公园五人组"不可能是被冤枉的。法尔斯汀极热衷于对青少年进行逼供，以至于某位上诉法庭法官后来在意见书中特别提到了她，并指出："我担心的是，刑事司法系统会容忍检察官的行为，特别是琳达·法尔斯汀，她有蓄意设计少年们的证词之嫌。"2004年，即在马蒂亚斯·雷耶斯被无可争议地认定为中央公园案的凶手且5名年轻人被释放出狱的两年以后，法尔斯汀在一次接受采访时仍对记者表示，她确信当初的定罪是正确的。"我们检方团队里的成员一直在寻找第六位作案者，"她说，"我认为，释放这5个人是政治上的权宜之计。"[3] 无论是萨拉·伯恩斯和肯·伯恩斯在2012年拍摄的尖锐纪录片《中央公园五罪犯》，还是艾娃·德约列在2019年执导的剧集《有色眼镜》，都未能改变法尔斯汀的想法。"艾娃·德约列的迷你剧错误地将这些人刻画得完全无辜，而且还在这一过程中诽谤我。"她在《华尔街日报》的一篇专栏文章中这样写道。[4]

法尔斯汀退休以后开始创作小说，小说的主人公是一位英勇无畏的女检察官（用她的话来说，即"一个更年轻、更苗条、更漂亮的我"），她总能赢得男人的芳心——这的确是一种减少认知失调的创意之举。

• • •

1932年，耶鲁大学法学教授埃德温·博查德出版了《给无辜者定罪——刑事司法中的65次真实误判》(*Convicting the Innocent:*

Sixty-Five Actual Errors of Criminal Justice）一书。书中所列举的这些案例中，有 8 起案件的被告被判谋杀罪，但所谓的受害者后来却现身了，而且都活得好好的。你可能会觉得这足以证明参与案件的警察和检察官犯了严重错误，然而却无人有悔改之意。其中某位检察官曾对博查德说："无辜的人永远不会被定罪。别担心，这种事从未发生过……这从客观上就说不通。"

然后便是 DNA 检测时代的来临。自 1989 年 DNA 检测技术首次为一名无辜囚犯洗刷冤情并使其获得无罪释放以来，公众被迫一次次直面现实：将无辜者定罪非但不是不可能的，还普遍到远远超过我们的预期。"昭雪计划"（The Innocence Project）的创始人巴里·谢克和彼得·诺伊菲尔德，一直坚持在主页上跟踪记录通过 DNA 检测而洗脱谋杀或强奸罪名的入狱者，其人数多达数百人。到 2019 年，已有 365 人因此而洗脱了罪名。[5]

因 DNA 证据而被推翻的错误定罪受到了公众的广泛关注，这一点是可以理解的。但是，正如接下来我们要谈到的，DNA 证据并不总是起到决定性作用。从检察官的狂热和行为不当到伪科学证词，再到错误的目击证人证词，人们被错误定罪的原因有很多。据估计，美国的误判率最低约为 1%，最高可达 2% 到 3%。法学教授塞缪尔·格罗斯是美国免罪研究领域的国家级专家，他对于重罪误判率的估计甚至还要略高一些，从 1% 到 5% 不等。"这究竟算多还是算少？"他曾这样写道。

> 这取决于你看待问题的角度。即便只有 1% 的重罪判定是错误的，那也意味着被关在美国监狱和看守所的近 230 万名囚犯中，可能有 1 万到 2 万甚至更多的人是无辜

的。哪怕只有1‰的喷气式客机在起飞时会坠毁，我们也肯定会立刻关闭全美范围内的所有航空公司。我们不打算冒这种风险，况且我们坚信自己知道如何解决此类问题。但几万名被错误囚禁的公民是否过多？我们怎样才能做到更好？这些问题都没有显而易见的答案。好消息是，美国绝大多数被定罪的刑事案被告都是有罪的；但坏消息在于，有相当数量的人是被冤枉的。[6]

2012年，格罗斯和西北大学法学院错误定罪中心（Center on Wrongful Convictions）执行主任罗布·沃顿共同成立了美国国家无罪释放登记处（National Registry of Exonerations），专门服务于那些经过DNA和非DNA物证对比后确认无罪的无辜人士。正如其官方主页所指出的："此登记处提供了自1989年以来美国所有已知免罪案例的详细信息。在这些案件中，当事人先被误判有罪，后来新的无罪证据帮他们洗刷了所有罪名。此外，登记处还维护着一个信息较为有限的数据库，其中记录了1989年之前的已知免罪案例。"在上线后的两年时间里，他们记录了1 400多起免罪案例。这一数量是通过DNA检测获得无罪释放的人数的4倍多。截至2019年，该数字已接近2 500。由于登记处只将那些被定罪者因为新的无罪证据而正式洗脱罪名的案件算作免罪案例，而不收录那些无罪释放理由与"新的无罪证据"无关的案例，所以，正如其主页所言，"我们已知的免罪案例只是极少一部分"。[7]

对于愿意相信司法系统的任何人来说，这都是令人不安的失调信息。普通公民显然难以消解此类信息，但如果你是司法系统的参与者，你为该系统所犯下的错误进行辩护的动机就会非常强烈，更不用说，为你自己的错误辩护了。社会心理学家理查德·奥夫舍是研究虚假供词方面的专家，他注意到，给错误的人定罪是"最恶劣的专业失误之一——就如同医生给患者截错了胳膊"。[8]

假如有证据表明，身为司法工作者的你将一位无辜者送进了监狱，即在法律专业层面上，你做了等同于截错胳膊的事情，那么你会有什么反应？你的第一反应会是否认自己的错误，理由很明显，因为这样做可以保住自己的工作、声誉和同事。更何况，假如你所释放的那个人后来又犯下严重罪行，或者被你裁定的无罪者曾因被错误地判定犯有猥亵儿童等恶劣罪行而被监禁，那么你的所作所为必将会引发公众的滔天怒火。[9]你有很多否认犯错的外在动机，但更强烈的内在动机只有一个：你希望自己是一个正直且称职的人，绝对不会冤枉好人。但面对新出现的反面证据，你又如何能认定自己给出的判定是正确的呢？因为你暗暗向自己保证，这些证据简直毫无说服力，而且那个人就是个坏蛋；即便这次没犯事，他肯定也干过其他什么坏事。你将一位无辜者投入大牢监禁了15年，这完全不符合你对于自身能力的看法，以至于你需要克服多重心理障碍来说服自己，你不可能犯这样愚蠢的错误。

每当有无辜者通过DNA检测成功摆脱无妄的牢狱之灾，公众几乎都能感受到检察官、警察和法官忙于解决认知失调时的心理活动。策略之一便是声称大多数此类案件体现的并不是误判，而是误释：囚犯获得开释并不说明他/她一定就是无辜的。如果这个人属实无辜，那只能说太遗憾了。事实上，被错误定罪的情况极为罕见，这也算是为当下日臻完善的司法体系所付出的合理代价。真正的问题在于，有太多罪犯依靠技术手段而脱身，或者因为有钱高价聘请律师团队而逃脱法律的制裁。俄勒冈州前地方检察官约书亚·马奎斯堪称刑事司法系统的"专业辩护人"。他表示,"美国人更应该担心有人被错误释放,而不是有人被错误定罪"。[10] 无党派的公共诚信中心曾公布了一份报告,其中记录了 2012 年起因检察机关行为不端而导致误判的案件。但对于这些数字以及报告中暗示此类问题有可能"迅速蔓延开来"的说法,马奎斯显得不屑一顾。"事实是,用偶发情况来描述这种不端行为更为贴切,"他写道,"正因为这些案件较为罕见,所以才引发了法院和媒体的极大关注。"

遗憾的是,类似的情况并不罕见。2014 年成立的检察官诚信中心所给出的统计数据显示,自 1970 年以来,涉及检察官不端行为的案件估计多达 16 000 起;只有不到 2% 的案件相关的违规检察官受到了一定处罚。一项针对从 1997 年到 2009 年发生在加州且经过确认的 707 起不端行为案件的综合分析显示,法院撤销审判或宣布审判无效的案件,在其中所占比例仅为 20% 左右。仅有 1% 的行为不端的检察官受到了州律师公会的公开处分。该分析报告认为,"检察官继续实施不端行为,有时甚至多次行为不端,却几乎总是无须承担任何后果。法院不愿上报检察官的行为不当,州律师公会也未对其施行惩戒",这使得这些检察官可以一直"逍遥法外"——在误判无辜者有罪的案件中,有些人在真正意义上逃脱了法律的制裁。[11]

上述证据的存在并没有对那些维持现状者形成震慑。他们坚持认为,当检察官犯下错误或行为不端时,司法系统中的诸多自我纠错程序,可以立即解决这些问题。事实上,马奎斯担心,如果现在就开始对司法系统进行小修小补,以减少误判率,我们最终会让太多有罪之人逃脱制裁。这种说法体现了自我辩护的荒唐逻辑。当一位无辜者被错误定罪时,那就意味着真正的罪犯依然逍遥法外。"在司法界,"马奎斯宣称,"检察官唯一的效忠对象就是事实真相——即便这意味着检察官所经手的案件会被推翻。"[12] 这是一种足以减少认知失调且令人钦佩的情感抒发,它对于根本问题的揭示,比马奎斯所意识到的更深刻。正因为检察官坚信自己在寻求真相,所以除非迫于无奈,否则他们不会主动翻案。事实上,由于自我辩护的存在,他们很少会认为自己需要这样做。

并非只有粗鄙腐败的检察官才会这样想。罗布·沃顿观察到,那些在他看来想做好事且"本性纯良"、受人敬重的检察官,有时候在工作中也会表现出认知失调。某一次,当免罪判决宣布之后,负责此案的检察官杰克·奥马利就一直向沃顿念叨:"怎么会这样?怎么会这样?"沃顿在事后告诉某位记者说:"他想不通,他真的没法理解。但杰克·奥马利是个好人。"然而,检察官无法摆脱先入为主的观念,即把自己和警察当成好人,把被告视作坏人。"一旦进了司法体系,"沃顿说,"你就会变得非常愤世嫉俗。你会觉得,到处都有人在骗你。慢慢地,你就会形成某种犯罪理论,它将固化为我们所说的管状视觉。多年以后,出现有力的证据表明那个人是被冤枉的。于是,你就会坐在那里想:'再等等看。要么所谓的确凿证据是错的,要么我是错的——我不可能有错,因为我是好人这边的。'这种心理现象我屡见不鲜。"[13]

这种现象便属于自我辩护。在研读美国历史上冤假错案的相关研究时,本书的两位作者一次又一次地看到了,在从抓捕到定罪的每一步进程中,自我辩护是如何导致出现不公正的可能性不断升级的。警察和检察官利用从毕生经验中总结出的方法,来辨识嫌疑人并对其定罪。通常情况下,他们是正确的。但不幸的是,这些方法也增加了他们抓捕到错误嫌犯的风险,使他们忽略了可能涉及其他嫌疑人的证据，强化了他们对于错误决策的坚持以及事后拒绝承认错误的可能性。随着进程的推进，那些一直以来都在不遗余力地对最初的嫌疑人进行定罪的司法人士，通常会更加确信自己抓住了罪魁祸首，也会更坚定地要给其定罪。他们认为，一旦这个人进了监狱，单凭这一点就足以证明，自己努力给其定罪的做法是正确的。况且，法官和陪审团也没有提出异议，不是吗？所以说，自我辩护不仅会把无辜者送进监狱，还会把他们一直关在那里。

调查者

1998年1月21日上午，美国加州的埃斯孔迪多发生了一起谋杀案，12岁的斯特凡妮·克罗在自己的卧室里被人刺死。就在案发前一天的晚上，邻居们曾拨打过911电话报警，说住处附近有一个行为怪异的流浪汉出没，这令他们感到恐惧——此人名叫理查德·图伊特，患有精神分裂症，曾有跟踪年轻女性并闯入其家中的前科。不过，埃斯孔迪多的探员和联邦调查局的行为分析部却几乎立刻得出结论，这起谋杀案乃熟人所为。大多数谋杀案中的凶手都是与受害者关系密切的人，而非疯疯癫癫的入侵者，办案人员对此异常笃定。

于是，以拉尔夫·克莱托尔和克里斯·麦克唐纳为首的调查小组，将注意力转向了斯特凡妮14岁的哥哥迈克尔。在父母不知情的情况下，当时正在发烧的迈克尔被警方一口气审问了3个小时，然后又被连续审问了6个小时。探员们对他撒了谎，说在他的房间里发现了斯特凡妮的血迹，她手里还攥着他的几缕头发，凶手肯定是屋子里的某人，因为所有的门窗都被锁住了，而且他的衣服上满是斯特凡妮的血迹。另外，他也没有通过计算机语音压力分析仪的检测。（这是一种伪科学技术，据说可以通过测量声音中的微震颤来辨别说谎者，但没有人从科学角度证明过这种方法的有效性。[14]）尽管迈克尔反复申辩，说自己对犯罪过程毫无记忆，而且也未提供任何作案细节，比如将凶器放在了哪里，但最终他还是承认自己出于嫉妒在一怒之下杀害了妹妹。几天之内，警方又逮捕了迈克尔的朋友约书亚·特雷德韦和亚伦·豪泽，这两人都是15岁。在经过两轮长达22小时的审讯之后，特雷德韦详细讲述了他们三人是如何合谋杀害斯特凡妮的。

但就在开庭审判前夕，事情发生了戏剧性的转折，警方在流浪汉理查德·图伊特当晚所穿的运动衫上发现了斯特凡妮的血迹。这一证据的出现迫使地方检察官保罗·普芬斯特撤销了对这三位少年的指控。但他同时表示，鉴于他们对犯下的罪行供认不讳，自己依然确信这几人有罪，所以他不会起诉图伊特。负责抓捕这些孩子的探员克莱托尔和麦克唐纳，自始至终亦坚信他们已经抓住了真正的凶手。他们甚至自费出版了一本书，为其执法程序和信念辩护。在书中，他们声称，理查德·图伊特只是一只替罪羊，一个被政客、媒体、名人以及男孩家人所聘请的刑事及民事律师当作棋子来利用的流浪汉，目的就是"把罪责从那三位少年身上转移到他身上"。[15]

随后，几位少年被释放，案件被移交给警局的另一名探员维克·卡洛卡处理。尽管遭到了警方和地方检察官的反对，但卡洛卡还是重启了调查流程。他的举动招致其他同事的故意冷落，有法官斥责他无事生非，检察官对他的协助请求也置之不理。他必须获得法庭许可，才能从取证室获得自己想要的证据。为此，卡洛卡坚持不懈，最终编写了一份 300 页的报告，列出了警方在指控迈克尔·克罗及其朋友的过程中所使用的"猜测、误判和不确定性证据"。由于卡洛卡不是最初调查小组的成员，所以他没有贸然得出错误结论，牵涉到图伊特的证据并不会引起他的认知失调。对于他而言，那就只是证据而已。

卡洛卡绕过本地检察官办公室，将证据提交给位于萨克拉门托的加州总检察长办公室。最终，助理总检察长戴维·德鲁利纳同意起诉图伊特。2004 年 5 月，理查德·图伊特被判谋杀斯特凡妮·克罗的罪名成立，此时距离调查探员认定此人不过是个笨手笨脚的游手好闲者因而将其嫌疑排除，已过去了 6 年之久。*德鲁利纳对埃斯孔迪多警方的最初调查提出了严厉批评。"他们完全搞错了方向，让所有人都受到了伤害，"他说，"为什么没有把重点放在图伊特身上，对此我们无法理解。"[16]

但现在，我们作为外人其实都能理解这一点。当斯特凡妮的血迹出现在图伊特的运动衫上时，探员们却没有改变想法，或者说至少暂时没有产生疑虑，这看起来确实有些荒唐。然而，事实上，一旦探员们确信迈克尔和他的朋友们有罪，他们就开始沿着抉择金字塔往下走，为每一次跌至塔底进行自我辩护。

让我们从金字塔的顶端——确定嫌疑人的最初过程——开始探寻。很多探员的做法与我们这些普通人在第一次听到犯罪事实时的做法没什么两样——我们会冲动地认定自己知道发生了什么，然后匹配证据来支持结论，忽略或有意不理会与之相矛盾的证据。社会心理学家对这一现象进行了深入研究，他们让研究对象扮演陪审员

---

* 2013 年，对图伊特的判决因技术性问题被推翻，在随后的庭审中，陪审团裁定控方未能在合理怀疑的基础上进一步证明图伊特有罪。

的角色,观察哪些因素会影响他们的决定。在某项实验中,模拟陪审员听了真实谋杀案庭审的录音,然后讲了他们会如何投票以及为何这样投票。结果表明,大多数人并没有依据证据来做出裁定,而是迅速编造了一个关于事发真相的故事。随着庭审实验过程中相关证据被不断呈现,他们却只接受那些支持自己所做的情景预设的证据。那些早早就下定结论的人对于自身的裁决最有信心,也最有可能通过投票支持极端判决,以此来证明自己的决定是正确的。[17]这种现象是正常的,但也是令人担忧的。

在与嫌疑人的第一次面谈中,探员们往往会凭借第一印象,马上判断对方有罪还是无罪。随着时间的推移和经验的累积,他们逐渐养成了这样的习惯,即追踪特定线索并排斥其他线索,最终确定这些线索的准确性。侦查人员的自信一方面是经验积累的结果,另一方面来自技能训练,技能训练回报以速度和确定性,而不是审慎和怀疑。联邦调查局的行为科学部的前任负责人杰克·基尔希在接受采访时表示,经常有警察因为棘手的案件而来组里造访,恳请他们提供建议。"虽然只是临时起意,但我们并不惧怕信口开河,况且我们通常都能直击要害,"他说,"类似的情况我们经历过不下数千次。"[18]

这种自信往往都能站得住脚,因为通常情况下,警方面对的都是正在确认中的案件,他们需要与罪犯打交道。然而,这种自信也会增加误把无辜者当作罪犯的风险,并过早地将其他嫌疑人排除在外。一旦这样,人们的思维也会随之关闭。因此,探员们甚至都没有像对待迈克尔那样,尝试在图伊特身上使用华而不实的语音分析仪。对此,麦克唐纳探员解释说:"由于图伊特有精神病史和吸毒史,且目前仍有可能处于精神不正常和吸毒状态,所以语音压力测试可能无效。"[19] 言下之意就是："这些不可靠的小工具，我们只会用在那些已经被我们认定有罪的嫌疑人身上，因为无论他们做什么，都只会坚定我们的信念。我们不会把它用在我们所认定的无辜者身上，它对他们无论如何都不会起作用的。"

关于嫌犯有罪或无罪的初步判断，起初似乎是显而易见且合情合理的：嫌疑人符合受害者或目击者的描述，或者嫌疑人可能符合统计学上的偏好类别。顺着感情和金钱的踪迹追寻，真相似乎很快就将大白于天下。因此，在大多数谋杀案中，嫌疑最大的凶手往往是受害者的情人、配偶、前配偶、亲人或受益者。警督拉尔夫·莱瑟曾自信地断定，一位名叫比比·李的华裔女大学生肯定是被其男友布拉德利·佩吉所杀，因此他没有去追查目击者的相关证词——目击者曾在案发现场附近看到，一名男子将一位年轻的"东方面孔"的女性推进一辆面包车，然后驾车离开。[20] 莱瑟表示，当一位年轻女性被谋杀以后，"你要找的第一个人就是她重要的另一半。你根本不用理会什么开着面包车的家伙"。然而，正如律师史蒂文·德里津所观察到的，"家庭成员可能是调查的合法起点，但也仅此而已。警方需要探索所有的可能性，而不是只将注意力放在试图证明谋杀为家庭内部纠纷所致上。但他们往往都没有这样做"。[21]

一旦探员认定自己找到了凶手，证真偏差就会让这位头号嫌疑人变成唯一的嫌犯。如果这位头号嫌犯碰巧是无辜的，那就太糟糕了。在引言中，我们曾介绍过帕特里克·邓恩的案件，他在加州的克恩县被捕，被指控谋杀了自己的妻子。在这起案件中，警方选择相信一名职业罪犯无法被证实的事件陈述，而不相信一位公正见证人的可得到证实的陈述——前者的陈述证实了警方认定邓恩有罪的假定，而后者则无法为这种假定提供支持。被告对上述决定感到不可思议,他问自己的律师斯坦·希姆瑞:"难道他们不想获得真相吗?""不,他们想获得真相,"希姆瑞回答道,"而且他们确信自己已经找到了事实真相。他们认定的真相就是你有罪。现在,他们会不惜一切代价给你定罪。"[22]

要不惜一切代价给某人定罪,就会使人很容易忽略或有意不理会那些会改变对嫌疑人看法的证据。在极端情形下,这种做法可能会诱使个别执法人员乃至整个部门,从打法律擦边球发展至违法犯罪。洛杉矶警察局兰帕特分局曾成立过一个反黑帮小组,该小组中的很多警员最终都被指控非法逮捕、提供伪证和陷害无辜,而使用这些非法手段定罪的近100项判决最终都被推翻。在纽约州进行的一项调查发现,以残暴手段对待嫌犯、非法窃听电话以及丢失或伪造关键证据等行为,已经让萨福克县警察局在多起重大案件中败诉。

像这样腐败的执法人员是被塑造出来的,而非先天形成的。他们受到警局文化的影响,在自身对于警局目标的忠诚的引导下,沿着金字塔的斜坡滑落。很多警员在刚入行时心怀理想,但后来的行为方式却是当初他们从未设想过的,究竟是什么原因促成了这一转变?法学教授安德鲁·麦克鲁格对该过程进行了追溯。如果在执行公务过程中被要求撒谎,这些警员起初会产生某种失调感,即"我必须维护法律"与"我这样做等于违犯了法律"之间的失调。麦克鲁格观察到,随着时间的推移,他们"开始学会用自我辩护的保护性缓冲来掩盖认知失调"。一旦警员相信撒谎情有可原,甚至是工作的重要组成方面,"虚伪所导致的失调感便不再出现。警员学会了将说谎合理化为某种道德行为,或者至少不将其视作非道德行为。由此,他身为正人君子的自我概念便不会受到实质性的损害。"[23]

比方说，你是一名警察，正在对某个贩卖可卡因的窝点进行搜查。你追着一个家伙跑进洗手间，希望能赶在他将毒品丢在马桶里冲掉之前抓住他，以免赃物被销毁，功亏一篑。但一切都太迟了，对方得手了。你拼死拼活，单凭一腔热血，将自身置于危险之中，现在这浑蛋却可以逃脱法律的制裁？身处贩毒窝点，你和搭档都知道发生了什么，这些人渣却想大摇大摆地走掉？他们会找个狡猾的律师，然后立马就能脱身。所有付出的努力，所有承担的风险，不都白费了吗？为什么不从口袋里掏出点儿可卡因——就是早上缴获的那批货，丢在洗手间的地板上？这不就有证据了吗？你只需要轻描淡写地说一句："他在把毒品掏出来全部冲走之前，从口袋里掉出来一些。"[24]

当置身于上述情境中时，你就不难理解为什么要这样做了。因为你想完成自己的工作。虽然你知道栽赃属于违法行为，但这样做似乎无可非议。第一次的时候，你会告诉自己，这家伙罪有应得！有了第一次的经历，等到你下次再做这种行为的时候就会更容易。事实上，你将拥有强烈的动机去重复这一行为，因为不这样做就等于承认，哪怕是只对自己承认，第一次这么做就是错误的。不久以后，你就会在更多模棱两可的情况下违反规定。由于警察文化普遍支持类似的辩护理由，个别警员就更难以抵制违反（或歪曲）规则的行为。久而久之，许多警员便会采取下一步行动，即向其他同事言传身教，说服对方一起去实施某些"无伤大雅"的违规行为，甚至刻意回避或冷落那些不愿同流合污的同事，特别是那些提醒人们不要走歪路的"正义人士"。

事实上，莫伦委员会 1992 年在报告纽约警察局的腐败模式时就曾得出结论，警察伪造证据的做法"在某些辖区非常普遍，以至于衍生出一个自造词：司法伪证（testilying）"。[25] 在这样的警察文化中，警员们习惯于通过撒谎来证明搜查他们怀疑持有枪支或毒品的嫌疑人的做法是合理的。他们会在法庭上发誓说，拦下嫌疑人是因为他的车闯了红灯，或者因为看到了嫌疑人正在交易毒品，或者因为嫌疑人在发现警察靠近时扔掉了毒品，总之自己逮捕和搜查这个人是有正当理由的。* 西雅图警察局前局长诺姆·斯坦普从警34年，他曾撰文指出，全美各大警局"都逃避不了这一问题：警员们宣誓维护法律，却将缴获的毒品转为己用，并用它来栽赃嫌疑人"。[26] 撒谎和伪造证据最常见的理由是"为了达到正当的目的可以不择手段"。一位警员告诉莫伦委员会的调查人员，他是在"做上帝的工作"。另一位则表示："如果我们的职责是要抓住这些家伙，那就让宪法见鬼去吧。"当有位警员因伪证罪被捕时，他竟然难以置信地问道："这有什么错吗？他们就是罪有应得。"[27]

这样做当然有错，已经没有什么力量可以阻止警察通过伪造证据和做伪证，来给他们认定为有罪但实际无辜的人定罪了。腐败的警察当然会对公众造成危害，但许多出于善意而选择这么做的警察也是如此，虽然他们做梦也不会想到要把无辜者送进监狱。从某种意义上说，正直的警察比腐败的警察更危险，因为他们人数更多，也更难被发现。一旦确定了嫌犯，他们就不会认为这个人可能是无辜的。因此，他们就会采取各种方式来证实自己最初的判定，为自

---

* 当下警察的做法并无改观，改变的只是允许或禁止警察做什么的规则。2019年7月，纽约一名法官发表了一份措辞严厉的意见书，谴责警方"随心所欲"的警务实践做法，比如声称"闻到了大麻的臭味"，以此作为非法拦截和搜查的正当理由。"几乎每辆被拦截的汽车都散发出大麻的气味，是时候摒弃这种谬论了。"这位法官这样写道。约瑟夫·戈德斯坦，《警方声称闻到了大麻的臭味，一名法官称他们为骗子》，刊载于《纽约时报》(2019年9月13日）。

己所使用的手段进行辩护，因为他们相信，只有有罪的人才会在这些手段面前原形毕露。

审讯者

供词是警探在调查中所能获得的最有力证据，因为它最有可能说服检察官、陪审团和法官相信嫌疑人有罪。因此，警方的审讯人员都接受过获取这方面信息的专门培训，这意味着警方甚至要对嫌犯撒谎并使用"诡计和欺骗手段"，某位警员曾自豪地向记者承认这一事实。[28] 大多数人会惊讶地发现，这一做法完全合法。警探们为自己有能力骗取嫌疑人的供述而感到自豪，这是他们学艺精湛的标志。他们的自信心越强，当直面足以证明其错误的证据时，他们就会越发感到认知失调，同时排斥此类证据的需求也就越发强烈。

诱使无辜者招供显然是警方审讯过程中可能出现的最危险的错误，但在大多数警探、检察官和法官看来，这种情况的出现绝无可能。"诱使某人虚假招供，这种想法简直可笑至极，"约书亚·马奎斯说，"这是当代的'甜点抗辩'（Twinkie defense）①。这是最糟糕的伪科学。"[29] 我们大多数人都会同意这一说法，因为我们无法想象，一个无辜的人会心甘情愿地承认自己犯了罪。我们会抗议。我们会坚称自己无罪。我们会找律师……不是吗？然而，美国国家无罪释放登记处所展示的免罪囚犯名单却明确地向我们展示了，免罪囚犯中约有13%至15%的人的确供述了其并未犯下的罪行。为了论证这种情况是如何发生的，社会科学家和犯罪学家分析了许多此

---

① 甜点抗辩，指罪犯将自己的罪行归咎于其他非正常的外在因素的狡辩行为。——译者注

类案件，并进行了实验研究。

《刑事审讯与供述》堪称审讯方法学领域的"圣经"，其作者为佛瑞德·E.英鲍、约翰·E.莱德、约瑟夫·P.巴克利和布莱恩·C.杰恩。约翰·E.莱德联营公司专门提供关于莱德9步审讯法的培训课程、研讨资料和视频，在其官方网站上，它声称已经培训了50多万名执法人员，帮助他们掌握了最有效的诱供方法。《刑事审讯与供述》开篇就向读者保证，"我们反对使用任何可能迫使无辜者招供的审讯策略或技巧"，不过有些审讯"需要运用一定的心理策略和技巧，如果以普通的日常社会行为来评价，这些策略和技巧完全可以被归入'不道德'之列"。[30]

> 我们的明确立场在于，仅仅是在审讯过程中提出虚构的证据并不足以令无辜者招供。一个明知道自己没有犯罪的嫌疑人，会罔顾自身清白，觉得莫须有的证据更重要、更具可信度吗？相信这一点无疑是荒谬的。鉴于此，人的自然反应是对调查人员产生愤怒和不信任感。最终的结果是，嫌疑人会进一步下定决心，维护自身清白。[31]

然而，真实情况并非如此。在上述情形中，"人的自然反应"通常不是愤怒和不信任感，而是困惑和无助感，即失调的感觉，因为大多数无辜的嫌疑人相信调查人员不会对他们撒谎。然而，审讯者从一开始就带有偏见。面谈是为了从某人那里获得一般信息而进行的谈话，而审讯的目的则是让嫌疑人认罪。（嫌疑人往往不会意识到这两者之间的区别。）《刑事审讯与供述》手册明确指出："调查人员只有在基本确定嫌疑人有罪时，才会展开审讯。"[32] 这种表态的危险之处在于，一旦调查人员"基本确定"嫌疑人有罪，嫌疑人就无力去推翻这一结论。与之相对应的是，嫌疑人的任何行为都会被视为用来撒谎、否认其犯下的罪行或逃避真相的证据，包括反复强调自己无罪。手册明确指示审讯者要这样思考。他们被教导要采取"别撒谎，我们知道你有罪"的态度，并拒绝嫌疑人的否认。在前文中我们介绍过这种自我辩护的死循环，某些心理治疗师和社会工作者在询问他们认为受到猥亵的儿童时，就曾陷入过类似的境地。审讯一旦开始，像证伪证据这样的东西就不可能存在了。[33]

莱德技巧的推广者对于认知失调——至少是他人身上的认知失调——机制有着直观的理解。他们意识到，如果嫌疑人有机会就自身清白提出抗议，他就相当于公开做出承诺，以后再想让嫌疑人认罪就更加困难了。"嫌疑人越是否认自己涉案，"约翰·E.莱德联营公司的副总裁路易斯·塞内斯在一篇文章中写道，"他就越难承认自己犯了罪。"更准确点儿说，认知失调即为原因所在。因此，塞内斯建议审讯人员对嫌疑人的否认要有所准备，要防患于未然。他说，审讯者应该注意嫌疑人将要否认罪责的非语言迹象，例如"举手、摇头或眼神接触"；如果嫌疑人直截了当地说"我可以说点儿什么吗"，审讯者应该直呼嫌疑人的名字并以命令的方式来回应，"吉姆，稍等一下"，然后继续审问。[34]

审讯者的有罪推定会形成自我实现预言。它让审讯者更加咄咄逼人，这反过来又让无辜的嫌疑人表现得更加可疑。在一项实验中，社会心理学家索尔·卡辛及其同事模拟了一起盗窃案，他们将有罪者或无辜者与审讯者相互搭配，审讯者事先已被告知该嫌疑人有罪或无罪。因此，嫌疑人和审讯者的搭配存在4种可能的组合：嫌疑人无罪，审讯者认为嫌疑人是无罪的；嫌疑人无罪，审讯者认为嫌疑人是有罪的；嫌疑人有罪，审讯者认为嫌疑人是无罪的；嫌疑人有罪，审讯者认为嫌疑人是有罪的。最致命的组合，即审讯者会给嫌疑人施加最大压力并胁迫其认罪的组合，是审讯者确信嫌疑人有罪而实际上嫌疑人无罪的组合。在这种情况下，嫌疑人越是否认有罪，审讯者就越是确信嫌疑人在撒谎，并会相应地施加压力。

卡辛给很多刑侦人员和警员讲过课，向他们展示审讯技巧如何造成了事与愿违的后果。他表示，这些警务人员总是点头称是，同意他关于应避免获得虚假供词的观点。但他们马上又会补充说，自己从未逼迫任何人提供虚假供词。"你怎么会这么肯定？"卡辛问过一名警察。对方给出的回答是："因为我从不审讯无辜的人。"他发现，这种相信自己绝对无误的自信始于高层。"有一次，我去参加在魁北克举行的国际警察审讯会议，与莱德警校的校长乔·巴克利分在一个讨论小组。"卡辛告诉我们，"在演讲结束后，听众中有人问巴克利是否担心无辜的人会因为他的技巧而被迫说出虚假的供词。这家伙竟然给出了一模一样的回答——'不可能，因为我们不会审讯无辜的人。'对于他公然表现出的这种傲慢态度，我感到非常惊讶，以至于我一字不差地记下了这句话，也记下了他说这句话的日期。"[35] 在这一点上，巴克利的狂妄言论与罗纳德·里根的司法部长埃德温·梅斯的表述如出一辙，后者在1986年曾这般说道："但问题在于，没有多少犯罪嫌疑人是无辜的。因为这属于自相矛盾。如果一个人真是无辜的，那么他就不可能成为嫌犯。"

在下一阶段的培训中，探员们开始非常自信地解读起嫌疑人所表露出来的非语言线索：眼神接触、肢体语言、姿势、手势以及否认的激烈程度。手册解释说，如果嫌疑人拒绝与你对视，这就是说谎的迹象。如果对方看起来无精打采（或僵硬地坐着），这也是说谎的迹象。如果对方否认有罪，这同样是在说谎。然而，莱德技巧又建议审讯者"不要与嫌疑人进行眼神交流"。不与嫌疑人进行直接的眼神交流，然后又把眼神交流视为无罪的证据，这不是自相矛盾吗？

因此，我们可以说，莱德技巧就是一个闭环：我怎么知道嫌疑人有罪？因为他紧张到出汗（或者表现得过于克制），不敢正视我的眼睛（如果他想这样做，我也不会给他机会）。于是，我和搭档运用莱德技巧审问了他12个小时，结果他招供了。无辜者从不招供，所以他的供述也证实了我的想法，即紧张、出汗（或过于克制）以及与我有（或没有）眼神交流，都是有罪的迹象。按照该系统的逻辑，探员唯一可能犯的错误就是未能获得供词。

《刑事审讯与供述》手册以权威口吻写就，仿佛是揭示无可争辩之事实的上帝之声，但事实上，它并没有向读者传递科学思维的核心原则：在决定哪种解释最有可能是正确的之前，必须检查并排除对某人行为的其他可能的解释，这一点非常重要。索尔·卡辛曾参与过一桩军事案件的调查，当时调查人员在没有确凿证据的情况下，对被告进行了残酷无情的审讯。（卡辛相信此人是无辜的，而后来他也确实被无罪释放了。）当其中一位调查员被问及为何要对被告穷追猛打时，他说："我们收集到的信息是，他没有告诉我们全部的事实真相。从某些肢体语言可以看出，他试图保持冷静，但实际上却很紧张。每次我们试图问他问题时，他的眼神都会变得游移不定，不敢正视我们。有时他的举止很异常，有一次他竟然哭了起来。"

"此人所描述的内容，"卡辛说，"是一个人身处压力之下的正常反应。"莱德技巧的实践者们通常并不了解，坐立不安、回避眼神交流和无精打采的状态，可能都是与罪责无关的表征。它们或许同紧张、青春期、文化规范以及服从权威有关,也可能与因为被诬陷而感到的焦虑有关。

该手册的推广者宣称,用这套方法来训练调查人员,帮他们判断某人说的是真话还是假话,其准确率可达80%到85%。但这种说法毫无科学依据。正如我们在第四章中所讨论过的心理治疗师一样,培训并不能提升人们判断的准确性,它只是增加了人们对于准确性的信心。在记录虚假信心现象的众多研究中,卡辛和他的同事克里斯蒂娜·方对一组学生进行了莱德技巧培训。他们让学生们观看了莱德技巧的培训视频,阅读了手册,并针对所学知识对学生进行了测试,确保学生们掌握了这些知识。随后,他们让学生们观看一名经验丰富的警官询问嫌疑人的视频。视频中的嫌疑人要么有罪但矢口否认,要么因为无辜而拒不认罪。结果显示,培训丝毫没有提高学生判断的准确性,他们的判断基本等同于瞎蒙。不过,培训确实让他们对自身的能力更有信心了。然而,这些受试者只是大学生,并非专业人士。于是,卡辛和方又邀请了来自美国佛罗里达州和加拿大安大略省的44名专业警探观看录像带。这些专业人士平均拥有将近14年的工作经验,其中2/3的人接受过专门的培训,许多人都学习过莱德技巧。和学生组一样,专业人士的表现也基本等同于瞎蒙,但他们坚信自己的准确率接近100%。经验和培训并没有提升他们的水平,只是增强了他们对自己认定的事实的信念。[36]

尽管如此,那为什么无辜的嫌疑人不坚持否认自己有罪呢?手册上说任何无辜者都会向做出错误判断的审讯者发火,那为什么受审问的对象没有呢?假设你是一个无辜的人,或许是为了"协助警方调查",你被叫去接受审问。你根本不知道自己是主要嫌疑人。你信任警察,并希望提供帮助。然而,警探却告诉你,凶器上有你

的指纹。你没有通过测谎仪测试。被害人身上有你的血迹,或者你的衣服上有被害人的血迹。这些说法会造成相当严重的认知失调:

认知1:我人不在那里。我没有做过坏事。我对此毫无印象。

认知2:可靠且值得信赖的权威人士告诉我,凶器上有我的指纹,我的衣服上有被害人的血迹,有目击者在某个我确信自己从未去过的地方看到了我。

你会如何解决这种认知失调呢?如果你心理足够强大,拥有足够多的财富,或者同警察打交道的经验非常丰富,知道自己被设计陷害了,你就会说出那几个神奇的字眼:"我要请律师。"但很多人并不觉得自己需要律师,因为他们是无辜的。[37] 因为(错误地)相信警察不会对自己撒谎,所以当听到有不利于自己的证据时,他们往往会大吃一惊。竟然有指纹存在——这基本上是铁板钉钉的证据了!《刑事审讯与供述》手册宣称,"无辜者在审讯期间的自我保护本能"将压倒审讯者所做的一切,但对于脆弱的人来说,厘清事情来龙去脉的需求甚至会胜过自我保护的需求。

布拉德利·佩吉:我的确做过这件可怕的事情,但我从记忆里彻底将其抹除了,有没有这种可能性?
莱瑟警督:哦,是的。这种事经常发生。

现在警察为你提供了一种合理的解释,你可以用它来消除失调感:你之所以不记得,是因为你抹除了记忆;你醉得不省人事;你压抑了记忆；你不知道自己患有多重人格障碍，罪行是你其中的某个人格所为。探员们在审讯迈克尔·克罗的过程中便采用了上述做法。他们告诉嫌疑人，可能存在"两个迈克尔"，一个好，一个坏，坏迈克尔实施了犯罪，好迈克尔对此却毫无察觉。

你可能会说，迈克尔才14岁，怪不得会被警察吓到招供。诚然，青少年和精神病患者特别易于受到这些策略的影响，但健康的成年人同样如此。史蒂文·德里津和理查德·里奥对125起案件进行了仔细研究，在这些案件中，入狱者提供了虚假供词，但后来被免除了罪责。研究人员发现，其中一半以上的入狱者并非精神病患者、精神不健全者或青少年。在可以明确审讯时长的案件中，有超过80%的入狱者被连续拷问了6个小时以上，半数超过12个小时，有些人甚至经历了连续两天几乎不间断的拷问。[38]

这就是中央公园慢跑者遇袭当晚，被捕青少年的遭遇。在没有任何电子录音的情况下，他们接受了长达数小时的审讯，但随后检察官只为其中的4人制作了一些简易视频，用以简单回顾招供过程。当社会科学家和法律学者能够审查所有这些已有证据时，当地的地方检察官罗伯特·摩根索办公室的工作人员先假定这些男孩可能是无辜的，然后在重新审查上述证据时，其供词强有力的说服力便开始逐步瓦解。这些男孩的供述实际上充满了矛盾、事实错误、猜测以及由审讯者带有偏见的提问所带来的预设信息。[39]与公众认为他们全都认罪的印象相反，事实上，没有一名被告承认自己直接强奸了慢跑者。其中一人说自己"抓住"了她。另一人说自己"摸了她的乳房"。还有人说自己"抱住并抚摩了她的腿"。地方检察官在撤销针对男孩们定罪的动议中指出："在犯罪实施的每个主要方面，譬如谁发起了攻击，谁将受害人打倒，谁脱掉她的衣服，谁殴打过她，谁按住她，谁强奸过她，在攻击过程中使用了何种武器，以及攻击发生的时间顺序，5名被告关于其具体细节的陈述都不尽相同。"[40]

经历了长时间的审讯之后，疲惫不堪的嫌疑人只想回家，他只能接受审讯人员提出的唯一可能和唯一合理的解释。于是嫌疑人最终供认不讳。通常情况下，一旦压力消失，睡一觉醒来之后，他／她就会立即提出要撤回供述。但此时为时已晚。

检察官

在波澜壮阔的电影《桂河大桥》中，亚利克·基尼斯饰演的英军上校尼克尔森及其部下在二战中被日军所俘虏。作为俘虏，他们奉日军之命为其修建了一座铁路桥。尼克尔森本想以此来团结下属和提振士气，但在大桥落成之日，它便成了他获得自豪感和满足感的源泉。在影片结尾，尼克尔森发现露出水面的炸药引线，由此意识到盟军突击队员已经埋好炸药，正计划炸毁大桥。实际上，此时他的第一反应是："你们不能这样做！这是我的桥。你们竟敢摧毁它！"他试图剪断引线来保护大桥，这让观望的突击队员们惊恐万分。直到最后一刻，尼克尔森才哭喊道："我究竟干了什么？"想必他已经意识到，为了保护自己的伟大创造，他竟然不惜以破坏己方的胜利目标为代价。

同理，许多检察官会破坏己方的正义目标，以维护自己做出的有罪判决和自身的信念。当进入审判阶段以后，检察官往往会发现自己身处现实版的"合理化努力"的实验中。他们从众多目标中选择了此案件，因为他们确信嫌疑人有罪，而且也掌握了将其定罪的证据。他们通常为此投入了几个月的准备时间。他们与警方、证人以及遭受沉重打击且往往一心复仇的受害人家属保持了密切合作。如果这起案件引发了公愤，这些检察官们还会面临尽快结案的巨大压力。任何一丝可能的疑虑，都会被某种满足感所淹没，那便是他们正代表着正义势力，与卑鄙的犯罪分子做斗争。因此，问心无愧的检察官们最后会自信满满地对陪审团说："这个被告简直不是人，和怪物差不多。我们应该做正确的事，判处他／她有罪。"偶尔，检察官们也会彻底地说服自己，他们已经抓住了真凶，所以，他们不惜效仿警察，采取一些极端的做法，譬如诱导目击证人，与监狱里的线人展开交易，或者不向辩方提供他们在法律上有义务移交的全部信息。

那么，多年以后，如果被定罪的强奸犯或杀人犯依然坚称自己无罪（我们需要谨记的是，很多恶贯满盈的罪犯都会这样做），要求进行 DNA 检测，或者他／她宣称自己的供述是屈打成招的，又或者他／她提供了新的证据，表明当年促成定罪的目击者证词是错误的（在涉及 DNA 检测的免罪案件中，大约有 3/4 的案件都牵涉到目击证人的错误指认[41]），大多数检察官会做出怎样的反应呢？律师团队费尽心机地说服自己和陪审团相信被告是个魔鬼，但如果被告不是呢？面对这种情境，佛罗里达州检察官的反应就很典型。15 年间，130 多名囚犯通过 DNA 检测重获自由，由此佛罗里达州的检察官决定对类似的新案件发起更强有力的诉讼，以此来作为回应。被定罪的强奸犯威尔顿·德吉起诉了州政府，要求对涉案证据进行重新检测，但此举遭到了检察官的强烈反对，他们认为州政府应更加关注最终判决和受害人的感受，而不是德吉是否有可能无罪。[42] 最终，德吉被无罪释放。

最终判决和受害人的感受应该凌驾于正义之上,这种论调听起来颇为令人震惊,而且说这些话的人平素为我们所信任,能帮助大众伸张正义,然而,这就是自我辩护的力量。况且,如果真凶被捕并受到惩罚,受害人难道不是会感觉更好吗?在美国,DNA 检测技术已经帮助数百名含冤入狱者重获自由,新闻媒体在报道这样的案例时,通常会援引案件初审检察官的一两句话。例如,在费城,DNA 检测帮助一名已经被关押了 15 年之久的男子洗脱了罪名,但时任地方检察官的小布鲁斯·卡斯特却拒绝接受这样的结果。当有记者问他不接受检测结果有何科学依据时,他回答道:"我没有科学依据。我知道自己的判断是正确的,因为我相信手下的探员和录下来的供词。"[43]

这种对 DNA 检测结果的随意否定是一种自我辩护,而非单纯针对证据的客观评估,但我们如何知晓这一点呢?正如我们在第一章中所描述过的赛马研究:一旦下定赌注,你就不想接受任何会质疑这一决定的想法。这就是为什么有的检察官会根据发现时间,对同一证据做出两种不同的解释。在调查初期,警方会利用 DNA 来确认嫌疑人是否有罪或是否要排除其嫌疑。但如果在被告被起诉和定罪以后对其进行 DNA 检测,检察官往往会认为 DNA 检测结果与案件无关,其重要性尚未达到要让检察官重审案件的地步。以发生在得克萨斯州的一起强奸、杀人案为例,该州检察官迈克尔·麦克杜格尔就曾直言不讳地讲道,即便此案中年轻受害者身上发现的 DNA 与被判有罪的嫌犯罗伊·克里纳的 DNA 并不匹配,也并不意味后者就是无辜的。"这说明在她体内发现的精子不属于他,"他说,"但这并不意味着他没有强奸她,也不能说明他没有杀害她。"[44]

就技术角度而言,麦克杜格尔的话不无道理。克里纳可能是在得克萨斯州强奸了这名女性以后,把精液射在了其他地方,譬如阿肯色州。但无论 DNA 证据何时呈现,其性质和用途都不应该发生变化。出于自我辩护的需要,大多数检察官都无法做到这一点。辩护律师彼得·诺伊菲尔德表示,从他自己的经验来看,对证据进行重新解释以证明最初判决的合理性,在检察官和法官群体中极为常见。在审判过程中,检察官给出的理论通常是嫌犯一个人抓住并强奸了受害人。但如果被告被定罪以后,DNA 检测结果排除了他的作案嫌疑,检察官就会奇迹般地提出其他可能性。在这些说法中,我们最喜欢诺伊菲尔德所介绍的"未被起诉的共同射精者"理论:已被定罪的被告人按住了受害女性,但实施强奸行为的实际上是另一位神秘男子。或者,正如某位检察官所宣称的那样,受害者躺在那里无能为力,一位男性"恰好路过,他见色起意,就实施了犯罪行为"。[45] 又或者,被告戴了避孕套,而受害者在被强奸之前不久曾与其他人发生过自愿性行为。当罗伊·克里纳的案件被提交至得克萨斯州刑事上诉法院时,首席法官莎伦·凯勒便裁定,DNA 证据"显示精子并非来自被判定犯有强奸罪的那名男子,这并不能起到决定性作用,因为他可能戴了避孕套"。如果受害人抗议说她在案发前三天里都没有发生过性行为,检察官就会提出——当然还是在审判之后——另外一种理论:她在撒谎,因为她不想承认自己发生过不正当的性关系,这会惹恼其丈夫或男朋友。

在南卡罗来纳州的罗克希尔,一位名叫比利·韦恩·柯普的白人男性过着与世隔绝的生活。他曾在胁迫之下被逼承认强奸并杀害了自己 12 岁的女儿,但没有任何物证能将他与这些罪行联系起来。作为一名重生基督徒,柯普认为自己的女儿或许是因为"被提"

（Rapture）[①]而死，他甚至还悲伤地问道，自己是否有可能在睡梦中杀死了她。等到 DNA 检测结果出来以后，警方便明确了作案者是一位名叫詹姆斯·桑德斯的黑人职业罪犯兼连环强奸犯，其作案风格向来是独来独往。然而，这两人却一起接受了审判。"唯一合乎逻辑的解释在于，"负责审理此案的检察官说，"比利·柯普为了自己和詹姆斯·桑德斯的变态享乐，献出了自己的女儿，并夺走了她的生命。他们一起实施了犯罪行为。不存在其他的合理解释。"[46]

那么，关于比利·韦恩·柯普是清白无罪的"合理解释"又在哪里呢？2014 年，南卡罗来纳州最高法院维持了对柯普终身监禁的判决。三年之后，他死在了牢里，但至死仍坚称自己是无辜的。

诸如此类的自我辩护造成了双重悲剧：它们既导致无辜者锒铛入狱，又让有罪者逍遥法外。可以为无辜者洗刷冤屈的 DNA 证据，也可以被用于确认有罪者的身份，但这种情况并不如我们所想的那般常见。[47]警方和检方通常更偏好彻底了结案件，好像这样做就能消除对其所犯错误的无声控诉。

草率定罪

如果这个系统无法公平地运转，如果这个系统既做不到对自身错误进行自纠，也无法主动承认自己所犯的错误，让旁人有机会去改正这些错误，那么这个系统就等于失灵了。
　　　　——迈克尔·查尔顿，代表罗伊·克里纳的上诉律师

---

① 被提：基督教末世论中的一种概念，这种理论认为在耶稣再临之前（或同时），信徒也会一起被送到天上与基督相会，并且信徒的身体将升华为不朽的身体。——译者注

所有公民都有权享有一个能够给罪犯定罪、保护无辜和迅速纠错的刑事司法系统。为此，法律学者和社会科学家提出了各种宪法上的补救措施和重要的零星改进措施，以减少虚假供词、不可靠的目击证人证词和警方"伪证"等出现的风险。[48]但从我们的角度来看，要承认和纠正刑事司法系统中的各种错误，最大障碍便在于，大多数系统成员都是通过否认存在问题来减少认知失调的。"我们的系统必须营造出接近完美的感觉，确保我们百分之百不会给无辜者定罪。"前检察官贝内特·格什曼说。[49]这种确定性对于警员、探员和检察官的好处在于，他们不用担心自己会将无辜者送进监狱，以至夜不能寐。但是，偶尔的不眠之夜自有其存在的价值。怀疑并非正义之敌，过度自信才是。

眼下，大多数警察、警探、法官和律师的专业培训几乎都不包括以下内容：何为自身的认知偏见，如何去尽可能地纠正这些偏见，以及当自身信念与证伪证据产生矛盾时，该如何处理所感受到的认知失调。相反，他们所学到的大部分心理学知识，都来自那些从未接受过心理科学专业训练的自我标榜式专家，而且正如我们所见，这些所谓的专家并没有教会他们如何更准确地做出判断，只是让他们更加相信自己的判断是准确的："无辜者绝不会认罪"；"我亲眼所见，所以我肯定不会出错"；"我能辨别出谁在撒谎，我干这行已经很多年了"。然而，这种笃定的说法正是伪科学的固有标志。真正的科学家使用的都是谨慎的概率式表达——"在特定条件下，无辜的人肯定会被引诱招供"，"我可以解释一下，为什么我觉得某人很可能是被逼供的"。这便是科学家的证词通常令人气愤的原因。许多法官、陪审员和警官喜欢的是确定性，而非科学性。法学教授迈克尔·瑞辛格和律师杰弗里·洛普哀叹道："无论是在证据规则自身的结构上,还是在培训或指导法官去遵循这些证据规则的方式上,法律基本上都未能展现出现代研究之于人类感知、认知、记忆、推理或非确定型决策特征的任何真知灼见。"[50]

如果相关培训所倡导的是与伪科学相关的确定性,而非针对认知偏见和盲点的谦卑理解,那么它会从两个方面增加错误定罪的概率。首先,它会怂恿执法人员过早下结论。如果警员先认定嫌疑人有罪,那么他就不会去考虑其他可能性的存在。再比如,地方检察官在没有掌握所有证据的情况下,就冲动地决定对某个案件——尤其是轰动一时的案件——提起公诉;她向媒体宣布了这一决定,但随后发现相关证据根本站不住脚。在这种情形下,她已经很难抽身撤离了。其次,一旦提起公诉且嫌疑人被成功定罪,执法人员就会从主观上去排斥后续出现的可以证明被告无罪的证据。

要解决这些人之常情式的错误,我们就必须确保警察学院和法学院的学生能够了解认知失调以及人在面对自我辩护时的脆弱性。马克·戈德赛是一位法学教授兼前检察官,后转行成了一名为被误判者辩护的律师。在其著作《盲目正义》(*Blind Justice*)中,戈德赛表达了自己的震惊之情,当时警局的一位告密者告诉他说,自己从未承认过早先被定下的罪行——换言之,负责相应案件的警探捏造了供词。"时至今日,我还不知道告密者所说的捏造供词是否属实,"戈德赛写道,"但我知道,出于认知失调,我把他的指控当成了耳边风。这件事成了我藏在心底的秘密,因为它与我对司法体系的信念相矛盾……当告密者提供的信息协助我们将某人送进监狱时,我们很信任他。如果他胆敢挑战我们对体系的基本信念,他的指控就会立刻遭到否认,我们会将其当成无稽之谈,连看都不会看上一眼。"[51]

刑事司法系统的所有参与者都需要掌握这样的推理技能。他们必须学会从统计学角度寻找可能的嫌疑人（就像一位爱吃醋的男朋友），同时又不会对那些从统计学角度看似不可能但存在某些证据关联的嫌疑人掉以轻心。他们需要了解，即便能够自信地判断出嫌疑人是否在撒谎，他们的结论仍有可能是错误的。他们需要了解，无辜者如何以及为何会在诱导之下，承认自己并未犯下的罪行，以及如何区分可能属实的供词和胁迫之下的供述。[52] 他们需要了解，由于证真偏差的存在，最受联邦调查局探员和电视节目欢迎的刑侦侧写技术，也具有重大的错误风险：当调查人员开始寻找与嫌疑人侧写相符的犯罪要素时，他们也开始忽略不相符的其他要素。简而言之，调查人员一旦发现自己追踪了错误的目标，就需要学会及时止损，另寻其他目标。

法学教授安德鲁·麦克鲁格在警察培训方面走得更远。长期以来，他一直主张运用认知失调原理，来阻止积极上进的新手警察在抉择金字塔上向着不诚实的方向迈出第一步。其计划的核心在于唤醒他们内心的自我概念，让他们相信自己应该成为打击犯罪和暴力的好人。为此，他提出了一个专门针对道德困境处置的诚信培训课程。在该课程中，学员们将会被灌输说真话和正确做事的价值观，并被要求以此作为其新职业身份的核心部分。（当前，在大多数司法管辖区，警察学员只接受过一个晚上或者几个小时的道德问题处置培训。）由于在实际工作中，上述价值观很快就会被与之相抵触的道德准则（"你不能出卖同事""在现实世界，唯一能确保定罪的手段就是捏造事实"）所压倒，因此麦克鲁格建议为新警察配备经验丰富、道德高尚的导师，他们就像戒酒匿名会中的指导者一样，会帮助新警察履行保持诚实的承诺。"显著减少警察撒谎行为的唯一希望，便是采取预防措施，防止好警察变坏。"麦克鲁格认为，"要达成完善警察自我概念的目标，认知失调理论提供了一套有效、廉价且用之不竭的工具。"[53]

任何人，无论其训练多么有素或用心多么良苦，都无法完全察觉和避免自身的证真偏差和认知盲点，因此，从事误判研究的权威社会科学家一致建议，应采取一些保障措施，例如，对所有谈话过程都进行电子记录。截至2019年，美国已经有26个州加上哥伦比亚特区要求警方在审问部分或所有重罪嫌犯时进行电子记录，不过其中只有5个州规定"优先选择"影音记录。[54]在很长一段时间里，或许是担心如此披露会导致尴尬和带来认知失调，警方和检察官一直在抵制上述要求。

作为布拉德利·佩吉的审讯者之一的拉尔夫·莱瑟，为警方抵制录像的行为进行了辩护，理由是影像记录"具有约束性"，会导致警方"难以获取真相"。[55]他抱怨说，假如审讯进行了10个小时，那么辩护律师就会让陪审团听完这10个小时的全部录音，而不只是15分钟的供词。如此一来，陪审团也会感到困惑和不知所措。然而，以佩吉案为例，控方的论据主要依赖于一段谈话内容，而这段内容的录音正好缺失了。莱瑟承认，他在关掉录音机之后，才说出那段说服佩吉认罪的话。按照佩吉的说法，在那段缺失的录音中，莱瑟曾让他想象自己可能是如何杀害女友的。（这便是莱德技巧发明者所推荐的另一种审讯策略。）佩吉原以为是要构建某个想象的场景来协助警方破案。他怎么也没想到，莱瑟竟然将其用作了合法的供词。陪审团没有听到完整的对话，他们漏掉了诱导出口供的关键提问。

事实上，在对审讯过程进行记录的司法管辖区，执法部门已经开始青睐这种做法了。错误定罪中心调查了238个当下对重罪嫌犯审讯进行全程记录的执法机构，发现几乎所有的执法人员都对此热情高涨。录制时的摄像机角度会使审讯者和被审讯者都出现在画面中，这样拍出来的视频消除了嫌疑人编造故事的可能性，使陪审员确信供词是通过正当方式获取的，而且独立专家也可以通过这些视频去评估审讯中使用的技巧，确定是否存在欺骗或胁迫行为。[56]

加拿大和英国都在逐步推进这方面的改革并制定其他程序，以尽量减少错误定罪的概率。所谓的PEACE模式（准备和计划、互动和解释、陈述、结束、评估）是莱德技巧的替代方案之一，目前英国各地的执法人员都在使用该方法，美国司法界也在开发该模式的变体形式。在PEACE模式以及类似的程序中，实践者并不会假定嫌疑人有罪，讯问过程也不是赤裸裸的公然对抗，警方不可以采取虚张声势和撒谎的方式来诱导嫌疑人。讯问被视为获取信息的途径之一，讯问者需要提出不同形式的开放式问题，理清整个故事的来龙去脉，并考虑多种可能性。这些方法的前提假设是，说谎的嫌疑人会因为尝试记忆虚构的细节，而产生某种难以长期承受的"认知负荷"。[57]

在美国，由DNA检测带来的免罪案例也慢慢带来了法律上的变革：对犯罪实验室的监督得到了加强；目击证人指认标准变得更加严格；囚犯被给予了（不同程度的）申请检测DNA证据的权利；少数几个州也成立了相关委员会，以加快处理误判案件并寻找补救措施。这些委员会几乎无一例外都是由检察官组成的，他们皆未曾与原始案件有过牵涉，因此并没有需要消解的失调感。地方检察官肯尼思·汤普森在布鲁克林走马上任以后，发现有100多起关于错误定罪的申诉，这令他感到非常震惊。于是，他立即成立了一个由 10 位检察官组成的定罪审查小组，专门负责处理这些案件。达拉斯的地方检察官克雷格·沃特金斯也是如此，他在 2007 年成立了一个定罪完善小组，尔后又在 2017 年扩大了它。该小组会对定罪时忽视的 DNA 样本进行系统检测。自此以后，已有几十名囚犯因此而获得免罪。此外，得克萨斯州还通过了一项被称为"伪科学法令"的法案。该法案允许被告依据新的科学证据来申请人身保护令，只要这些新证据能够表明，原先用于定罪的证据具有虚假性、误导性或被不当使用。加利福尼亚州也通过了一项类似方案，它允许被定罪者质疑审判中不利于自身的专家证词，这些专家可能否定了他们的证词，或者专家所依赖的方法或结论后来被证明是错误的。这些改革措施至关重要，可以说它们已被耽搁太久了。

然而，按照法律学者兼社会科学家黛博拉·戴维斯和理查德·里奥的说法，美国的执法部门依然沉湎于自身传统，坚持使用莱德技巧和类似程序等，"近乎绝对地否认"这些方法会导致虚假供词和错误定罪。[58]《刑事审讯与供述》手册的第 4 版和第 5 版，确实轻蔑地提及了一点儿虚假供述的问题，这或许是为了向读者保证，其作者对于那些已经上了新闻的案例是有所了解的。然而，这本手册对于证据的评判不仅勉强，而且带有选择性，其中包含了很多错误。它的作者非但没有意识到问题的严重性，更忽略了在问题形成过程中，莱德技巧所起到的推波助澜的作用。正如理查德·里奥所指出的，该手册假装对虚假供述的问题保持敏感，但其基础方法却没有任何改变。参加相关培训课程的人亦报告说，教员在授课期间压根儿就没有提到过虚假供述。

两位社会科学家在回顾了莱德技巧相关研究后指出："大多数警探都非常聪明、认真，致力于得出公正的结论。"但他们只能依照所接受的培训来开展审讯,而培训的内容几乎无一例外都是莱德审讯法,这个"由伪科学、错误信息、自我错觉和赤裸裸的欺骗组成的空中楼阁,并不能引领刑事司法系统向着更高的目标前进。早在 20 世纪 50 年代,与被其所取代的野蛮方法相比,莱德审讯法可以被赞誉为一种巨大进步。但这么多年过去了,这种辩护早已站不住脚了"。[59] 埃里克·谢泼德是参与创建 PEACE 模式的心理学家之一,他对上述说法表示赞同。"我认为莱德技巧是那个时代的产物,"他在接受《纽约客》记者道格拉斯·斯塔尔采访时说道,"正如我们所看到的,现在它就只剩下负隅顽抗的强辩了。"[60]

美国刑事司法系统不愿意承认犯错,这加剧了它所造成的不公正。许多州的司法机构对于被免罪者完全不闻不问。它们也没有为这些失去多年自由和收入的无辜者提供任何补偿,甚至连个正式的道歉都没有。更残酷的是,它们还经常有意不消除被免罪者的犯罪记录,为其租房或找工作制造困难。

从认知失调理论的角度来看,我们就能明白,为什么错误定罪的受害者会受到如此苛刻的对待。这种苛刻程度与刑事司法系统的僵化程度成正比。如果你知道错误在所难免,那么当错误出现时,你就不会感到太过惊讶,同时你也会采取应急措施来进行补救。但是,如果你拒绝向自己或全世界承认,错误的确出现了,但那些被错误监禁的无辜者终将被释放,他们的冤案终将被平反,这一赤裸裸的、令人尴尬的证据足以证明你错得有多离谱。向他们道歉?给他们赔偿?开什么玩笑。他们只是凭借技术手段逃脱了惩罚。哦,技术手段是指 DNA 鉴定?那他们肯定还犯了其他什么罪。

・・・

偶尔，也有会正义之士战胜了心魔，为保全真相而放弃自我辩护：一位警员站出来揭发了腐败行为；一位警探重启了一桩显然已经了结的陈年旧案；一位地方检察官承认了自己的误判。印第安纳州律师托马斯·瓦内斯曾担任过 13 年的检察官。"我在提请死刑判决时并不会忸怩不安，"他写道，[61] "如果犯了罪，他们就理应受到惩罚。"但瓦内斯同时也意识到，错误不可避免，他自己也犯过错。

我了解到，一个名叫拉里·梅耶斯的人曾因为一桩强奸案而被我错误起诉并定罪，由此蒙受了 20 多年的牢狱之灾。我们如何知道他是清白的呢？通过 DNA 检测……20 年后，当他要求对涉案证据进行 DNA 重新检测时，我协助他找到了当年的物证，当时我坚信这一检测手段能够彻底推翻其长期以来宣称自己无罪的说法。但结果，他是对的，犯错的是我。

确凿的事实战胜了观点和信念，这是理所应当的结果。它也是一次发人深省的教训：没有任何一种简单易行的合理化解释（我只是尽职尽责；给他定罪的是陪审员；上诉法院维持了原判），能够完全减轻因无辜者被定罪而产生的责任感——即使法律上可行，道义上也过不去。

第六章

爱情杀手：
婚姻中的自我辩护

爱是极其艰难的觉悟过程，它让人意识到自我之外还有其他真实的事物存在。

——艾丽丝·默多克，小说家

1917年，在威廉·巴特勒·叶芝迈入婚姻殿堂时，父亲给他写了一份暖心的祝贺信。"我认为婚姻将有助于你的诗歌创作，"父亲在信中说，"无论男人还是女人，如果没有经历过婚姻的束缚，也就是说，未曾体验过强制性的同类研究，就不会真正了解人性。"[1] 已婚伴侣需要被迫了解彼此，其程度超出了他们原本的预计或期望。与其他任何人相处，即便与孩子或父母相处，我们都不会如此透彻地了解另外一个同类，了解他/她可爱又恼人的习惯，了解他/她处理挫折和危机的手段，了解他/她那些私密而热切的欲望。然而，正如叶芝所知晓的那样，婚姻亦迫使伴侣去面对自我，以超出原本预计（或期望）的程度，更深入地了解自我，了解自己与亲密伴侣相处时的行为方式。没有其他任何一种关系能像婚姻关系这样，如此深刻地考验我们，究竟在多大程度上愿意保持灵活性和宽容度，愿意去学习和做出改变，除非我们能抵制自我辩护的诱惑。

本杰明·富兰克林曾建议，"婚前睁大眼睛，婚后睁一只眼闭一只眼"。他深知婚姻关系中认知失调因素的威力。伴侣们首先要证明他们恋爱的决定是正确的，然后再为其同居的决定进行辩护。如果买了房子，你就会立刻进入减少认知失调的状态。你会告诉朋友们，你喜欢这栋房子的美好之处（绿树环绕、空间布局或者窗户古香古色等），并尽可能地淡化其不足之处（停车场视野不好、厨房不够宽敞、旧窗户太通透）。在这种情况下，自我辩护会让你对自己美丽的新家感到满意。如果在你爱上这栋房子之前，有地质学家告诉你，房子上方的悬崖不够稳固，随时可能会坍塌，那你可能会欣然接受这一信息，然后放弃购买。你虽然感觉有些伤心，但不至于心碎。然而，一旦你喜欢上这栋房子，花了超出自身经济实力的资金购买它，并且和你不情愿的宠物猫一起搬了进去，那么你就在情感和经济上都投入了很多，此时的你不会轻易选择放手。即便有人告诉你头顶的悬崖岌岌可危，这种为自身决策辩护的冲动，也只会让你在这栋房子里住上更久。加州康齐塔镇的一些居民住在沿海滩而建的房屋里，房子上方就是悬崖，每逢冬季暴雨，悬崖便会轰然坍塌。当地居民总会念叨："这种事不会再发生了。"以此来减少长期困扰他们的认知失调，继续生活，直到事故再度发生。

人与房屋之间的关系自然要比人与人之间的关系简单。首先，前者是单向的。房子不会责怪你是个不称职的主人，也不会因为屋里没收拾干净而埋怨你，不过它也不会在一天劳累之后贴心地为你捶背。但婚姻是大多数人一生中最伟大的双向奔赴，夫妻双方都要为婚姻的成功付出巨大努力。婚后适度的视而不见有助于减少认知失调，让伴侣们强化婚姻积极的一面，而忽略消极的一面，这样伴侣们才能和谐美满地白头到老。不过，同样的机制也会让某些人苦苦维系处于灾难边缘的婚姻，他们的心态就如同康齐塔镇的居民一样。

幸福至极的新婚夫妇与多年来在痛苦或厌倦中苦苦相守的不幸夫妻之间，有何共同之处？前者不愿意理会任何失调信息。许多新婚夫妇为了证明自己嫁给了（或娶了）一位完美的配偶，会有意忽略或无视那些可能是未来的麻烦或冲突的警告信号："我和别的男人说话，他都会吃醋，他太可爱了，这说明他爱我。""她处理家庭琐事时，总是非常随意，不怎么上心，这个性太迷人了，她这样有助于减轻我的强迫症。"相较之下，长期容忍对方残忍、嫉妒或羞辱的不幸配偶们，也在忙着减少认知失调。为了避免婚姻覆灭的可能性，即他们投入了如此之多的时间、精力，进行了如此多的争论，却连和平共处都做不到，他们会说："所有的婚姻都是这样的，反正也没辙。目前这种状态已经算不错了。与其孤身一人，不如勉强维持着这艰难的婚姻。"

对于最终收获的究竟是益处还是巨大伤害，自我辩护并不在乎。无论出发点是好是坏，它让很多婚姻得以维系，也导致很多婚姻分崩离析。新婚伊始总是充满了幸福和乐观，但随着时间的推移，有些夫妻会变得更加亲密和恩爱，有些则会渐行渐远，甚至充满敌意。有些人在婚姻中找到了慰藉和快乐，婚姻让他们的灵魂变得充实，无论是作为个体还是夫妻中的一方，他们都获得了茁壮成长。而对另外一些人来说，婚姻则是争吵和分歧的根源，是一潭死水，是压抑个性和破坏情感纽带的罪魁祸首。撰写本章的目的并非要暗示，所有的婚姻关系都可以且应该获得救赎，而是想说明自我辩护为何会导致这两种截然不同的结局。

有些夫妻离婚是因为出轨被抓现行，或者持续的暴力令一方再也无法忍受或忽略。但是，绝大多数分道扬镳的夫妻都是在经年累月的相互责备和自我辩护中，慢慢走向分离。夫妻双方都将注意力集中在对方做错的地方，同时为自身的喜好、态度和处事方式辩护。固执的态度反过来又会让另一方决意不退让分毫。不知不觉中，他们就形成了相互对立的立场，各自觉得自己才是正确的、公正的一方。然后，自我辩护更是让他们的心灵变得硬如磐石，感同身受、换位思考早已被抛到了九霄云外。

· · ·

为了说明上述过程是如何发生的，我们不妨先来看看黛博拉和弗兰克的婚姻，这段内容摘自安德鲁·克里斯滕森和尼尔·雅各布森见解深刻的著作《可调和的分歧》(*Reconcilable Differences*)。[2] 大多数人都很喜欢听夫妻二人从各自角度讲述婚姻生活（当然，他们自己的婚姻生活除外），听完之后再不置可否地耸耸肩，并且总结道：每个故事都可以从两方面来看。但是我们认为，实际情况远比这更复杂。

以下是黛博拉对于他们婚姻问题的说法：

> 弗兰克只知道卖力地工作，一门心思扑在业务上，脑子里想着的只是要把工作尽快完成，从不表现出太多的兴奋或痛苦。他说这种风格彰显了他情绪的稳定。但在我看

来，这只能说明他缺乏激情、单调乏味。我在很多方面恰恰相反，我这个人情绪起伏很大。大多数时候，我充满活力，乐观且随性。当然，有些时候我也会变得消沉、愤怒和沮丧。弗兰克认为这样的情绪变化说明我在情感处理方面还不够成熟，"在很多方面还有待提高"。但我觉得，这些特质恰恰展现了我是个活生生的人。

有件小事可以集中概括我对弗兰克的看法。有天晚上，我们和刚刚搬到镇上的一对极富魅力的夫妇共进晚餐。夜色渐浓，随着交谈的深入，我越发感受到他们生活的美好。尽管结婚比我们还早，但他们依然彼此真心相爱。在谈话过程中，丈夫无论和我们说了多少话，总不会冷落了妻子，他会时不时触碰一下她，与她进行眼神交流，或者让她加入谈话。他还经常用"我们"来称呼他们自己。看着他们，我才意识到自己和弗兰克之间的沟通交流太少了，我们很少会相互对视，彼此之间也没什么话说。总之，我承认，我很羡慕这对夫妻。他们似乎拥有一切：家庭温馨，房子漂亮，生活悠闲而富足。相比之下，我和弗兰克则是在艰难谋生，我们都在做着全职工作，努力地存钱。要是我们能一起努力，我倒是不介意这些。但问题是，我们之间太过疏远了。

那天晚上回家以后，我把这些感受一股脑儿全倒了出来。我想重新评估我们的生活，好拉近彼此之间的距离。或许我们无法像那些人一样富有，但我们没有理由不能像他们一样保持亲密和温情。和往常一样，弗兰克不想谈论这个话题。他说自己累了想睡觉，我顿时火冒三丈。那天是周五，第二天又不用早起。他不想和我谈心的唯一原因就在于他的固执。他这种态度令我十分抓狂。每当我提出问题想要讨论一下时，他都说自己要睡觉，我简直受够了。难道他就不能为了我少睡点儿觉吗？

所以，我不让他睡觉。他关掉灯，我又把灯打开。他侧过身去想睡觉，我就喋喋不休，开启了话痨模式。他把枕头捂在头上，我就说得更大声。他说我无理取闹，像个孩子。我说他榆木疙瘩，麻木不仁。争吵由此升级，场面越来越难堪。虽然没有大打出手，但我们都骂了不少很难听的话。最后，他去了次卧，把门反锁上，在那里睡了一晚。第二天早上，我们都疲惫不堪，感觉彼此更加疏远了。他责怪我缺乏理智。这话或许说得没错。每当陷入绝望的时候，我确实会显得不够理智。但我觉得他是在用这种指责为自己开脱。这话好像就是在说："如果你不理智，我就可以无视你所有的抱怨，反正我没有任何责任。"

弗兰克的说法是这样的：

黛博拉似乎永远不知道满足。她总是嫌我做得不够，付出得不够，爱得不够，分享得不够。只要你能想到的地方，我统统做得不够。有时候，她真的让我相信自己是个不称职的丈夫。我好像一直在让她失望，自己没有尽到一个丈夫的义务，爱她并支持她。但渐渐地，我就醒悟了过来。我又做错了什么？我人还不错，周围的人都喜欢我，尊重我。我工作负责，既不酗酒，也不赌博。我从未欺骗过她,也从未对她撒过谎。在感情生活中,我颇具魅力,善解人意。我经常会逗得她开怀大笑。然而,她从未给过我一丁点儿的赞赏——只会抱怨我做得不够。

我不像黛博拉那样,容易被生活琐事所困扰。她的情绪就像坐过山车,时而高涨,时而低落。但我不会这样,我的风格更偏向于平稳。不过,我并没有因此而轻视她。我大体上是个宽容的人。这个世界上的人,包括配偶,都是形形色色的。他人并不是为了满足你的特殊需求而量身定制的。因此,我不会因为一点儿小烦恼就大发雷霆,也不觉得只要有差别或不喜欢的地方就一定得追着讨论,所有分歧的细节不深究决不罢休。我喜欢顺其自然。当表现出这种宽容时,我希望我的伴侣也能这样对待我。如果她做不到,我就很恼火。当黛博拉吹毛求疵地认为我每个地方都不入她法眼时,我确实反应强烈。我变得不再冷静,大为光火。

还记得有天晚上,我和黛博拉结识了一对令人印象深刻的迷人夫妇。在开车回家的路上,我一直在想究竟自己给他们留下了怎样的印象。那天晚上我很疲惫,不在最佳状态。虽然有时候在小圈子里,我会表现得特别风趣幽默,但那天晚上我没做到。也许是我太过刻意了。有时,我对自己的要求很高,一旦达不到标准,我就会自我贬低。

黛博拉用一个看似无意的问题打断了我的沉思:"你注意到他们有多默契吗?"现在我知道这种问题背后的潜台词是什么了——或者说至少知道它会指向哪里。它总是会绕回我们，特别是我身上。最终，问题的关键变成了"我们彼此之间不默契"，言下之意即"你跟不上我的步调"。我最怕在这种对话中探讨作为夫妻的我们之间的问题，因为真正的问题已经演变成了"弗兰克错在哪里"，这样的诘问在正常交谈中肯定不会出现，但在充满责难的对话中，却会被一下子抛出来。所以这次我选择绕开这个话题，老老实实地回答说，他们人还不错。

但黛博拉不依不饶。她坚持要把他们和我们放在一起比较：他们生活富足，关系亲密，我们则什么都没有。或许不能像他们一样富有，但我们至少可以亲密无间。为什么我们就不能更亲密一些呢？言下之意：为什么你弗兰克就不能对妻子更亲密一些呢？等回到家以后，我说我累了，干脆上床睡觉好了，其实我这样说是想缓解紧张气氛。我也的确是累了，我最不想听到的就是刚才那样的对话。可黛博拉依旧不肯罢休。她坚持认为我们应该花时间深入探讨这个问题。我一边敷衍她的追问，一边准备上床睡觉。如果她完全不尊重我的感受，那我为什么要尊重她？当我穿上睡衣去刷牙时，她依然对我喋喋不休，甚至连我上洗手间的时间都不放过。最后等我上床关灯时，她又把灯打开。我想翻过身去睡觉，她却一直不肯闭嘴。当我把枕头捂在头上时，我以为她会明白我的意思——但实际并没有，她甚至把枕头扯了下来。我当时就失控了。我骂她就像个不懂事的孩子，是个疯子——我都不记得我当时说了些什么。最后，我只能在绝望中去了次卧，把门锁上。我感觉无比沮丧，无法入睡，实际上那天我一晚没睡。到了早上，我的气还没消。我说她简直不可理喻。但这一次，她没说什么。

看完二者的陈述，你决定了站哪一方吗？你是不是觉得，只要黛博拉不再强迫弗兰克开口，或者弗兰克不再只是把头埋在枕头下，对黛博拉的话充耳不闻，这对夫妻就会相安无事？他们之间的主要问题是什么——性格不合？相互不理解？抑或都处在气头上？

所有夫妻之间都存在差异，即便同卵双胞胎之间也存在差异。和大多数夫妻一样，差异正是弗兰克和黛博拉相爱的原因：他觉得她很棒，因为她善于交际，性格外向，恰好与自己的矜持互补；而她则被他山崩于前却面不改色心不跳的冷静和镇定所吸引。夫妻之间都会产生矛盾，小到令旁观者忍俊不禁却让当事人剑拔弩张的琐事争执（譬如妻子希望将脏盘子立刻洗干净，而丈夫却任由其堆积如山，一天或一周才清理一次），大到关于金钱、性、姻亲或各种其他问题的重要分歧。差异不一定会导致裂痕。但一旦有了裂痕，夫妻双方都会认为，这是差异导致的必然结果。

况且，弗兰克和黛博拉实际上都非常清楚当下的处境。对于吵架那晚所发生的一切，他们都达成了共识：引发争吵的原因是什么，他们俩有着怎样的表现，他们各自想从对方身上获得什么。弗兰克和黛博拉都认为，将自己与那对新来的夫妻做比较，令他们感觉不快和自惭形秽。他们也都认同，黛博拉的性格更像过山车，而弗兰克更为平和，这种性格层面的抱怨在夫妻生活中就如同家常便饭。他们很清楚自己想从婚姻中得到什么，以及感觉自己没有得到什么。他们甚至非常善于——或许比大多数人更善于——理解对方的观点。

这段婚姻恶化的原因也并不是弗兰克和黛博拉彼此怄气。和不幸福的夫妻一样，成功经营婚姻的夫妻也会有矛盾，也会对彼此感到恼火。但后者知道如何化解矛盾。如果有问题让他们感到困扰，他们会谈论并解决这个问题，顺其自然，或学会与其共存。[3] 不幸福的夫妻则会因为愤怒的对抗而更加疏远。当陷入争吵以后，弗兰克和黛博拉会躲进各自熟悉的心理空间，变得闷闷不乐，不再倾听对方的心声。即便试着去听，他们也听不进去。他们的态度通常都是："好了好了，我知道你现在的感受，但我不打算改，因为我是对的。"

为了说明弗兰克和黛博拉婚姻中的根本问题所在，我们不妨重写一下他们回家途中发生的故事。假设弗兰克已经预料到了黛博拉的恐惧和担忧——现在的他对此已经了然于心——并对她的交际能力以及与新朋友相处时的轻松自如，感到发自内心的钦佩；假如他预计黛博拉会将他们自己的婚姻，与这对迷人夫妇的婚姻关系做不适宜的比较，于是说出了"你知道吗，今晚我才意识到，尽管我们的生活不像他们那样奢侈，但我非常幸运能拥有你"之类的话语；假如弗兰克坦率地向黛博拉承认，与那对夫妻做对比，会让他感觉当晚的自己有些"自惭形秽"，这样的表露肯定会引发对方的关心和共情。从黛博拉的角度来看，假设她将自怨自艾的情绪及时地抛在一边，对丈夫的低落情绪给予了关注，于是说出了"亲爱的，你今晚似乎不在状态。你还好吧？是不是因为那对夫妻的事让你感觉不太舒服？或者你只是太累了"之类的话；假如她也能诚恳地表达出对于自己的不满，比如嫉妒他人的财富，而不是将自己对于弗兰克的不满表达出来；假如她将注意力转移到她所喜欢的弗兰克的品质上，比如，仔细想想，他的确是个"情感细腻的爱人"。

因此，从我们的立场来看，误解、冲突、个性差异甚至愤怒地争吵都不是爱情杀手，自我辩护才是。如果弗兰克和黛博拉没有忙着为自己找理由，没有忙着指责对方，而是先考虑一下对方的感受，那么与那对夫妇的聚会之夜就可能会有截然不同的结局。虽然他们两人都完全能理解对方的观点，但自我辩护的需求阻碍了他们接纳对方的合理立场。这反过来又促使他们将自己的做法视为更好的方式，甚至是唯一合理的方式。

这里我们所说的自我辩护并不是指那种普通的辩解，那种当我们犯了错或者在相对琐碎之事上出现分歧时惯常使用的自我辩护，比如谁把沙拉酱的盖子弄掉了，谁忘了付水费，或者谁对老电影中最喜欢的场景的记忆是正确的，诸如此类。在上述情况下，自我辩护可以暂时保护我们，让我们不觉得自己笨拙、无能或健忘。然而，足以侵蚀婚姻的自我辩护则体现了某种更为严肃的努力，它不是为了维护我们做了什么事，而是为了维护我们是怎样的人，而且它具有两种版本："我是对的，你是错的"和"即使我错了，那也没什么，我就是这样的人"。弗兰克和黛博拉之所以陷入困境，是因为他们开始为基本的自我概念进行辩护，这些自我概念就是他们所珍视的、不愿改变的或他们认为自己与生俱来的某些特质。他们不是在告知对方："我对于那段场景的记忆是对的，你是错的。"而是在说："我属于做法正确的那类人，你属于做法错误的那类人。因为你属于后者，所以你无法欣赏我的优点；更愚蠢的是，你甚至认为我的某些优点是缺点。"

因此，弗兰克认为自己的做法才是一个诚实稳重的好丈夫应有的做法——而他正是这样的人，所以他认为如果黛博拉不再缠着他说话，如果她能原谅他的不完美，就像他原谅她的缺点那样，他们的婚姻关系就足够美好。注意他这里的措辞。"我做错了什么？""我人还不错。"弗兰克以"宽容"和"让事情顺其自然"的个人品行为名义，来为自己逃避困难或痛苦话题的行为辩护。黛博拉则不然，她认为自己的情感表达"恰恰展现了我是个活生生的人"——而她也正是这样的人。她觉得如果弗兰克不那么"缺乏激情且单调乏味"，他们的婚姻关系将非常完美。其实，黛博拉的说法也没错，她注意到弗兰克将沟通需求归结于她不理智的天性，从而为他自己忽略这些需求的做法辩护。但她却没有发现，其实她也在做同样的事情。她把弗兰克不愿沟通的做法归咎于其固执的天性，进而为自己无视他的愿望的行为开脱。

每一段婚姻都是一个故事，和所有的故事一样，它也会受到参与者扭曲的认知和记忆的影响，双方的记忆中只保留了各自眼中的叙事。弗兰克和黛博拉正处于婚姻金字塔上的关键决策点，为解决"我爱这个人"和"这个人的所作所为令我抓狂"之间的认知失调，他们所采取的措施要么会进一步巩固他们的爱情，要么会将其毁掉。他们必须决定如何回答关于伴侣疯狂举动的一些关键问题：它们是由无法改变的人格缺陷造成的吗？我能容忍吗？它们构成了离婚的理由吗？我们能找到妥协的办法吗？我或许能从伴侣身上学到一些东西，来改进我的处事方式？夫妻双方都必须决定如何去看待自己的行事方式。鉴于自我的存在，按照"自己的方式"来处理问题肯定是感觉最自然、最顺理成章的。我有可能想错了吗？我会不会做错了？我可以做出改变吗？自我辩护阻碍了双方做出这些自省式的发问。

随着问题的不断积累，黛博拉和弗兰克各自形成了一套关于对方是如何破坏婚姻的隐性理论。（之所以被称为"隐性"理论，是因为人们往往意识不到自己在依照这些理论行事。）黛博拉的隐性理论认为，弗兰克不擅交际，单调乏味；而弗兰克的隐性理论则认为，黛博拉缺乏安全感，无法接纳自己和他本来的样子。隐性理论并不可怕，但问题在于，一旦人们形成了这种理论，证真偏差就会乘虚而入，使得人们对与理论不符的证据视而不见。正如弗兰克和黛博拉的心理治疗师所观察到的，现在的黛博拉忽略或淡化了弗兰克与她或其他人交往过程中并不尴尬和被动的时刻——那些时候的他，风趣迷人，不遗余力地为他人提供帮助。同理，现在的弗兰克则忽略或淡化了黛博拉拥有心理安全感的证据，譬如她面对失望时的坚持和乐观。在心理治疗师看来，"他们都认为对方有错，因此，他们都选择性地记住了生活中的某些片段，把注意力集中在那些支持自身观点的片段上"。[4]

我们用于解释自身和其他人行为原因的隐性理论，通常存在两种版本。我们可以将某些事情归咎于当时的情景或环境。"银行柜员对我发火，是因为她今天工作超负荷，处理业务的人手不够。"或者，我们可以说这个人本身就有问题："那个柜员呵斥我，是因为她本来就很粗鲁。"当我们解释自己的行为时，自我辩护就成了奉承自己的利器：我们把好的行为归功于自己，将不好的行为归咎于环境。当我们做了伤害他人的事情时，我们很少会说："我之所以会这样做，是因为我是一个残忍无情之人。"我们通常会说，"我被激怒了，换了谁都会这么做的"；或者"我别无选择"；又或者"是的，我说了一些很难听的话，但那不是正常状态下的我——因为那天我喝醉了"。然而，当我们慷慨解囊、乐于助人或见义勇为时，我们不会说我们这样做是因为被激怒了、喝醉了、别无选择，或者因为电话那头的家伙循循善诱，说服了我们向慈善机构捐了一大笔钱。我们这样做纯粹是因为我们为人大方、心胸豁达。

成功的伴侣会把对自己的宽容思维方式延伸至对方身上：他们原谅对方的错误，认为对方犯错是形势所迫，同时对对方体贴入微、充满爱意的做法予以积极肯定。如果一方做事欠考虑或情绪焦躁，另一方往往会认为这是由事情本身所致，与对方的品行无关，他/她会说，"可怜的家伙，他肯定承受了巨大的压力"；"我能理解她为什么会吼我，她的背痛已经持续好几天了"。但如果一方做了特别体贴的事情，另一方就会将其归功于对方与生俱来的善良和可爱个性。"不需要任何理由，老公会给我送花，"妻子也许会说，"他可真是这世界上最可爱的人。"

幸福的伴侣总会把对方往好的方面想，而不幸福的伴侣则恰恰相反。[5]如果对方做了什么好事，那都是因为一时侥幸或情势所迫："是的，他给我买了花，但那不过是因为他办公室里的其他男人都给自己老婆买了花。"如果伴侣做了一些欠考虑或令人恼火的事情，那肯定是因为伴侣的人格缺陷所致："她朝我大喊大叫，因为她就是个泼妇。"所以，弗兰克不会说，黛博拉像疯了似的在屋子里追着他，要和他说话；他也不会说，黛博拉之所以做出这样的行为，全都是因为他冷落的态度令她感到沮丧。他只会说对方像个疯子。同样，黛博拉也不会说，弗兰克在晚上聚餐以后闭口不言是因为他很疲惫，不想在夜深人静的时候闹得不愉快。她只会说，他是个被动消极的人。

隐性理论具有强大的影响力，因为它会影响夫妻之间争吵的方式，甚至影响争吵的目的。如果夫妻双方争吵的前提在于"好人做了错事，但可以弥补，或者好人出于一时的情势所迫，做了点儿头脑发热的事情"，那么纠正和妥协的希望依然是存在的。然而，不幸福的伴侣又一次颠倒了这一前提。因为双方都擅长自我辩护，每一方都把对方的固执己见归咎于人格缺陷，却将自己的不愿改变当成个性美德。如果他们不想承认自己的错误，也不想改掉令伴侣讨厌或恼火的习惯，他们就会说："我也没办法。人生气时嗓门自然就会提高。我就是这样的人。"你完全可以从这些话中听出自我辩护的意味，因为他们当然可以改变。每当面对警察、雇主或街上人高马大又令人生厌的陌生人时，他们并不会提高嗓门，所以说如果真的想做到，他们就完全能做得到。

然而，那些大喊"我就是这样的人"的抗议者，很少会把这种自我宽恕的理由延展至伴侣身上。相反，他或她很可能会将其变成一种对伴侣的令人愤慨的侮辱："你就是这样——简直和你妈一模一样！"一般说来，这句话并非特意点出你母亲高超的烘焙技巧或者跳探戈舞的天赋，而是说，你的坏毛病就像是从你母亲那里遗传过来的，简直无药可救，你无论如何都改不掉。当感觉自己无能为力时，人们就会觉得受到了不公正的指责，就好像他们被批评个子太矮或长了太多雀斑一样。社会心理学家琼·坦尼发现，如果某人受批评不是因为其所作所为，而是因为其为人，那么这种批评就会激发起对方深刻的羞耻感和无助感，让对方想找个地洞钻进去。[6]坦尼发现，因为无处可逃，所以受到羞辱的配偶往往会奋起反击："我应该受谴责，我没用，所以才干了一件糟糕的事情，这是你的想法。但我不这样认为，你这样羞辱我，你才是应该受到谴责的一方。"

当一对夫妻的争论形式已经升级为彼此羞辱和相互指责时，他们争吵的根本目的就已经发生了转变。争吵不再是为了解决问题，甚至不再是为了让对方改变自己的行为，而是为了伤害、侮辱和压倒对方。这就是为什么羞辱会导致激烈、反复的自我辩护和拒绝妥协,并激发出婚姻关系中最具破坏性的情绪:蔑视。心理学家约翰·戈特曼曾对700多对夫妻进行了长达数年的跟踪调查,通过这项开创性的研究,他发现,蔑视——夹杂着讽刺、谩骂和嘲笑的批评——正是夫妻关系正处于自由落体状态的最强烈的信号之一。[7] 戈特曼举了这样一个例子:

弗雷德:你帮我拿了干洗的衣服吗?
英格丽(嘲笑的口气):"你帮我拿了干洗的衣服吗?"自己去拿那该死的干洗衣服吧!我是你的用人吗?
弗雷德:谁敢要你这样的用人,连扫地都不会!

像这样带有蔑视意味的交流是具有毁灭性的,因为它破坏了自我辩护所要保护的东西,即我们的自我价值感、被人所爱的感觉和成为一个善良且受尊敬的人的感觉。蔑视相当于对伴侣的终极嫌弃,即"我根本不在乎你'存在'的价值"。我们之所以认为蔑视是离婚的征兆,并不是因为它导致了离婚的想法,而在于它体现了夫妻心理上的疏离感。一次又一次地试图让对方做出行为上的改变,却一次又一次地失败,就像弗兰克和黛博拉一样,只有在经历了这样经年累月的争吵和争执之后,蔑视才会油然而生。蔑视暗示了对方正在选择放弃,他/她感觉"指望你改变是不可能的,你和你妈妈就是一个模子里刻出来的"。愤怒是希望问题得到纠正的体现。当希望之火燃尽时,就只剩下怨恨和蔑视的灰烬。蔑视是绝望的帮凶。

在夫妻之间，相互不满和对彼此的负面看法，究竟哪个先出现？我和你在一起不开心是因为你有人格缺陷，还是因为我认为你有人格缺陷（而非可原谅的怪癖或外在压力）？很显然，作用是双向的。由于大多数新婚夫妇一开始并不存在抱怨和责备的情绪，所以心理学家可以对夫妻俩进行长期跟踪，以了解究竟是什么原因让其中某些伴侣的关系急转直下，而另外一些伴侣则完全不受影响。他们发现，消极的思维方式和责备通常会最先出现，它们与夫妻双方的愤怒频率或任何一方的抑郁情绪都无关。[8] 幸福和不幸福的伴侣对彼此行为的看待方式不同，面对同样的情境和做法，他们所做出的反应亦不尽相同。

这便是为什么我们认为自我辩护是破坏婚姻关系的头号嫌犯。夫妻双方都会以特定的方式解释配偶的行为，以此来解决冲突和恼怒所导致的认知失调。这种解释反过来又促使他们滑落至金字塔的底层。那些饱受羞辱和责备折磨的伴侣最终会开始改写他们的婚姻故事。在改写的过程中，他们会寻找更多的证据来证明自己对另一方越发悲观或轻蔑的态度是正确的。他们会从尽量淡化婚姻中的阴暗面，转向过分强调这些阴暗面，并尽力寻找任何不起眼的证据，来支持自己当下的观点。随着新故事逐渐成形，再加上丈夫或妻子私下里与惺惺相惜的朋友进行着各种"演练"，伴侣们开始对彼此的优点视而不见，而这些优点正是他们最初坠入爱河的原因。

戈特曼发现，幸福美满的夫妻之间存在一个"神奇比例"，即积极互动（如爱意、温存和幽默的表达）的时长与消极互动（如恼怒和抱怨的表达）的时长之比为 5 比 1。它是婚姻关系的临界点，当这一"神奇比例"低于 5 比 1 时，夫妻双方就有可能会开始改写他们的爱情故事。夫妻俩的情绪稳定与否，一天吵 10 次还是 10 年吵一次，并不重要，关键在于积极互动与消极互动之间的比例。"情绪多变的伴侣可能会经常大喊大叫，但他们在婚姻生活中用于表达关爱和支持的时长是其他伴侣的 5 倍。"戈特曼表示，"偏安静的回避型伴侣，可能不像其他人那样展现出过多的激情，但他们相互之间的批评和蔑视也要少得多——比例依然为 5 比 1。"[9]当这一比例维持在 5 比 1 甚至更高时，呈现的任何认知失调通常都会向着积极的方向减少。社会心理学家阿亚拉·派恩斯在一项针对婚姻倦怠的研究中，报告了幸福的已婚妇女艾伦是如何消减因丈夫没送她生日礼物而产生的失调情绪的。"我希望他能送我点儿什么——什么东西都好——我就这样，把自己所有的想法和感受都告诉了他，就像平时一样，"艾伦对派恩斯说道，"当这样做的时候，我在想，能开诚布公地表达自己所有的感受，甚至负面的感受，是多么美妙的事情……那些残留的负面情绪全被我抛至脑后，成为过眼云烟。"[10]

然而，当"神奇比例"向着消极的一端偏移时，夫妻双方会以增加彼此之间疏离感的方式，来解决由相同事件所引发的认知失调。派恩斯同时讲述了唐娜的案例：唐娜是个婚姻不幸福的女人，她遇到了和艾伦一样的问题——丈夫没有送生日礼物。艾伦决定接受丈夫的行为，而唐娜却对丈夫的行为做出了截然不同的解释：

> 在生日那天我下定了离婚的决心。生日对于我来说是一个具有象征意义的日子，那天早上，我接到了一位表亲从欧洲打来的电话，祝我生日快乐。远在万里之外的人不厌其烦地给我打电话，他却只会坐在那里听着，全然没有

祝我生日快乐的想法……我突然意识到，有人爱我，但不包括面前坐着的这个人。他不珍惜我，他不爱我。他如果爱我、珍惜我，就不会这样对待我。他肯定会想为我做些特别的事情。

　　唐娜的丈夫不爱她，也不欣赏她，这完全有可能。关于生日礼物的事情，我们并没有向她的丈夫求证，或许多年以前他也尝试给唐娜送过礼物，但她都不喜欢。从推测的角度来说，大多数人不会因为少了一份生日礼物而决定离婚。由于唐娜认定丈夫的行为不仅无法改变，而且难以容忍，所以现在她把丈夫的所有举动都解释为"他不珍惜我，他不爱我"的确凿证据。实际上，相比大多数配偶，唐娜更进一步地受到了证真偏差的影响：她告诉派恩斯，每当丈夫令她感到沮丧和不快时，她就会在"记仇本"上记下来。如果她需要证明自己离婚的决定是合理的，那所有的证据都能在"记仇本"里找到。

　　当这对夫妻滑落至低谷时，他们也会开始修正自身的记忆。现在，双方最热衷于做的不是让负面的东西"成为过眼云烟"，而是鼓励它们浮出水面。对于过往记忆的扭曲——或完全失忆——开始证实这对夫妻的猜测，即他们各自嫁/娶了一个完全陌生的人，一个不是特别具有吸引力的人。临床心理学家朱莉·戈特曼曾为一对怒气冲天的夫妇进行过心理治疗。她问道："你们是怎么认识的？"妻子轻蔑地回答道："在学校里，我误认为他很聪明。"[11] 通过这段扭曲的记忆，这位妻子相当于是在宣布，自己的选择本没有错，犯错的是丈夫，因为他在智力方面欺骗了她。

　　约翰·戈特曼通过观察发现，"一对夫妻重述过往的方式，最能准确地预示其婚姻的未来走向，没有比这更灵验的了"。[12] 甚至在夫妻俩意识到婚姻陷入危机之前，改写过往历史的进程就已经开始了。戈特曼和他的团队对 56 对夫妇做了深入访谈，并在 3 年以后对其中的 47 对伴侣进行了跟踪调查。在第一次访谈时，没有一对夫妇有离婚计划，但研究人员当时就预测有 7 对夫妇可能会离婚。事实证明，其预测的准确率为百分之百。（在剩下的 40 对夫妇中，研究人员预测有 37 对不可能会离婚，其准确率依然非常惊人。）在第一次访谈期间，这 7 对夫妻就已经开始重塑记忆了，他们讲述了各种令人绝望的往事，并佐以经过确认的细节。这些夫妻告诉戈特曼，他们结婚并不是因为相爱或者无法分开，纯粹因为婚姻似乎是"水到渠成的事情"。这些离婚的夫妻回忆说，婚姻的第一年充满了挫折和失望。"很多事情都不对劲，但我不记得具体是什么了。"一位即将要离婚的丈夫说道。但在幸福的夫妻那里，同样的困难却被称为"小坎儿"，他们自豪地将其视为对婚姻关系的考验，而且凭借着乐观的心态和相互扶持，他们最终成功渡过了这些难关。

由于记忆具有为我们自身决策辩护的修正之力，所以许多夫妻在离婚时，已经不记得当初为何结婚了。他们仿佛经历了一次非手术性的额叶切除，将曾经对于彼此的美好回忆直接抹除。我们曾不止一次地听到下面的对话："婚后一周我就知道自己犯了一个可怕的错误。""那为什么你们生了 3 个孩子，还在一起生活了 27 年？""哦，我不知道，我猜是责任使然。"

当然，有些人确实是在清醒地衡量了当前的利益和问题之后，才决定离婚的。但对大多数人来说，这是一个充斥着历史修正主义且以减少认知失调为目的的决策过程。我们如何知道这一点呢？因为即便面对同样的问题，只要有一方或双方都决定离婚，辩护的理由就会发生改变。如果夫妻俩选择维持一段与其理想相去甚远的婚姻关系,他们就会以自证的方式来减少失调感:"其实也没那么糟糕";"大多数人的婚姻还不如我们——或者说肯定也好不到哪里去";"他忘记了我的生日,但他也做了很多其他事情,我知道他是爱我的";"我们之间有问题,但总体而言我还是爱她的"。然而,当一方或双方都开始考虑离婚时,他们就会竭尽所能地寻找理由,以减少认知失调:"这段婚姻真的很糟糕";"大多数人的婚姻都比我们的好";"他忘了我的生日,说明他根本不爱我"。还有结束多年婚姻关系的离异配偶们都不忘抛下的一句冷酷告白:"我从未爱过你。"

最后一句谎言的残酷性,与讲述者为自身行为辩护的需求是相匹配的。有些配偶出于某些明确的外在原因——譬如对方实施了肉体或情感虐待——而离婚,他们就不需要进行额外的自我辩护。还有极少数完全通过友好协商分手的夫妻,或者在经历了最初的痛苦后最终又回归温暖的朋友关系的夫妻,同样也不需要。他们不会急于诋毁前任或忘怀往日的幸福时光,因为他们还可以说:"问题最终没有得到解决";"我们最终没有走到一起";"我们只是渐行渐远";"结婚的时候我们都太过年轻,不懂事"。但如果离婚令人极为痛苦,需要付出巨大的代价,尤其是当一方提出而另一方不同意时,双方都会感受到复杂的痛苦情绪。除了不可避免的伴随着离婚而来的愤怒、苦恼、伤心和悲恸等情绪,这些夫妻还会感受到认知失调所带来的痛苦。这种失调感以及许多人选择的解决方式,是离婚后产生报复心理的主要原因之一。

如果你是被抛弃的一方,你可能会感受到因自尊受打压而出现的认知失调。"我是个好人,我一直是个很不错的伴侣。但我的伴侣现在要离开我了,为什么会这样?"因此,你会得出这样的结论:你并没有想象中那么好,或者你人不错,却是个异常糟糕的伴侣。然而，很少有人会选择通过打击自己的自尊来减少认知失调，相比之下，通过打击对方的自尊来减少认知失调则要容易得多——比如说，你可以总结得出，自己的伴侣是个难相处的自私鬼，而你直到现在才完全意识到这一点。

如果你是想要离开的一方，你同样有认知失调需要消解，你必须为伤害曾经爱过的人进行辩护。因为你是一个好人，而好人是不会伤害他人的，所以你的伴侣一定活该被你嫌弃，或许比你意识到的还要活该。离婚过程的旁观者经常会对提出分手的一方看似无礼的报复行为感到困惑，其实他们所看到的不过是用以减少认知失调的正常行为罢了。我们的一位朋友在感慨儿子离婚时表示："我不理解我儿媳是怎么想的。她为了一个爱慕她的男人抛弃了我儿子，但她又不去和对方结婚，也不去上班，就为了让我儿子一直付给她赡养费。为了满足她的要求，我儿子迫不得已找了一份自己不喜欢的工作。她首先提出了离婚，而且外面还有人，不管怎么看，她对待我儿子的方式都太过残忍了，这完全是在报复。"然而，从儿媳的角度来看，她对待前夫的行为是完全合理的。如果他是个好人，她肯定还会和他在一起，不是吗？既然他不是好人，那么让他接受一份不喜欢的工作，进而使自己过上想要的生活，又有何不可？他完全是活该。

离婚调解员，以及试图帮助正处于离婚阵痛中的不幸朋友的任何人，都肯定近距离目睹过这一过程。按照调解员唐纳德·萨博斯内克和奇普·罗斯的说法，"离异夫妻中的一方倾向于诋毁另一方的形象，例如'他是个懦弱又暴力的酒鬼'，或者'她是个两面三刀、自私又病态的骗子，永远不能让人信任'。随着时间的推移，经历过强烈冲突的离婚夫妻针对彼此的这些非常负面且两极分化的判定，便得以固化，无法再改变"。[13] 其原因在于，一旦夫妻双方开始采取诋毁前任自尊的方式来减少认知失调，他们就需要不断为自己的立场进行辩护。所以，他们开始在一方"有资格享有"而另一方"完全不配"的权利方面锱铢必较，例如以前任是个可怕之人为由，愤怒地拒绝或控制其行使监护权和探视权。争执双方在气头上的时候，从来不会考虑对方的过激举动是否有可能是其所处的糟糕处境所致，更不会考虑它是否有可能是对自己可怕行为的回应。但一方的类似举动总会引起对方自我辩护式的反制，于是，不断升级的彼此敌视、互相报复就开始了。一方在诱使另一方实施恶劣行为后，都会利用这种恶劣行为为自己的报复行为辩护，并以此证实前任的"邪恶"品质是固有的。

  等到这些夫妻寻求调解时，他们其实已经从金字塔顶端向下滑落了很远。萨博斯内克告诉我们，在他所参与的4 000多次监护权调解中，"我从来没有遇到过有一方主动跳出来说，'你知道，我真心觉得她应该获得监护权，因为她真的更称职，孩子也更亲近她'。几乎每次都是两方针锋相对，互不相让，都说'我才是更称职的家长，我更应该获得监护权'。一方从来不会给另一方以一丝一毫的认可，即便坦然承认了自己的报复行为，她也总是会辩解道：'他做了那么多破坏家庭的坏事，他罪有应得！'他们所达成的协议无一例外的都是某种妥协，按照他们的理解，这种妥协即意味着'我被逼无奈放弃了立场，我已经争得筋疲力尽了，或者我已经没有钱用于调解了……即便我知道自己是更称职的家长'。"

  通过认知失调理论我们可以预测，起初对于离婚决定最为矛盾的人——或者对于自己单方面决定感到最为内疚的人——会最为迫切地想要为离婚进行辩护。反过来看，失去伴侣的一方也会急切地想为自己因为受到如此残酷和不公平的对待而产生的报复行为辩解。当双方都摆出自己确认的记忆，并一一列举对方近来所有的恶劣行径，以此来支持自身的说法时，对面的这位前任就变成了彻头彻尾的恶棍。自我辩护是纠结转变为肯定、内疚转变为愤怒的必经之途。由此，爱情故事变成了仇恨故事。

· · ·

我们的同事莱昂诺尔·蒂费尔是一位临床心理学家，她曾给我们讲述了在治疗过程中遇到的一对夫妇。这对夫妻年近四旬，结婚有10年时间，却依然无法下定决心要孩子，因为他们想在有孩子之前把所有问题都解决了。另外，他们也不知道如何在妻子上进的事业心和夫妻共同的生活之间取得平衡，因为妻子觉得想做多少工作就做多少工作是天经地义的事情。他们也无法解决因丈夫酗酒而产生的争吵，因为丈夫觉得自己有理由想喝多少就喝多少。两个人都有过外遇，但双方都认为这是对对方出轨行径的回应。

不过，这些棘手却也算正常的难题并不是这段婚姻的致命伤，顽固的自我辩护才是。"他们不知道成为夫妻应该放弃些什么，"蒂费尔说，"他们每个人都只想做自己觉得有权做的事情，却无法讨论影响夫妻关系的重要问题。只要还在气头上，他们实际上就没有必要讨论这些问题，因为这样的讨论需要他们互相妥协或站在对方的角度考虑。他们很难做到换位思考，俩人都坚信对方的行为不可理喻。因此，他们便会不断提及往日的怨恨，为自己当下的立场以及不愿改变或无法原谅的态度进行辩护。"

相比之下，那些多年以来共同成长的幸福夫妻，却已经摸索出了一套可以尽量减少自我辩护的生活方式，换句话说，他们能够设身处地地为伴侣着想，将个人利益放在其次。稳定美满的夫妻可以不设防地倾听来自对方的批评、担忧和建议。用我们的话来说，他们不太会把"我就是这样的人"当作自我辩护的理由，放纵自身的行为。他们主要通过忽略小矛盾和解决自身错误以及主要问题，来减少认知失调。

我们采访了几对结婚多年的夫妻，他们都是弗兰克和黛博拉所羡慕的那种伴侣，按照他们自己的说法，他们的婚姻关系异常亲密，十分恩爱。我们没有问"你们长久婚姻的秘诀是什么"之类的问题，因为他们很少会知道答案，他们可能只会说一些毫无助益的陈词滥调，比如"我们从不会带着怒气入睡"或"我们都喜欢打高尔夫"。（很多幸福的夫妻确实会带着怒气入睡，因为他们不愿在累得半死的时候吵架；也有不少夫妻彼此之间并无共同的爱好和兴趣，但这不影响他们的恩爱。）事实上，我们更喜欢问这些夫妻，这么多年以来，他们是如何减少"我爱这个人"和"这个人的所作所为令我抓狂"之间的矛盾的。

有一对夫妻的回答特别具有启发性，我们称其为查理和玛可欣，他们结婚已经40多年了。和所有夫妻一样，他们彼此之间也存在许多小分歧，这些分歧很容易被激化为怒火，但他们已经坦然接受了绝大多数分歧的存在，将其视为生活的本相，认为并不值得为此生闷气。查理表示："我喜欢5点就吃晚饭，我爱人喜欢8点才吃，于是我们就相互妥协——从5点吃到8点。"他们保持幸福婚姻的关键在于重大问题的处理方式。当20岁出头初次相爱时，查理就被玛可欣灵魂深处的宁静气质所吸引，这份气质令自己无法抗拒。他觉得她就如同动荡世界中的一片绿洲。玛可欣则被查理的热情所吸引，从计划完美的假期到写出完美的诗篇，他把这种热情带入了生活的方方面面。当查理的激情与爱情、性、旅行、音乐和电影联系在一起时，她会被其深深吸引。然而，当这份激情转化为怒火时，她则会感到惊恐。在气头上时，查理会大喊大叫，甚至捶桌子，这是她在娘家时从来没遇到过的。结婚几个月后，玛可欣含着眼泪告诉查理说，他的愤怒让她感到害怕。

当时，查理的第一反应是为自己辩护。虽然他并不认为提高嗓门说话是一种可取的优秀品质，但他觉得这是他自我的一部分，代表了真实的自己。"我父亲生气时就喜欢提高嗓门、捶桌子，"他对她说，"我祖父也是这样！这是我的权利！我改不了。男人就应该如此。难道你希望我像那些懦弱的家伙一样，总是把所谓的'感受'挂在嘴边吗？"不过，当平静下来并思考自己的行为对妻子造成了怎样的影响之后，查理开始意识到，这样的行为的确是可以改变的。于是，他缓慢且稳定地减少了发火的次数并降低激烈程度。但与此同时，玛可欣也必须做出改变，她必须停止为自己的信念辩护，即认为一切形式的愤怒都是危险和不利的。（"在我的原生家庭中，从来没有人主动表达过愤怒。因此，我一直觉得，隐忍才是正确的做法。"）等做到这一点以后，她就学会了区分什么是合理的愤怒情绪，什么是不可接受的表达形式，譬如捶桌子，以及什么是毫无建设性的克制表达途径，譬如哭泣和退缩——这曾经是她自己"难以改变"的积习。

随着时间的推移，另外一个全然不同的问题又缓慢成形，并露出了苗头。和其他很多夫妻一样，查理和玛可欣也是根据谁更擅长就谁做的原则来分配家务。玛可欣喜静，缺点是没有主见，害怕冲突。让她去抱怨餐厅的饭菜难吃或购买的商品有瑕疵，简直比登天还难。于是,将刚买就坏掉的咖啡壶退货,给客户服务处打电话投诉,与不肯修水管的房东面对面交涉,这些任务理所当然地总会落到查理头上。玛可欣会说:"做这些你比我在行。"他也确实更在行,所以他会去做。不过,一段时间以后,查理渐渐厌倦了承担这些责任,他开始对妻子的被动感到恼火。"为什么总是我在处理这些不愉快的冲突?"他暗地里这样问自己。

查理身处某个抉择点上。他本可以听之任之,一边责怪说她就是这样的人,一边默默地继续承担所有的脏活、累活。可实际上,查理非但没有这样做,还鼓励玛可欣要学着变得更加有主见一些,因为这种品质不仅有助于婚姻,在很多情况下对她也会很有用。一开始,玛可欣经常回应道:"我就是这样的人,你娶我的时候就知道的。再说,这么多年都过去了,一时半会儿也改不过来。"但随着两人交流的深入,她开始感受到他的关心,以及不让自我辩护的杂音掺杂进来的良苦用心。由此,她便能感同身受,理解他为什么觉得分工不公平了。她逐渐意识到,自己的选择并不像之前所以为的那般有限。于是,她参加了一个自信培训课程,勤奋地实践着在课堂上学到的东西,开始变得更善于维护自身权益。不久以后,她就享受到了通过表达自己的想法让问题得到解决的满足感。查理和玛可欣相互明确约定,他不会变成乖乖听话的小羊羔,她也不会变成脾气火暴的母老虎。虽然个性、经历、遗传和气质的确会限制人们的改变程度,[14] 但他们二人身上都发生了肉眼可见的变化。在这段婚姻中,态度的强势和对于愤怒的表达,不再是任何一方用于制造对立的手段。

在美满的婚姻中,对抗、意见分歧、生活习惯上的冲突乃至愤怒的争吵,都能让夫妻关系变得更加亲密,因为它们有助于双方学到新的东西，迫使他们去审视自己对于自身能力或局限性的假定。要做到这一点并不容易。自我辩护掩盖了我们的错误，保护了我们按照自身意愿行事的心愿，并尽可能地淡化了我们对所爱之人造成的伤害，因此，放弃自我辩护会令我们感到尴尬和痛苦。缺少了自我辩护，我们就只能让情绪赤裸裸地暴露在外，得不到任何保护，空留遗憾和失落。

• • •

　　无论放弃自我辩护有多么痛苦，最后我们都能收获对于自我的深刻认知，并体会到洞察世事和自我接纳所带来的平静。女性主义作家兼活动家薇薇安·葛妮克在 65 岁时曾写下一篇令人动容的诚挚文章，讲述了自己毕生努力达成的目标：在工作和爱情之间取得平衡，成为在职场和情场实践平等主义原则的楷模，以此为基础过上自己想要的生活。"我经常写一些关于独居生活的文章，因为我搞不清楚自己为什么要选择独居。"她写道。多年以来，与许多同代人一样，葛妮克给出的答案一直都是性别歧视。她认为，父权制下的男性迫使坚强独立的女性，在事业和感情之间做出选择。这一答案本身并没有错，性别歧视导致许多婚姻陷入困境，也让无数勉强维持的婚姻变得千疮百孔。但葛妮克最终意识到，这并不是完整的答案。回首往事，当缺少来自自我辩护的熟悉抚慰之后，她终于看清了自身在人际关系中所扮演的角色，并逐渐意识到"孤独大多是自找的，与其归咎于性别歧视，不如说与自己愤怒、分裂的个性有关"。[15]

　　"现实在于，"她这样写道，"我之所以过着独居生活，并不是因为我的政治立场,而是因为我不知道如何与他人体面地生活在一起。以平等为名义,我折磨过每一个爱过我的男人,直到他们离开我;我在每一件事上都指责他们,不放过任何一次机会,让他们承担各种责任,直到我们双方都感到疲惫不堪。诚然,我所说的每一句话多少都有几分道理,但这些道理,不论其多寡,都不应该成为将爱情压垮的负累。"

第七章

创伤、裂痕和战争

他们两个都是意气高傲、秉性刚强的人,在盛怒之中,他们就像大海一般聋聩,烈火一般躁急。

——威廉·莎士比亚,《理查二世》

在坦白婚外情一年以后,吉姆感觉卡伦的怒火依然没有消减分毫。每次谈话,话题最终就会转移到这件事上。卡伦像鹰一样盯着他,每次迎着她的目光对视过去,吉姆都能看到她的脸上写满了怀疑和痛苦。难道她就不能意识到,这只是他的一个小过失吗?他又不是世界上第一个犯这种错误的人。况且,他已经诚恳地进行了坦白,也果决地结束了这段关系。他道了歉,又无数次地告诉妻子说自己爱她,希望婚姻能够维持下去。难道她就不能理解这一点吗?难道她就不能专注于他们婚姻的美好部分,克服这一次的挫折吗?

在卡伦眼中,吉姆的态度简直不可理喻。他似乎在期待自己对他承认和结束婚外情的行为表示赞美,而不是不依不饶地开展批判。难道他就不能理解这一点吗?难道他就不能关注她的痛苦和悲伤，从而放弃为自身辩护的企图吗？他也从来没有为此道歉过。没错，他是说过对不起，但那也太勉强了。为什么他不能诚挚地发自内心地向她道歉呢？她不需要他匍匐在地以示忏悔，她只想让他明白自己的感受，在情感上做出补偿。

但吉姆发现自己很难按照卡伦的意愿做出补偿，对方强烈的愤慨甚至让他有一种想要报复的感觉。从她的怒火中，他听出的潜台词是："你犯下了滔天罪行；你对我的所作所为简直毫无人性。"他对于自己造成的伤害深感抱歉，只要能让她好受些，他愿意奉献出一切，但他并不认为自己犯下了天大的罪过，自己没有坏到毫无人性的地步。对方似乎想要的是那种卑躬屈膝的道歉，但他不打算给。于是，他试图让她相信，这段婚外情并不是什么大事，那个女人对他来说没那么重要。然而，卡伦却把吉姆试图淡化出轨行为的做法，视为他在竭力否定她的痛苦感受，使其变得毫无价值。从丈夫的反应中，妻子所得到的信息是："你不应该这么难过，我又没做什么伤天害理的事。"这样的解释令她更加愤怒，而她的愤怒又让他更难以体会她的痛苦并做出回应。[1]

・・・

决定植物人泰莉·夏沃生死的可怕家庭纠纷，曾牵动了亿万美国人的心，而这场纠纷的最后判决更是令所有人目瞪口呆。泰莉·夏沃的父母辛德勒夫妇一直在与泰莉的丈夫迈克尔·夏沃争夺女儿生命的控制权，或者说剩余生命的控制权。"就当下的疏远程度而言，我们几乎不敢相信，迈克尔·夏沃和辛德勒夫妇曾是一家人，曾经生活在同一片屋檐之下，曾经拥有共同的人生目标。"一位记者曾这样写道。但对于了解自我辩护机制的人来说，这种情况的出现一点儿也不奇怪。在泰莉和迈克尔结婚之初，这对新婚夫妇和女方的父母紧挨在一起，站在抉择金字塔的最顶端。迈克尔亲热地称呼岳父母为爸爸和妈妈。在这对小夫妻财政状况艰难的早些年，辛德勒夫妇也帮他们付过房租。1990年，泰莉·夏沃的脑部不幸严重受伤，于是辛德勒夫妇便搬到女婿家与女婿一同照顾泰莉，这一照顾就是近三年。然而，围绕着金钱问题所产生的分歧，却悄然埋下了祸根。1993年，迈克尔·夏沃以医疗失误为由对泰莉的一位诊疗医生提起诉讼，并打赢了官司，最终获得了75万美元的护理赔偿金和30万美元的失去妻子陪伴的精神损失费。一个月以后，迈克尔和泰莉的父母就因为这笔赔偿金发生了争吵。按照迈克尔的说法，争吵的起因是岳父直接问他，自己能从赔偿金中分得多少。但辛德勒夫妇则表示，吵架的焦点在于这笔钱应该用在哪种治疗上，他们希望泰莉能获得更为深入细致的实验性治疗，而迈克尔只打算为妻子提供基本的护理。

赔偿金是纠纷的肇始，它迫使泰莉的父母和丈夫必须就如何使用这笔钱，以及谁应该得到这笔钱，做出相应的决策，因为双方都认为自己有权对泰莉的生死做出最终决定。因此，迈克尔·夏沃曾一度阻止辛德勒夫妇查阅妻子的医疗记录，而辛德勒夫妇也曾试图解除迈克尔·夏沃女儿监护人的身份。在迈克尔看来，岳父试图索要部分赔偿金的做法太过赤裸，令人感到不快；在辛德勒夫妇看来，迈克尔急于摆脱妻子的行为太过自私，这令他们感到不满。[2]随着媒体和投机政客的煽风点火，最终全美人民都目睹了这个家庭中最后的愤怒对峙，此时两方互不相让，似乎已经毫无理性可言，整件事陷入无法解决的境地。

• • •

　　1979年1月，伊朗国王穆罕默德·礼萨·巴列维面对日益高涨的国内民众对立情绪，逃离伊朗，前往埃及寻求庇护。两周以后，伊朗迎来了一位新的伊斯兰领袖，阿亚图拉·鲁霍拉·霍梅尼。十几年前他被巴列维国王流放至国外，此时终于回归。同年10月，出于人道主义考虑，卡特政府勉强同意巴列维国王在美国短暂停留，接受癌症治疗。霍梅尼谴责美国政府是"大恶魔"，号召伊朗人游行示威，反对美国和以色列这些"伊斯兰之敌"。成千上万的伊朗人响应其号召，聚集在美国驻德黑兰大使馆外。11月4日，数百名伊朗学生占领了使馆主楼，并扣留了大部分使馆工作人员，其中有52人作为人质被扣押了444天之久。扣押者声称巴列维从伊朗贪污了数十亿美元，他们要求美国将其遣送回伊朗受审，并归还这些赃款。伊朗人质危机堪称当年的"9·11"事件。按照一位历史学家的说法，这场危机在电视和报刊上的曝光程度，超过了二战以来的其他任何事件。泰德·科佩尔在一档新的深夜节目《美国人质危机》中，每天都会向全美报道事件的发展进程。美国人非常关注危机的进展，他们对于伊朗人的行为和要求感到异常愤慨。那些伊朗人，明明是在反对巴列维，凭什么对我们怒火滔天呢？

• • •

　　在此之前，我们一直都在讨论记忆扭曲、冤假错案和误入歧途的行医实践，这些肯定会导致错误产生的情况。现在，我们将转而探讨一些更棘手的局面，如背叛、分歧和暴力冲突。我们所列举的案例将从家庭争吵到十字军东征，从寻常的卑劣行为到系统性的酷刑折磨，从婚姻中的品行不端到战争升级，涉及各个不同层面。这些发生在朋友、亲人和国家之间的冲突，在起因或形式上可能大相径庭，但都被自我辩护这根顽固的线索所串联了起来。我们将这根共同的线索单独抽离了出来，并不是在有意地忽略其他因素的复杂性，也并非在暗示所有的表象都是一样的。

有些时候，当事双方在谁有过错的问题上意见一致，就像吉姆和卡伦那样。吉姆本可以宣称，卡伦是个不称职的妻子，所以自己才有了外遇，但实际上他并没有这样推卸责任。还有些时候，即便有错的一方忙于用一连串的借口和自我辩护来否认自己的过错，孰是孰非依然一目了然。被奴役者并不是奴隶制存在的原因，儿童不会主动去招惹恋童癖，受害妇女不会要求被强奸，犹太人也不可能将大屠杀的原因归咎于自身。

不过，我们想从更为普遍的情况开始聊起：在许多情形下，争议双方孰是孰非，矛盾是"谁先挑起的"，甚至争执是从什么时候开始的，都并不明确。关于侮辱、无法宽恕的轻慢和伤害以及无休止的争吵，每个家庭都不缺少相应的故事："她没来参加我的婚礼，甚至连礼物都没送"；"他偷窃了属于我的遗产"；"父亲生病时，哥哥连人影都看不到，我只能一个人照顾他"。身处裂痕之中，没有人会愿意承认自己无缘无故地撒谎、偷窃或欺骗。只有坏人才会这么做，就像只有无情无义的孩子才会在父母最需要帮助的时候抛弃他们。因此，每一方都为自身立场辩护，坚称对方应受到指责，同时己方完全遵循了理性且道德的行事方式，只是针对冒犯或挑衅给出了应有的回应："没错，我是没有来参加你的婚礼，可 7 年前我失恋时你又在哪里呢"；"我是从父母的遗产里拿走了一部分财产，但这不是偷窃——要说偷窃，从 40 年前你就开始了，你有钱去上大学，而我没有"；"反正父亲更喜欢你，他对我总是那么苛刻，所以现在由你去照顾他理所当然"。

在大多数分歧中，当事双方都会指责对方天生自私、固执、刻薄和咄咄逼人，但实际上，在这种指责中，自我辩护的需求往往压过了真实的人格特质。很可能从性格层面而言，辛德勒夫妇和迈克尔·夏沃其实并不是冥顽不灵或无理取闹的人。他们针锋相对的执拗和非理性行为只是 12 年来的各种决策（斗争还是屈服？抵抗还是妥协？）、随之而来的自我辩护以及旨在减少认知失调和矛盾的进一步行动三者综合作用的结果。一旦被自己的选择所困，他们就再也找不到退路了。泰莉的父母发现，为了证明最初做出的让女儿活下来的决定（从父母的角度来看，这是合情合理的）是正确的，他们就必须为自己接下来的决定进行辩护，不惜一切代价也要让女儿继续活下去。由于无法接受泰莉已经脑死亡的证据，辛德勒夫妇便指责迈克尔是一个支配狂、通奸者，甚至有可能是一个杀人犯，因为女儿已然成为负担，所以他想直接除掉她。另一方面，为了证明自己想让妻子自然死亡的决定是合理的，迈尔克发现自己也走上了一条不归路。他指责岳父母是投机取巧的媒体操纵者，他们剥夺了自己恪守承诺的权利，他曾承诺不会让泰莉这样苟延残喘地活着。辛德勒夫妇对于迈尔克不听从他们的意见或不尊重他们的宗教信仰的做法感到愤怒，迈尔克则愤慨于辛德勒夫妇诉诸法庭和公众的行为。双方都认为对方的做法令人反感，都感觉自己遭到了严重背叛。究竟是谁挑起了围绕泰莉死亡控制权的最后冲突？对此双方各执己见。不过，我们知道是谁让这场冲突变得无法收场，很明显，是自我辩护。

1979年伊朗学生扣留美国人的做法，似乎是毫无意义的挑衅行为，也完全出乎了美国人的预料。美国人认为自己无缘无故就遭到了一群疯狂伊朗人的攻击。但在伊朗人看来，挑起这场争端的罪魁祸首正是美国人。1953年，美国情报部队协助发动了一场政变，推翻了富有魅力的民选首相穆罕默德·摩萨台，并扶植巴列维上台。在随后的10年时间里，许多伊朗人对巴列维的敛财行径和美国所带来的西化影响日益感到不满。1963年，巴列维镇压了霍梅尼领导的伊斯兰起义，并将这位宗教领袖流放至国外。随着反政府呼声的日益高涨，巴列维开始指使自己的秘密警察组织萨瓦克（SAVAK）镇压持不同政见者，但这种做法激起了更多民众的怒火。

　　人质危机始于何时？是美国支持通过政变推翻摩萨台的时候吗？是美国不断向巴列维提供武器的时候吗？是美国对萨瓦克的残暴行径视而不见的时候吗？是美国允许巴列维入境接受治疗的时候吗？是从巴列维流放霍梅尼之时开始，还是从这位宗教领袖凯旋归国以后看准机会，带领全国人民发动革命、建立新政权之时开始？抑或是从伊朗学生前往美国大使馆抗议之时开始？针对上述疑问，大多数伊朗人所选择的答案，足以证明其针对美国的愤怒是合理的，反过来大多数美国人的答案，也足以证明他们对于伊朗的愤怒完全合理。双方都坚信自己是受害方，有权展开报复。究竟谁挑起了人质危机？对此双方各执一词。不过，关于是什么导致这场危机变得无法收场，我们同样非常清楚，那就是自我辩护。

　　为了为自己的生活、爱情和损失辩护，人们通常需要编造各种故事，其中最引人注目的当数那些用以解释一方是导致不公或伤害的煽动者而另一方是承受者而编造的故事，其影响意义也最为深远。在这种情况下，自我辩护的特征超越了具体的对立角色（恋人、父母和子女、朋友、邻居或国家）以及具体的争吵内容（肉体出轨、家产继承、背叛信任、产权界限或军事入侵）。我们都做过令他人感到愤怒的事情，我们也都曾被别人的所作所为激怒过。我们都曾有意无意地伤害过他人，而受到伤害的人也会永远地将我们视为恶棍、背叛者或无赖。遭到不公正对待，却只能默默地舔舐那似乎永远无法愈合的伤口，这种刺痛我们也都曾感受过。自我辩护的奇妙之处在于，它能让我们在眨眼之间，从一个角色转换到另一个角色，然后再切换回来，其间无须将我们对于一个角色的认知应用到另一个角色上。在某种情况下感觉自己遭受到不公正对待，这样的认知并不会减少我们对他人做出不公正行为的可能性，也不会让我们更同情受害者。就好像这两种经历之间存在一堵砖墙，这堵墙让我们无法从一边看到另一边。

　　这堵"砖墙"存在的原因之一在于，即便实际的疼痛程度完全相同，人在自己身上所感受到的痛苦，总比施加在他人身上的痛苦更强烈。"别人摔断腿是小事，我们折了指甲就是大事。"这句老笑话就是对我们神经回路的精准描绘。英国神经学家在一项"以牙还牙"性质的实验中，对受试者进行了两两配对。每对参与者的食指都被连在一个用于施加压力的装置上，研究人员要求每位参与者向同伴的手指上，施加他们刚刚从同伴那里感受到的同等压力。尽管受试对象很努力，但依然无法做到公平。每当一方感受到压力以后，他都会以更强的力度向对方施加报复，并认为自己不过是在以彼之道还施彼身。由此，研究人员得出结论，这种痛苦的升级不过是"经过神经加工的自然副产品"。[3]该结论有助于解释，为什么两个小男孩之间一开始玩的互捶胳膊游戏，会很快演变成愤怒的拳脚相加。同时，它也可以用于解释为什么两个国家会陷入相互报复的恶性循环："他们这不是在'以眼还眼'，而是在'以牙还牙'。我们必须施加报复——砍掉对方一条腿，这就算扯平了。"对峙中的每一方都认为自己的所作所为，只不过是为了和对方打成平手。

社会心理学家罗伊·鲍迈斯特及其同事向我们展示了，自我辩护是如何顺畅地将自身作为伤害施加者的不良情绪最小化，同时又将自身作为受害者的正义感最大化的。[4]这些研究人员要求63位受试对象，提供有关"受害者遭遇"（他们被别人激怒或伤害）和"加害者遭遇"（他们激怒别人）的自述。研究者这里所使用的"加害者"一词，并不是指普通刑事意义上的真正犯下罪行或做出其他不法行为的人。在本章中，我们也会和他们一样，使用这一名词来指代那些做出了伤害或冒犯他人行为的人。

从这两种视角出发，受试对象们所阐述的内容都是我们所熟知的那些事：不守承诺，违反规则、义务或期望，肉体出轨，泄露秘密，区别对待，说谎，以及产生金钱和财产方面的冲突。需要注意，这不是一项"他说/她说"式的研究，即婚姻咨询师和调解员在描述其经手案例时所呈现的那类研究；这是一项"他这样说/他那样说"的研究，在这项研究中，每位参与者都会站在双方立场上报告自身的经历。研究人员解释说，这种方式的好处在于"它排除了将受害者和加害者视为不同类别的人的解释。我们的方法展示了普通人是如何将自己定义为受害者或加害者的，也就是说，他们是如何通过构建叙事，让自己在每一种角色中所经历的一切都变得合情合理"。同样，人格差异与此无关。可爱善良的人和脾气暴躁的人一样，都有可能成为受害者或加害者，并为自己的行为做出相应的辩护。

不过，在构建"合理化"叙事时，我们采用了一种自利的方式。加害者的动机在于减少自身在道德上的罪恶感，而受害者的动机则是要最大限度地利用其道德层面的无可责难性。依据自己站在"砖墙"的哪一侧，我们会系统性地扭曲记忆以及对事件的描述，使得所发生的事情和我们对自身的看法，最大程度地达成一致。通过辨识这些系统性的记忆扭曲，研究人员展示了对峙双方是如何误解彼此的行为的。

在叙事过程中，加害者采用了不同的方式来减少因意识到做错事而产生的失调感。第一种方式自然是坚称自己做的根本没错："我对他撒了谎，但那只是为了照顾他的感受"；"是的，我从姐姐那里拿走了那个手镯，但它本来就是属于我的"。只有少数加害者会主动承认自己的行为不道德、自己曾蓄意伤害他人或自己的行为带有恶意。大多数人都表示自己的冒犯行为是无可非议的，从研究人员的委婉补充来看，其中的某些人甚至"非常坚信这一点"。大多数加害者表示，至少现在回想起来，他们觉得自己的做法是合理的；那些行为的出现可能有些令人遗憾，但在当时的情况下，是可以理解的。

第二种方式是承认错误，但为自己开脱或对错误轻描淡写。"我知道我不该发生一夜情，但在这花花世界中，它又造成了什么伤害呢？""也许在妈妈生病的时候拿走她的钻石手镯是不对的，但她一定希望我拥有它。况且，姐姐们得到的比我多得多。"有超过 2/3 的加害者声称，他们的所作所为是外部环境所致，或存在可减轻罪责的情节——"我小时候受过虐待""我最近压力很大"——但受害者并不愿意给予加害者解释的机会。有将近一半的加害者表示，他们"无法控制"所发生的事情；他们只是一时冲动，头脑发热。

还有一些人显然在推卸责任，认为是受害者激怒了他们，或者对方也要负部分责任。

当加害者被抓现行，无法否认或开脱罪责时，他们就会采用第三种方式，即先承认自己做错了事，然后试图尽快让此事翻篇。无论是否接受责备，大多数加害者都急于去驱散其负罪感带来的失调感，及时将事件搁置起来。与受害者相比，他们更倾向于将所作所为描述成一个孤立事件，这个事件现在已经成为过去式。它不具有典型性，也不存在持久的负面影响，于当下自然亦毫无影响可言。不少人甚至以皆大欢喜的大团圆式结局为故事收尾，给人以某种欣慰感，其大意是"现在一切都过去了，我们的关系没有受到任何损害；事实上，直到今天我们依然是好朋友"。

从受害者的角度出发，他们对于加害者的自我辩护抱有全然不同的看法，基本可以概括为："哦，是吗？没有损害？还是好朋友？我才不信你这些鬼话。"加害者的动机可能是想尽快忘却这段插曲，让事情翻篇，但受害者的记忆却是长久的。对加害者来说微不足道且容易遗忘的事情，对受害者来说可能是导致其终生愤怒的源头。在63位受害者中，只有一位受害者认为加害者的做法存在一定的合理性，没有一位受害者认为加害者的行为是"迫于无奈"而做出的。因此，大多数受害者都表示，分歧或争吵造成了持久的负面影响。半数以上的受害者表示，彼此之间的关系遭到了严重破坏。受害者感受到了持续的敌意，丧失了对对方的信任，其负面情绪无法排解，甚至认为这段友谊终结了，而他们显然没有将这一切告知加害者。

另外，尽管加害者认为自己当时的行为合情合理，但许多受害者表示，即便在事情过去很久以后，他们也无法理解加害者的意图。"他为什么要那么做？""她当时是怎么想的？"受害者无法理解加害者的动机，这成了受害者身份和受害者故事的核心。"他不仅做了那件可怕的事情，他甚至不理解那样做有多可怕！""她就是对我很刻薄，她为什么不敢承认？"

不理解，不承认，加害者之所以会有这样的表现，除了一心只想为自己的所作所为进行辩护，还有另外一个原因，那就是他们真的不知道受害者的感受。许多受害者一开始都会压抑愤怒，抚平创伤，默默思考下一步该怎么做。他们会在数月、数年甚至数十年间反思自己的痛苦或委屈。我们认识的一位男士告诉我们，结婚18年后，有天他的妻子"在早餐时突如其来地"宣布想要离婚。"我想弄明白自己哪里做得不对，"他说，"我告诉她我想弥补，但各种纠葛和矛盾毕竟已经积蓄了18年之久。"那位妻子忍辱负重了18年，而伊朗人则耿耿于怀了26年。当许多受害者开始表达自身的痛苦和愤怒时，尤其是对加害者已经掩盖或遗忘的事情表达痛苦和愤怒时，加害者会感到莫名其妙。难怪大多数加害者都觉得受害者的愤怒是反应过度，但很少有受害者会这么认为。他们在想："反应过度？我足足酝酿了好几个月才说出口。我觉得是反应太迟钝了！"

有些受害者为自己持续的愤怒情绪和难以释怀的态度进行辩护，因为愤怒本身就是一种报复手段，一种惩罚加害者的方式，即便加害者想要和解，受害者早已抽身离开，甚至已经离开人世。在长篇小说《远大前程》中，查尔斯·狄更斯为我们塑造了郝薇香小姐这个令人难以忘怀的角色，她在婚礼当天被抛弃，于是整个余生便以受害者形象示人。她满怀着自以为是的愤怒，穿着发黄的新娘礼服，带着养女艾丝黛拉向男人们倾泻着复仇之火。很多受害者无法排解自身的情绪，因为他们一直在抠伤口上的痂，反复地问自己："我是个好人，这样糟糕的事情怎么会发生在我身上？"这也许是我们一生中所遇到的最痛苦、最能引发认知失调的疑问。这也是无数提供精神或心理建议的书籍，希望帮助受害者找到解脱的方法、寻求内心平衡的原因所在。

无论是吉姆和卡伦，迈克尔·夏沃和他的岳父母，还是伊朗人质危机，透过各方讲述同一个故事的方式，我们可以看出，加害者和受害者之间存在巨大鸿沟。在加害者（无论是个人还是国家）所书写的历史中，他们的行为一定都是合理的，挑起问题的是另一方；他们的行为也是明智的、富有意义的；即便犯了错或做得过火了，至少从长远来看，一切结果都是最好的，而且无论如何，这一切现在都已成过去。而在受害者对同一段历史的描述中，加害者的行为既武断又毫无意义，或者恶意满满且残忍无情；受害者的报复行为无可挑剔、恰如其分，充满了道德上的正义感；根本不存在所谓的最好结局。事实上，无论怎样的结果都是最糟糕的，因为双方的愤怒一直无法得到平息。

因此，生活在北部和西部的美国人把南北战争当成了一段古老的历史来了解："我们英勇的联邦军迫使南方放弃了丑恶的奴隶制度；我们打败了叛徒杰斐逊·戴维斯，让国家保持了统一。（我们只是掩盖了自己作为奴隶制的帮凶兼教唆者的共谋行为，那都已经是过去的事了。）"但大多数南方白人讲述的则是另外一个故事，在这个故事里，内战并没有结束，它从那时一直延续到现在："我们英勇的邦联军队成了贪婪又粗鲁的北方人的牺牲品，他们打败了我们崇高的领袖杰斐逊·戴维斯，摧毁了我们的城市和传统，现在还在试图破坏我们的州权。我们南方人和你们这些该死的北方佬之间没有什么团结可言。我们会继续高举我们的邦联旗帜,谢谢你们,这就是我们的历史。"奴隶制可能会随风而逝,但恩怨不会。这就是为什么历史总是由胜利者书写,而撰写回忆录的却总是受害者。

谁先挑的事?

作为用以减少认知失调的经典借口之一,"对方先挑事"的说法永不过时。无论是蹒跚学步的孩童,还是统治国家的暴君,所有人都喜欢用这个借口。就连希特勒也说是"他们"先挑起的,这里的"他们"指的是第一次世界大战后用《凡尔赛和约》羞辱了德国人的战胜国,以及从内部暗中损害德国利益的犹太"害虫"。问题在于,你追溯到何种程度,才能证明对方是罪魁祸首呢?在我们开头所提到的伊朗人质危机这个案例中,我们可以发现,受害者拥有长期的记忆,他们可以援引最近或遥远过往中真实发生过或想象中的事件,来证明自己当下意欲报复的想法是正当的。几个世纪以来,穆斯林和基督徒之间的战争,时而暗流涌动,时而战火纷飞,究竟谁是加害者,谁是受害者,谁又能说得清楚?这个问题很难有直接明了的答案,不过我们可以先来看看,双方是如何为各自的行为进行辩护的。

"9·11"事件发生以后,乔治·布什宣布将发起一场反恐"十字军东征",大多数美国人对其中所包含的隐喻表示欢迎。在西方,"十字军"有着与好人有关的积极含义——体育界有以"十字军"命名的球队,蝙蝠侠和罗宾汉都是所谓的"斗篷十字军战士"。在历史上,真正的十字军东征始于1 000多年前,结束于13世纪末。除此之外似乎就没什么再值得一提的了。然而,对于大多数穆斯林来说，事实并非如此。他们对布什使用"十字军"一词感到既震惊又愤慨。在他们看来，十字军东征所造成的迫害和受苦的感觉一直延续至现在。1095年第一次十字军东征期间，基督徒攻占了穆斯林控制的耶路撒冷，并无情地屠杀了城里几乎所有的居民，那一幕仿佛就发生在上个月，它如此鲜活地铭刻在穆斯林的集体记忆里。

十字军东征相当于为欧洲基督徒屠杀大量穆斯林"异教徒"提供了许可。（这些朝圣者在穿越欧洲前往耶路撒冷的途中，也屠杀了成千上万的犹太人，因此一些犹太历史学家亦将十字军东征称为"第一次大屠杀"。）就西方当下的立场来看，十字军东征是一场大不幸，但正如所有战争一样，它也带来了多方面的好处，譬如，十字军东征为西方基督教国家与东方伊斯兰国家之间的文化和贸易协定打开了大门。有些学者甚至认为，基督徒只是在捍卫自身利益，使自己免于沦为"圣战"的牺牲品，而圣战正是先前穆斯林入侵基督教国家的动机。在《伊斯兰教和十字军东征政治不正确指南》[*The Politically Incorrect Guide to Islam*（*and the Crusades*）] 一书的封面上，作者罗伯特·斯宾塞赫然写上了这样一句话："十字军东征属于防御性冲突。"在这些人眼中，基督徒并不是许多穆斯林所认为的加害者，他们也是受害者。

究竟谁才是受害者？这取决于你将时间线往回拉多少年、多少世纪。在10世纪中叶，也就是十字军东征开始前100多年，半个基督教世界都被阿拉伯穆斯林军队所征服，耶路撒冷圣城以及基督教已存在几个世纪的国家和地区，例如埃及、西西里岛、西班牙和土耳其，皆被其攻占。1095年，教皇乌尔班二世号召法国贵族向所有穆斯林发动圣战。这场收复耶路撒冷的朝圣之战，将为欧洲城镇提供一个拓展贸易路线的机会；它有助于将新近富裕起来的武士贵族组织起来,并动员农民组成一支统一的武装力量;它还可以让分裂为东正教和罗马公教的基督教世界团结起来。教皇向他的军队保证,杀死穆斯林是基督教的一种忏悔行为。教皇还承诺,任何在战斗中阵亡的人,都将躲过炼狱中数千年的折磨,直接升入天堂。这套鼓励殉教者为崇高事业而赴死的话术,是不是听起来很耳熟?除了所谓的"为圣战而死的烈士能在天堂拥有72个处女",其他内容简直和伊斯兰教所宣扬的一模一样。

第一次十字军东征为欧洲基督徒带来了经济上的巨大成功,但也不可避免地激起了穆斯林的反击。到12世纪末,伊斯兰世界的杰出军事家萨拉丁收复了耶路撒冷,并夺回了十字军所占领的几乎所有国家。(1192年,萨拉丁与英国国王理查德一世签订了和平条约。)可以看到,先有残酷血腥的十字军东征,然后才有穆斯林的反攻和征服。那么,谁才是始作俑者?

同理,以色列人和巴勒斯坦人之间棘手的争斗问题,也有其前因和后果。2006年7月12日,真主党武装分子绑架了两名以色列预备役军人埃胡德·戈德瓦塞尔和埃尔达德·雷格夫。以色列方由此展开报复,向黎巴嫩真主党控制的地区发射火箭弹,造成许多无辜平民死亡。在观察了双方随后的报复行动后,历史学家蒂莫西·加顿·艾什提出:"这场战争究竟始于何时,始于何地?"它开始于7月12日,还是更早的一个月前,当时以色列的炮击炸死了7名巴勒斯坦平民?或是之前的1月,即哈马斯赢得巴勒斯坦大选之时?还是以色列入侵黎巴嫩的1982年?或者伊朗伊斯兰革命爆发的1979年?抑或以色列建国的1948年?关于"这一切是怎么开始"的疑问,加顿·艾什自己给出答案是19世纪和20世纪欧洲强烈的反犹主义,其标志性事件包括沙俄大屠杀,法国暴民在审判阿尔弗雷德·德雷福斯上尉时高喊"打倒犹太人",以及纳粹对犹太人的大屠杀。他写道,欧洲对犹太人的"激进排斥"催生了犹太复国主义,是犹太人移居巴勒斯坦和以色列建国的推动力。

> 以色列军队以救回戈德瓦塞尔为名杀害黎巴嫩平民和联合国观察员,即便在谴责他们的这种做法时……我们也必须牢记,如果不是早几十年前,一些欧洲人试图将所有名叫戈德瓦塞尔的人,都从欧洲甚至地球上除去,那么几乎可以肯定,现在这一切都不会发生。[5]

加顿·艾什只不过将恩怨的时间线往前推了若干世纪,而其他人动辄就会回溯几千年。

无论是家庭争吵还是国际冲突,一旦人们对于"谁先挑的事"这个问题,产生了自己的看法,他们就很难接受与自身立场不一致的信息。一旦他们确定了谁是加害者,谁是受害者,他们与意见相左一方共情的能力就会减弱,甚至不复存在。在多少次争论中,你到最后只能悻悻地抛出一句没有答案的"但关于……方面,该怎么解释呢"?只要你描述某一方犯下的暴行,马上就会有人跳出来抗议:"那对方的暴行,又该怎么解释呢?"

我们都能理解为什么受害者会有报复的想法。但是,报复行为往往会使最初的加害者将自身行为的严重性和危害性,轻描淡写地一笔带过,同时又给自己披上受害者的外衣,进而引发压迫和报复的恶性循环。"每一场成功的革命,"历史学家芭芭拉·图赫曼曾指出,"都会及时穿上它所废黜的暴君的战袍。"有何不可呢?在胜利者,也就是曾经的受害者眼中,这种做法理所当然。

作恶之人

　　特种兵查尔斯·格兰纳和陆军一等兵琳迪·英格兰在一群赤裸的受害者身后,扬扬得意地竖起了大拇指,这是我看到的关于阿布格莱布监狱的第一张照片。这一幕是如此刺眼,以至于有那么几秒钟,我把它当成了合成的图像……那种嬉皮笑脸的傲慢,对他人痛苦毫不掩饰的得意,似乎有些似曾相识。终于,我回想起来了:上次在一组涉及私刑的照片中,我也看到了类似的情景。[6]

　　　　　　　　　　　　　　——吕克·桑特,作家

　　虽然有时善良很难定义,但邪恶自有其明确无误的特殊气质:每个孩子都知道什么是痛苦。因此,每当我们故意给他人制造痛苦时,我们其实都知道自己在做什么。我们在作恶。[7]

　　　　　　　　——阿摩司·奥兹,小说家和社会批评家

　　在蓄意给伊拉克战俘制造痛苦并侮辱和嘲笑他们的时候,查尔斯·格兰纳和琳迪·英格兰意识到自己是在"作恶"吗?不,他们并没有,所以说,阿摩司·奥兹的观点并不正确。奥兹没有考虑到自我辩护的力量:"我们是好人。所以,如果我们有意让他人遭受痛苦,那肯定是因为对方罪有应得。所以,我们非但不是在作恶,反而是在行善。"事实上,一小部分不能或不愿通过这种方式来减少认知失调的人,确实因此而付出了巨大的心理代价,他们感到内疚、痛苦和焦虑,不断做噩梦,且彻夜难眠,相关内容我们将在下一章进一步探讨。你在道德上无法接受你所犯下的恐怖罪行,在这种感受下生活的痛苦堪称锥心刺骨。这也是为什么大多数人会努力寻求一切可用的理由，来缓解这种失调感。

如果好人可以为自己所做的坏事辩护，那坏人就能说服自己相信自己是个好人。塞尔维亚共和国前总统、前南斯拉夫联盟共和国总统米洛舍维奇，曾因战争罪、反人类罪和种族灭绝罪的指控被审判了长达4年。在此期间，他一直为自己的政策辩护。米洛舍维奇在受审时不断重申，他与这些人的死亡毫无干系，塞尔维亚人是穆斯林宣传的受害者。战争就是战争，这些人对无辜的塞尔维亚人犯下了侵略罪行，他只是对此做出了回应。除了米洛舍维奇，意大利记者里卡多·奥利奇奥还采访其他6位政治人物，其中包括乌干达前总统伊迪·阿明，"娃娃医生"、海地前总统让－克洛德·杜瓦利埃，前南斯拉夫左派联盟主席米拉·马尔科维奇（外号"红女巫"，米洛舍维奇的妻子）和中非共和国的独裁者、"贝伦戈食人魔"让－贝德尔·博卡萨。他们每个人都声称，自己所做的一切，无论是折磨或谋杀政治对手、阻碍自由选举，还是让民众忍饥挨饿、掠夺国家财富或者发动种族灭绝战争，都是出于对国家利益的考虑。在这些人看来，自己只能选择杀戮。他们眼中的自己并非专制者，而是自我牺牲的爱国者。[8]《纽约客》杂志撰稿人路易斯·梅南曾这样写道："出于对人民的爱而压迫人民，这样的一位统治者，其认知究竟失调至何种程度，我们从'娃娃医生'杜瓦利埃在海地张贴的一张海报中，可见一斑。这张海报上写着：'为了在海地建立不可逆转的民主制度，我愿意接受历史法庭的审判。'落款为'让－克洛德·杜瓦利埃，终身总统'。"[9]

在上一章，我们通过个例展示了离婚夫妻通常是如何为自己给对方造成的伤害进行辩护的。在这些自欺欺人的可怕算计中，加害者往往会认为，受害者就是罪有应得，所以"我们比伤害他们之前更加憎恨他们,这反过来又会让我们给他们施加更大的痛苦"。相关实验多次证实了这一机制。在基思·戴维斯和爱德华·琼斯合作完成的一项实验中,一些学生观看了另一名学生接受采访的过程,然后在实验人员的指导下,这些学生必须对接受采访的学生说,他们发现他是一个肤浅、不值得信任且无趣的人。由于做出了这般极为负面的评价,所有参与者都成功地说服了自己相信,受害者,即接受采访的那名学生,得到这样的批评是理所当然,而且他们也觉得,相比伤害受害者的感情之前,受害者的魅力似乎下降了。尽管这些学生都知道,作为受害对象的那名学生并没有做任何值得他们批评的事情,而且他们只是在遵从实验者的指示,但即便如此,他们的心态也还是发生了变化。[10]

在加害者眼中,所有受害者都一模一样吗?不,他们的无助程度不尽相同。假设你是一名海军陆战队队员,在与敌方全副武装的士兵的徒手搏斗中,你杀死了对方。此时的你会感到认知失调吗?或许不会。这种经历可能令人感到不舒服,但不会让人产生失调感,也不需要寻求多余的理由为自己辩护:"不是他死就是我亡……我消灭了一个敌人……我们为胜利而战……此时我别无选择。"但假如身为海军陆战队队员的你正在执行一项任务,要去炸毁一栋据说藏有敌军的房子。你和小队成员摧毁了那栋建筑,结果却发现你们炸死了一家无辜的平民,其中有老弱妇孺。在这种情况下,大多数士兵都会试图消减因为杀害无辜平民而产生的认知失调,其中最主要的方式就是诋毁受害人,把他们描述得毫无人性:"愚蠢的浑蛋,他们就不该出现在那里……搞不好他们就是在通敌……这些人都是害虫、劣等人。"威廉·威斯特摩兰将军在谈及越战期间有大量平民伤亡时,曾说过一番震惊世人的言论:"东方人的生命不如西方人珍贵。在东方,生命多如牛毛,无比廉价。"[11]

所以,根据认知失调理论,当受害者手持武器并有能力展开反击时,加害者就会感觉不太需要通过贬低对方来减少认知失调。在艾伦·博莎伊德和她的同事们完成的一项实验中,研究人员通过对参与者进行引导,使他们相信,为了测试某个实验对象的学习能力,他们需要对其实施痛苦的电击。另外,有半数参与者被告知,稍后角色将会颠倒过来,即受害者将可以反过来电击他们。正如预料的那般,只有那些认为受害者对他们束手无策且无法做出回应的参与者,才会诋毁对方。[12] 在斯坦利·米尔格拉姆1963年完成的服从实验(见第一章)中,许多参与者的表现如出一辙。他们服从实验人员的命令,向学习者施加了他们认为已达危险程度的电击,然后通过指责受害者来为自己的行为辩护。正如米尔格拉姆自己所言:"由于对受害者采取了严酷手段,许多受试者开始严厉贬低受害者的价值。其中,诸如'他太愚蠢和固执了,活该被电击'这样的评论非常常见。一旦对受害者采取了行动,这些受试者便发现,有必要将对方看成一个毫无价值的个体,因为其自身智力和性格都存在缺陷,所以对他进行惩罚是不可避免的。"[13]

这些研究结果的隐含意义简直令人不寒而栗,因为它们表明,人们不会在实施残忍行为后就此罢休。成功地将受害者非人化,事实上保证了残忍行为的延续乃至升级:它相当于打造了一根无休止的链条,暴力之后紧接着自我辩护(以将受害者非人化和指责受害者的方式呈现),然后是更多的暴力和非人化。将自我辩护的加害者和无助的受害者结合起来,暴力升级的特殊配方就形成了。这种残暴并不局限于像虐待狂或精神变态者一样粗暴的人身上。有孩子、有家庭的普通人,以及其他喜欢音乐、美食、做爱和闲聊的"文明人",皆有可能犯下这种暴行,而且施暴的往往都是这类人。这是社会心理学中最有据可查的结论之一,也是令许多人最难以接受的结论之一,因为它造成了强烈的认知失调:"我怎么可能和那些杀人犯、残暴者存在共同点呢?"坚信那些人是邪恶的并与其彻底切割开来,会让人安心得多。[14] 我们不敢赋予他们一丝一毫的人性,因为这可能会迫使我们去直面漫画家沃尔特·凯利笔下著名角色 Pogo 说的那句至理名句:"我们遇到了敌人,他就是我们自己。"

然而,如果加害者被视为自己人,许多人就会为他们辩护,或者淡化其行为的严重性或非法性,总之会让加害者的行为看上去与真正的敌人之间存在本质区别,因为只有这样,辩护者才能减少内心的认知失调。他们认为,只有像伊迪·阿明或萨达姆·侯赛因这样的恶棍才会折磨敌人。但正如约翰·康罗伊在《普通人,难以言说的行为》(*Unspeakable Acts, Ordinary People*)一书中所指出的,《日内瓦公约》明令禁止"针对生命和人身的暴力,特别是各种谋杀、残伤、虐待和酷刑……以及针对个人尊严的侵犯,特别是羞辱和有辱人格的对待",但违反这些禁令的不只是来自非民主国家的审讯者。在调查记录在案的虐待囚犯案件时,康罗伊发现,他所采访过的几乎所有军方或警方官员,无论是英国人、南非人、以色列人还是美国人,都会为自己的做法辩护说:"我们实施的拷问就严重程度和致命性而言,与敌方的酷刑根本不在一个层级。"

> 来自南非的布鲁斯·穆尔-金告诉我,在实施电刑时,他从不电击对方的生殖器,但其他地方的刑讯者经常会这样做……雨果·加西亚告诉我说,阿根廷的刑讯者比

乌拉圭的刑讯者更恶劣。奥姆里·科赫瓦向我保证,纳塔尔军营的士兵还没有堕落到美军在越南的地步……英国人安慰自己说,与爱尔兰共和军造成的苦难相比,他们的手段不算什么。以色列人经常争辩说,与阿拉伯国家使用的酷刑相比,他们的手段简直就是小儿科。[15]

美国人同样不遑多让:美国士兵在伊拉克阿布格莱布监狱任意侮辱和折磨恐怖主义嫌犯,相关的虐囚照片引发了全世界的愤慨。国际红十字会、国际特赦组织和人权观察组织发起的公正调查显示,除了阿布格莱布监狱,美国审讯人员及其盟友还在关塔那摩湾以及其他国家的"黑牢"中,对恐怖主义嫌疑人使用了睡眠剥夺、长期隔离、水刑、性侮辱、冷冻和殴打等残忍手段。2014年,美国参议院情报委员会的一份报告证实,美国中情局使用酷刑的情况比国会或公众所认为的更加普遍和残忍。[16]

美国一直在有组织地违反《日内瓦公约》,为了减少这一信息所造成的认知失调,中情局的政策制定者和执行者们又是怎么做的呢?他们采取的第一种方式是坚称只要我们采取了这样的手段,那就不算是酷刑。正如小布什所说,"我们不实施酷刑,我们采用的是另一套审讯程序"。在读到2014年参议院报告以前,迪克·切尼对其做出的回应是,"全都是胡说八道"。美国全国广播公司新闻频道的主持人查克·托德曾在《与媒体见面》节目中采访过切尼,当他坚持不懈地要求后者定义酷刑时,切尼回答说:"有一种观点认为,在某种程度上,恐怖分子的所作所为与我们的所作所为,在道德层面是对等的。这种说法绝对不正确。我们非常谨慎地避免使用酷刑。可能参议院认为他们的报告应该给我们的行为贴上酷刑的标签,但我们一直努力避免与这一定义扯上关系。"

托德继续逼问他:"那么,究竟该怎么定义呢?中情局使用的所谓的'肛门灌食'难道不是酷刑吗?"对此切尼不耐烦地回答道:"关于酷刑的定义标准,我已经告诉过你了。'9·11'事件里,19个手持机票、身上藏着美工刀的家伙对3 000名美国人所犯下的罪行,才叫酷刑。"托德继续说:"利雅得·纳贾尔的事情该怎么说?他手臂朝上,手腕被铐在头顶的横杆上,连续两天每天要被铐22个小时——他甚至穿上了尿布,连厕所都不能去上。还有阿布·祖贝达,他被关在一个宽0.5米、深0.8米、长0.8米像棺材一样的箱子里,足足被关了11天零2个小时。难道这些都不是酷刑吗?"但切尼表示,它们都不算酷刑,而是被批准使用的审讯手段。"这份报告是否在你心中埋下了怀疑的种子?"托德问道。"绝对没有。"切尼回答。[17]

中情局的政策制定者和执行者采取的减少认知失调的第二种方式是坚持认为,即便用上了酷刑,那也肯定是有正当理由的。正如俄克拉何马州参议员詹姆斯·英霍夫所言,阿布格莱布监狱里的囚犯罪有应得,因为他们都是"杀人犯、恐怖分子和叛乱分子。他们中的许多人手上可能沾满了美国人的鲜血"。但他似乎没有意识到,大多数囚犯都是因为某个随意的理由或轻微罪行而被抓起来的,这些人从未被正式指控过。事实上,按照多名军事情报官员透露给红十字国际委员会的消息,70%到90%的伊拉克被拘留者都是被误抓的。[18]

"定时炸弹"式借口是为酷刑辩护的普遍理由。专栏作家查尔斯·克劳瑟默提出这样一种假设:"假如有恐怖分子在纽约市安放了一枚核弹。核弹将在一小时后爆炸,100万人会因此而丧生。你抓住了恐怖分子，他知道核弹在哪里。但他拒绝开口。眼下的问题在于，你只剩下最后一个办法，给这个人一些身体折磨，这样或许就能让他开口，从而拯救百万人生命，你会这样做吗？"对此，克劳瑟默自己给出了肯定的回答，你不仅可以这么做，这更是你的道德职责所在。[19] 你没有时间给《日内瓦公约》的起草者打电话，问他们是否可以这么做。你必须不惜一切代价撬开恐怖分子的嘴，让他告诉你核弹的位置。

如果这样说的话，大多数美国人可能都会抛开道德疑虑，认为通过折磨一个人来换取 100 万人的性命，是十分划算的。不过，这种推理的问题在于，其实用主义的辩护理由是站不住脚的：受到折磨的嫌疑人什么都会招供。正如某篇社论所指出："酷刑是一种可怕的手段，政府会以获取准确情报为借口大肆实施酷刑。几个世纪以来的经验表明，无论是承认在萨勒姆施展巫术，还是坦白针对苏俄的反革命倾向，抑或编造关于伊拉克和基地组织的故事，不管对方想听什么，受折磨的人统统都会说出来。"[20] 事实也的确如此，参议院情报部门的报告证实，通过拷问被拘留者而获得的信息，后来被证明全无价值，在抓获或击毙本·拉登等恐怖分子的过程中，没有发挥任何作用。更糟糕的是，在非紧要关头，"挽救生命"也可能会被当成借口使用。美国前国务卿康多莉扎·赖斯在访问德国期间，遭到了欧洲领导人的强烈抗议，他们认为美国不应该对关押在秘密监狱中的恐怖主义嫌犯使用酷刑，但赖斯否认曾对嫌犯使用过酷刑。然后，她还补充说，批评她的人应当意识到，审讯这些嫌犯所获得的信息"阻止了恐怖袭击的发生，挽救了欧洲以及美国大量无辜者的生命"。[21] 她似乎并不关心这些审讯同样也会导致无辜者丧命。直到美国以涉嫌恐怖主义为由绑架了一名无辜的德国公民，并对其实施了长达5个月的非人虐待以后，赖斯才勉强承认"犯了错误"。

一旦有案例证明酷刑的存在具有合理性，那么论证其他案例中酷刑的合理性就变得更容易了："我们不仅要拷问这个肯定知道炸弹下落的浑蛋，还要拷问另一个可能知道炸弹下落的浑蛋，更要拷问这个可能掌握了某些对未来有用线索的浑蛋，以及另一个我们不太确定是不是浑蛋的浑蛋。"国际特赦组织主席威廉·舒尔茨指出，据以色列、巴勒斯坦以及国际相关人权组织的调查，以色列在1987年至1993年期间对囚犯所使用的审讯方法，达到了酷刑标准。"虽然起初是以寻找'定时炸弹'为理由，"他说，"但很快，动用酷刑逼供就成了家常便饭。"[22] 美国陆军第82空降师的一名中士描述了虐待伊拉克囚犯的过程：

> 监狱里的犯人管我们叫"杀人狂"……当囚犯被带进来以后，游戏就开始了。你知道，这家伙在昏倒或精神崩溃之前能坚持多久，完全取决于你的手段：连续两天使其保持压迫姿势，不让他吃东西，不给他喝水，等等。情报人员告诉我们这些家伙都不是好人，但有时他们也会搞错。[23]

"有时他们也会搞错。"这位中士这样说。（但即便如此，我们也对他们实施同样的酷刑。）

关于酷刑的争议主要集中在其合法性、道德性和实用性上。作为社会心理学家，我们想补充一个额外的关注点，即酷刑会对施刑者个人以及配合其施刑的普通公民，带来怎样的影响。大多数人都希望相信政府的所作所为是为了他们好，相信政府知道自己在做什么，更相信它所做的一切都是正确的。因此，如果政府下定决心，在反恐战争中使用酷刑，那么为了避免认知失调的产生，大多数公民都会选择默许态度。然而，长此以往，整个民族的道德良知便会逐渐滑坡。一旦人们在金字塔上朝着为虐待和酷刑辩护的方向迈出了一小步，他们的心灵和思想就会逐渐变得麻木不仁，且永远无法恢复至以前的状态。自己的政府，尤其是自己所处的政党，实施了不道德或非法的行为，去消减因此类信息所导致的认知失调，即可被称为不加批判的爱国主义，它会让人更容易从金字塔上向下滑落。

我们悲痛而震惊地目睹了这一道德滑坡的过程。2014年12月，在参议院报告公布以后，皮尤研究中心的一项全国性调查显示，有51%的美国人仍然认为中情局使用酷刑是"合理的"，一半以上的人仍然错误地认为，中情局的审讯方法有助于阻止恐怖袭击。相关民调亦表明，就像两党曾经努力寻找共同立场的许多其他议题一样，该议题俨然已成了一个党派问题：76%的共和党人认为中情局在"9·11"事件后所采取的审讯方法是合理的，而只有37%的民主党人这样认为。[24] 不过，在酷刑问题上并非只有党派之争。1988年，时任美国总统的罗纳德·里根参与签署了《联合国禁止酷刑公约》，而一再重申禁止使用"强化审讯手段"的贝拉克·奥巴马，却选择对美国前总统的政策睁一只眼闭一只眼。"我们折磨了一些人。"奥巴马曾这样表态。或许我们可以说，他就是在用平易近人的话术，来掩盖其所作所为的丑陋。他支持中情局审查报告中的部分内容，却拒绝追究任何施刑者或相关政策执行者的责任。

政治学家达里斯·雷加里表示："如果不互相承认所犯的错误，

不采取某种形式的责任追究制度，我们就很难避免有人再动用酷刑。没有什么比过往的有罪不罚现象更能预测未来行为了。"[25] 有罪者不仅没有受到惩罚，还获得了自我辩护的奖励——这不仅适用于施暴的个人，也适用于为其开脱罪责的国家。

尽管如此，还是有一些政治家抵制住了为中情局行为进行辩护的诱惑，在这些人中间，共和党参议员约翰·麦凯恩的表态最令人赞许。"真相有时如同一剂让人难以下咽的苦药，"他说，"但美国人民有权做主。"

> 当我们的安全政策，甚至是那些秘密执行的政策，蓄意无视我们国家的价值观时，美国人民必须知道。这些政策以及支持这些政策的人在我们价值观上的妥协是否得当？这些政策和人员是否在为更大的利益服务？或者正如我所认为的那样，这些政策和人员是否玷污了我们的国家荣誉，他们造成了很大的伤害，却没有带来实际的益处？关于这些问题，美国人民必须能够做出明智的判断。这些政策究竟是什么？它们的目的是什么？它们达成目的了吗？它们使我们的生活变得更安全，更不安全，还是对我们的生活毫无影响？它们究竟给我们带来了什么？它们又让我们付出了怎样的代价？美国人民需要获得这些问题的答案……
>
> 实施酷刑是可耻且不必要的行为……归根结底，酷刑未能达成预期目标，并不是我们反对使用酷刑的主要原因。我经常说，并始终坚持，这个问题与我们的敌人无关，而是与我们自己有关。它关系到我们过去是谁，现在

是谁，以及我们渴望成为谁。它关系到我们如何向世界展示自己。[26]

真相与和解

我们很喜欢这样一则古代佛教寓言故事：几名僧人在完成了长途朝圣后准备返程。他们翻过高山，越过峡谷，一路上始终践行着在寺庙之外保持沉默的誓言。某一天，一条波涛汹涌的大河挡住了去路，河边站着一位美丽的年轻姑娘。姑娘走近最年长的僧人说："发发善心，长老，你能好心背我过河吗？我不会游泳，我如果一个人过河，肯定会被冲走的。"老僧和蔼地笑道："当然可以，我会帮你。"说罢，就背着她过了河。到了对岸，老僧将姑娘放下。姑娘道谢后便转身离开，僧人们则继续赶路。

又经过5天的艰难跋涉，僧人们终于回到了寺庙。一进寺庙，其他僧人就对老僧大发雷霆。"你怎么能这么做？"他们怒斥他说，"你违背了誓约！你不仅和那位姑娘说了话，还碰了她，甚至还把她背了起来！"

老僧回答说："我只是背她过河。你们已经背了她5天了。"

这些僧人们的心里面一直记挂着那位姑娘。同理，一些加害者和受害者多年来也一直背负着内疚、悲伤、愤怒和复仇的包袱。如何才能卸下这些包袱？任何试图介入夫妻或国家之间冲突的人都知道，要双方都放下自我辩护有多么困难，尤其是在经历了多年争斗和对自我立场的捍卫以后，从金字塔上滑落的他们越发不可能达成妥协和共识。因此，调解者和谈判者会面临着两项挑战：说服加害者主动承认和弥补自己所造成的伤害；说服受害者放弃复仇的冲动,同时承认他们所遭受的伤害,并与之感同身受。

临床心理学家安德鲁·克里斯滕森和尼尔·雅各布森通过与一方深深伤害或背叛另一方的已婚夫妇展开合作,提出了摆脱情感困局的三种可能奏效的方式。第一种方式是,加害者单方面搁置个人情感,在意识到受害者的愤怒中掩藏着巨大的痛苦以后,以真诚的悔恨和道歉来回应这种痛苦。第二种方式是,受害者单方面放弃反复的愤怒指责——毕竟,错误都已经铸成了——表达痛苦而不是愤怒,这种反应更有可能激发加害者的同情和关怀,而非防御之心。克里斯滕森和雅各布森表示:"让当事人单方面做到以上两点中的任何一点,都是非常困难的,对于很多人来说都是不可能做到的事情。"[27] 此外还有第三种方式,它最难以做到,但同时也是最有希望长期解决冲突的方式:双方都放弃自我辩护,共同商定接下来的路该怎么走。如果只有加害者道歉并试图赎罪,那么他的行为可能并不会那么真诚,也难以真正抚平受害者内心的创伤。反过来,如果只有受害者选择和解和原谅,加害者就失去了自我改变的动力,有可能会变本加厉地继续实施不公平或冷酷无情的行为。[28]

虽然克里斯滕森和雅各布森的分析对象,是处于冲突状态的两个个体,但我们认为,他们的分析同样也适用于群体冲突。对于群体冲突,第三种方式不仅是最好的解决途径,而且是唯一的解决途径。在南非,种族隔离制度的终结很容易让那些支持现状并享有其特权的白人,产生自我辩护的愤慨,同时也很容易让那些深受其害的黑人,迸发出自我辩护的怒火。身为白人代表的弗雷德里克·德克勒克和作为黑人代表的纳尔逊·曼德拉凭借着非凡的勇气,让南非没有陷入大多数革命带来的流血冲突。他们创造了条件,使得这个国家迈向了民主。

德克勒克在 1989 年被推选为总统,他深知暴力革命几乎不可避免。当时，反对种族隔离的斗争不断升级；其他国家实施的制裁对南非的经济造成了巨大影响；遭到封禁的非洲国民大会的支持者们变得越发暴力，他们不断杀害和折磨那些被认为投靠了白人政权的人。德克勒克本可以采用更严厉的镇压手段来收紧绞索，孤注一掷地维持白人政权，但他不仅没有这样做，还撤销了对于非国大的禁令，并将关押了27年的曼德拉从监狱中释放出来。反观曼德拉，他也本可以任由愤怒吞噬自己，在走出监狱后，决意展开在旁人看来理所当然的复仇行动。然而，为了毕生所追求的目标，他克制住了愤怒。"如果你希望与敌人和平相处，你就必须得学会与敌人合作，"曼德拉说，"然后他就会成为你的伙伴。"1993年，曼德拉和德克勒克一同获诺贝尔和平奖。次年，曼德拉当选为南非总统。

这个新生的民主政权所开展的第一项工作，便是成立真相与和解委员会，由大主教戴斯蒙德·图图担任主席。（此外，南非政府还成立了其他三个委员会，分别负责处理人权侵犯、大赦以及赔偿和改造问题。）真相与和解委员会的目标是为暴行的受害者提供一个讨论场所，让他们的陈述得到倾听和认可，让他们的尊严和正义感得以重建，让他们可以当着加害者的面表达不满。作为大赦的交换条件，加害者必须承认他们所带来的包括酷刑和谋杀在内的各种伤害。同时，该委员会一再强调："我们需要的是理解，不是复仇；需要的是补偿，不是报复；需要的是人道主义精神，不是侵害。"

虽然真相与和解委员会的目标振奋人心，但这一目标在实践中并未完全实现。抱怨、嘲讽、抗议和愤怒之声四起。许多种族隔离制度的黑人受害者，例如在监狱中被谋杀的社会活动家斯蒂芬·比科的家人，对赦免犯罪者的做法感到愤怒。许多白人加害者也没有带着悔恨之情真正地道歉，而那些种族隔离制度的白人支持者，更没有兴趣倾听其同僚在广播中的忏悔。南非没有成为天堂，它依然饱受贫困和高犯罪率之苦。但万幸的是，原本预料中的暴力事件大爆发并没有出现。为了撰写一本关于不公正和暴行受害者的书籍，心理学家所罗门·席梅尔曾前往南非，对来自不同政治和文化背景的人进行采访，他本以为会听到这些人倾诉自己的愤怒，表达其复仇的欲望，但实际并没有。"总体而言，让我印象最深刻的一点在于，"他说，"黑人和白人之间没有明显的敌意和仇恨，他们团结一致，正努力创造一个种族和谐、经济公正的社会。"[29]

· · ·

只有当我们愿意停止为自身立场辩护时，不带仇恨的理解和没有报复的补偿，才有可能成为现实。越战结束多年以后，退伍军人小威廉·布洛伊莱斯重返越南，试图化解自己的情感困扰，他曾在那里见证过很多恐怖，也亲手制造过恐怖。他说，之所以要回去，是因为他希望"以实实在在的个人身份，而不是抽象的形象"与昔日的敌人见个面。在一个曾是海军陆战队大本营的小村庄里，他遇到了一位曾经加入越共的妇女。在交谈过程中，布洛伊莱斯意识到，她的丈夫正是在他和他的队员巡逻时被杀害的。于是，他告诉对方说："你的丈夫可能是被我和我的部下杀死的。"那位妇女平静地看着他说道："但那是在打仗。现在战争结束了，生活还要继续。"[30] 后来，布洛伊莱斯对自己的越南"疗伤之旅"做了回顾：

我以前经常做噩梦。自从那次旅行回来后，我就再也没有做过噩梦。或许这番经历听起来太过个人化，不足以支持任何更为宏大的结论，但它告诉我，只有人与人之间回归至和以前一样的人际关系，战争才算真正结束，你才算迎来了和平。在历史中，没有什么是一成不变的。

第八章

放下执念,勇于承担

有个人不远万里,前来请教世界上最有智慧的大师。他问这位大师:"智慧大师啊,幸福人生的秘诀是什么?"

"保持良好的判断力。"大师说道。

"但是,智慧大师啊,"这个人又问道,"怎样才能保持良好的判断力?"

"做错误判断。"大师说。

  我们沿着自我辩护的踪迹,依次穿越了家庭、记忆、医疗、司法、偏见、冲突和战争的疆域,在此过程中,关于认知失调理论的两大基本经验逐渐浮现。首先,减少认知失调的能力会在无数方面对我们有所助益,它能帮助我们维护自身的信念、自信、决策、自尊和幸福。其次,这种能力也会给我们带来大麻烦。人们会不惜采取自我毁灭式的行动方案,来证明其最初决定的明智性。他们会更加苛刻地对待那些曾经被其伤害过的人,因为他们会说服自己,受害者是罪有应得。在工作中,他们也会因循守旧,甚至固守有害的流程。他们还会支持站在所谓的正确的一边(其实就是他们这边)

的虐待者和暴君。对自己宗教信仰缺乏安全感的人，甚至可能会产生一种冲动，要去压制和骚扰那些与他们意见相左的人，因为对他们来说，这些反对的声音，单单是存在就会引起痛苦的认知失调。

但是，认知失调还有另外一面：当人们无法利用自我辩护抹去所造成的伤害、所犯下的错误、所做出的适得其反的决定的相关记忆时，他们也同样会感到痛苦。这种无法释怀的感觉，会给人留下难以磨灭的悔恨和负罪感，在某些极端情况下会让人陷入绝望、抑郁，或染上酗酒恶习。这种情况出现在士兵身上时，我们称这些症状为创伤后应激障碍（PTSD）。在以美国伊拉克战争老兵为对象的研究中，心理学家韦恩·克鲁格及其同事曾发问道："面对这股可能会影响自己一生的强大制裁力量，士兵又怎能理直气壮地为自己夺走他人生命的行为辩护呢？他余生与内疚、悲伤和认知失调的抗争，是否暗示了对战争的道德控诉？"[1]

精神病学家乔纳森·谢伊曾就创伤后应激障碍问题为军方提供咨询，他指出，一些军人会因为违背其伦理准则的杀戮而遭受持久的"道德痛苦"，即便杀戮是战争不可避免的一部分。"你不仅执行了上司要求你必须完成的任务，同时真诚且体面地坚信，这是你职责的一部分。但实际上，你的所作所为完全违背了你自己的道德承诺，于是痛苦油然而生，"谢伊说，"谋杀与合法杀人之间有一条明确的界线，这对他们来说意味着一切……他们痛恨自己杀死了无辜之人。这相当于他们灵魂上的一道伤疤。"[2]

掌握与认知失调共存之道，不仅是为了避免在灵魂上留下伤疤，更是为了在留下伤疤以后，与其和谐共处。就像《荷马史诗》中奥德修斯必须在海怪斯库拉和卡律布狄斯（墨西拿海峡礁石和旋涡的化身，对水手来说万分凶险）之间驾驭船只一样，我们也必须在盲目自我辩护的"斯库拉"和无情自我鞭挞的"卡律布狄斯"之间找到一条道路。相比通过抖机灵辩解——"除了这样我还能怎么做","这都是别人的错","我只是服从命令","我大体上没出错,只是一些细节上存在问题",或者"我们能不能把这件事抛在脑后,继续干点儿正事"——来让自己脱身,选择中间道路要复杂得多。抖机灵的辩护策略根本行不通,它应付不了别人,甚至连自己这一关都过不了。在理解为何出错的道路上,我们要保持清醒,承受一些痛苦、困惑和不适,这一点非常重要。唯有这样,我们才能明白自己该做些什么来纠正错误。

对于琳达·罗丝而言,这个过程无疑十分艰难,作为一名心理治疗师,她一直使用记忆恢复疗法,最终却意识到自己误入了歧途;对于格蕾丝来说,上述过程同样艰难,虚假的记忆导致她的家庭多年以来一直处于分崩离析的状态;身为地方检察官的托马斯·瓦内斯想必也不好过,他得知自己曾经指控过的一名强奸犯,在监狱服刑20年后被证明是无辜的;有同样感受的还包括薇薇安·葛妮克,她直到晚年才承认自身在失败的人际交往中所扮演的角色;对于那些最终设法摆脱愤怒和报复旋涡的夫妻和政治领袖来说,这个过程亦同样艰难。当然,就困难程度而言,那些因为工作失误而导致朋友或同事失去生命的不幸者,必定是最难以与认知失调共存的。

韦恩·黑尔曾在2003年担任美国国家航空航天局的发射集成经理,在其任期内发生了"哥伦比亚"号航天飞机爆炸事故,事故导致7名宇航员丧生。在一封发给航天飞机项目组成员的公开电子邮件中,黑尔承担了这场灾难的全部责任:

我本有机会（阻止这场爆炸），也掌握了一些信息，却没有好好加以利用。我不知道法庭会怎么判决我，但在自己的良心法庭上，我已经被判定有罪，因为我没能阻止"哥伦比亚"号灾难的发生。我们可以讨论具体细节，例如注意力不集中、无能、分心、缺乏信念、缺乏理解、缺乏毅力或懒散等，但最重要的一点在于，我没有理解别人传递给我的信息，没有站出来承担责任。言已至此，我有罪，我对于"哥伦比亚"号事故负有不可推卸的责任。[3]

这些勇敢的人引领着我们直击认知失调的核心，以及隐藏于最深处的可笑之处：思想希望利用自我辩护来避免遭受认知失调所带来的痛苦，但灵魂更希望忏悔。当意识到自己的愚蠢、轻信、错误、堕落或其他人性弱点时，为了减少认知失调，大多数人都会不惜体力和精力来保护自己，维持自尊。然而，在很多时候，这些投入竟然是不必要的。琳达·罗丝不仅依然在从事心理治疗，还成了更优秀的专业人士。托马斯·瓦内斯也还是一名执业律师，或许变得更深思熟虑了。格蕾丝与父母和解了。小威廉·布洛伊莱斯找到了内心的平静。韦恩·黑尔后来晋升为美国国家航空航天局约翰逊航天中心航天飞机项目的副经理，一直干到了退休。

减少认知失调的需求是一种普遍的心理机制，但正如上述故事所阐明的，这并不意味着我们注定要受其控制。安于现状或许是人类的本性，但我们具有改变的能力，许多自我保护式的妄想和盲点是大脑运行机制的一部分，但它们并不能成为我们拒绝尝试的理由。大脑不就是为捍卫我们自身信仰和信念而存在的吗？这话说得没错，不过，大脑同样渴望我们无节制地摄入糖分，但大多数人却选择了多吃蔬菜。同理，当我们认为自己受到攻击时，大脑的作用难道不就是要让我们怒火中烧吗？的确如此，然而，我们大多数人都学会了在心里默默数到十，然后找到用棍棒痛殴对方的替代方法。了解自己和他人身上的认知失调因素如何发挥作用，可以让我们找到一些克服定势思维的方式，使得我们免受来自做不到这一点或不愿做到这一点的其他人的伤害。

错误已经铸成——罪魁祸首是"他们"

这两位先生的遭遇实属不应该，我们必须对此负责。我个人负有全部责任。
——星巴克首席执行官凯文·约翰逊，在谈及两名非裔美国男子在星巴克等朋友时被捕时这样说

设想一下，假如伴侣、已成年的子女或父母对你说："我想为我犯下的错误负责。我们一直为此争吵不休，现在我意识到你是对的，而我错了。"或者，你的老板在开会之前说："在进入议题之前，我想听听大家对议案可能会提出的所有反对意见——毕竟，每个人都会犯错。"又或者，你在新闻发布会上听到地区检察官说："我犯了一个可怕的错误。我没有重新审理某个案件，但最新证据表明，我和我的同事把一个无辜的人送进了监狱。我会道歉，我们部门也会做出补偿，但这还不够。我还将会对程序进行重新评估，以减少再次将无辜者定罪的可能性。"面对此情此景，你会作何感想？

你会如何看待这些人？你会失去对他们的尊重吗？如果对方是你的亲戚或朋友，你可能会感到欣慰，并为之高兴。"我的天，哈里居然主动承认自己犯了错！真是个心胸豁达的家伙！"实际上，不只是你会这样想。在一项研究中，556人被要求分析一段关于某位行人被一位把自行车骑得飞快的车手撞伤的场景。研究人员要求这些受试对象将自己想象成受伤的一方，并与骑自行车的人协商赔偿。场景一中，行人没有得到任何道歉；场景二中，行人得到了带有同情的道歉（"很抱歉让你受伤了，我真的希望你能尽快好起来"）；场景三中，行人得到了主动承担责任的道歉（"很抱歉让你受伤了，这都是我的错。这次事故的责任在我。我骑得太快，没看清路，等看到你时刹车已经来不及了"）。最终的实验结果显示，得到主动担责式道歉的参与者对骑车人的评价更为正面，更有可能原谅这位肇事者，也更有可能接受合理的赔偿。[4]

如果主动承认错误或主动对伤害负责的人是一位来自商界或政界的领袖，你同样会感到安心，因为你面对的是一个有足够能力做正确事情的人，他完全可以从错误的事情中吸取相应的教训。最后一位勇于向美国人民承认错误和错误造成的灾难性后果的美国总统是1961年的约翰·肯尼迪。他轻信了高级军事顾问的说法和错误的情报，这些顾问曾向他保证，一旦美国军队从吉隆滩入侵古巴，古巴人便会欢天喜地地挺身而出，推翻卡斯特罗的统治。虽然事实证明，这次入侵不亚于一场灾难，但肯尼迪从中吸取了教训。他重组了他的情报系统，决定不再不加批判地接受军事顾问们的建议，这一改变帮助他成功地引领美国，安然度过随后爆发的古巴导弹危机。吉隆滩入侵计划惨败以后，肯尼迪表示："本届政府打算如实坦白错误。正如某位智者所言'只有当你拒绝纠正错误时，错误才会成为错误'……没有辩论,没有批评,任何政府和国家都不可能取得成功——共和政体也将不复存在。"吉隆滩入侵计划失败的最终责任"在我,也应该由我一人承担"。这番勇于担责的表态,让肯尼迪的声望随之飙升。

这个故事现在听起来,让人有恍如隔世之感,不是吗?想象一下,一位总统道歉,并因此赢得尊重和钦佩!法律学者凯斯·桑斯坦在研究中发现,对于当下的很多人来说,"道歉是失败者的专利"。道歉会起到适得其反的效果,因为如果你不喜欢道歉者,你就会认为他或她的歉意恰好证明了其软弱或无能的本质。[5] 此外,犯错者必须承认错误,表达悔意并承诺悔改,否则就会丢掉工作、失去出演的角色或断送学术生涯,鉴于美国这种全国性的氛围,道歉行为本身也变得两极化和政治化。什么时候道歉重要,什么时候不重要?应该对什么行为道歉?许多人对被迫为自己认为无可非议的行为道歉而感到沮丧,也对没有为自己认为应受谴责的行为道歉而感觉失望。

无论是什么错误、罪过或失误,当听众知道发言者必须说点儿什么来安抚公众,但相应的声明却让人感觉公式化,只是在例行公事时(这通常是新闻发言人或人力资源部的人造成的),道歉往往会以失败告终。这无疑表明,发言者并不真正相信道歉是十分有必要的,现在这样做不过是为了自我辩护。当领导者只提供形式上的而非实质性的道歉时,大部分人都不会被打动,因为他们基本上就等同在说:"我自己并没有做错任何事,但这件事是在我眼皮底下发生的,所以,好吧,我想我会承担责任。"[6] 当大公司的首席执行官想把含糊地挥挥手算作道歉时,肯定是没有人会认同的,因为这和苹果公司就限制老旧 iPhone 性能一事所给出的非道歉式道歉没什么两样。"对于我们在使用较早期的电池的 iPhone 性能表现上的处理方式，以及对这一处理方式的沟通说明，我们一直都在听取用户的意见和反馈，"该公司这样表态道，"有些用户因此对苹果公司感到失望。在这里，我们深表歉意。"正如专门从事道歉用语研究的丽莎·莉奥波德想问的，他们到底在为什么道歉？是为性能欠佳的电池道歉，还是为糟糕的沟通过程道歉，抑或是为用户的感受而道歉？[7]

当有无可辩驳的证据证明不当行为存在时，公众渴望的是当局直截了当或不带官腔地承认错误，接下来再做出保证："我将尽最大努力确保此类事件不再发生。"备受推崇的民意调查研究员丹尼尔·扬克洛维奇报告说，民意调查发现，公众对国家的重要机构始终抱有不信任的态度，在这种愤世嫉俗的情绪之下隐藏着的是对诚实和正直的"真实渴求"。"人们希望机构能够透明地运作，"他说，"向外界展示其人性化的一面，践行他们所宣扬的行为标准，并向更广大的社会展示承诺。"[8]

医疗系统中鼓励医生和医院承认并改正误诊的行动，便体现了这种渴求。传统上，对于诊断、手术或治疗中出现的错误，大多数医生都会基于自我辩护的立场，态度坚决地予以否认，其理由在于这样做会使医疗事故诉讼增加。但实际上，他们都错了。针对全美国各地医院的相关研究发现，如果医生勇于承认错误并道歉，同时做出改变，以避免今后的病人遭受同样的伤害，病人起诉的可能性实际上会降低。"保证这种情况不会再次发生，这对病人来说非常重要，其重要性甚至超出了许多护理人员的理解范畴，"哈佛大学公共卫生学院的卫生政策教授兼医生卢西恩·利普表示，"因为它赋予了病人的痛苦以意义。"[9]

医生对不承认错误的第二个自我辩护理由在于，这样做会破坏他们无懈可击和全知全能的职业光环，他们坚持认为，要想获得病人的依从和信任，这一点至关重要。但其实，关于这一点，他们也错了。许多医生试图塑造无懈可击的形象，但这种举动往往适得其反，让人觉得他们傲慢甚至无情。患者及其家属会感叹道："为什么他们就不能告诉我真相并道歉呢？"医生阿图尔·葛文德曾痛陈道，"傲慢问题"困扰着许多医生，他们不敢承认自己无法治愈一切，做不到对患者直言不讳，无力接受自身的局限性。[10]事实上，当很有能力的医生勇于坦白自己所犯下的错误时，在旁人眼中，他们依然是非常有能力的人，只是像普通人那样，也会犯错。医生理查德·A.弗里德曼曾精辟地总结过承认错误的困难和好处。"和每一位医生一样，"他说，"我这一生也犯过很多错误。"有一次，他没有预料到某种具有潜在危险的药物反应，结果导致病人被送进了重症监护室，差点儿丧命。"毋庸讳言，我对所发生的一切感到痛心，"他说，"我不知道哪里出了问题，但我觉得这是我的错，所以我向病人和她的家人道歉。他们感到震惊和愤怒，很自然地责怪我和医院……但最终，他们认为这是一个不幸但'诚恳'的医疗失误，没有诉诸任何法律手段。"弗里德曼总结说，主动承认过失可以使医生的形象更加人性化，并建立与患者之间的信任。"最终，大多数病人都会原谅医生技术上的失误，但很少会原谅医生良心上的出错。"[11]

接纳对方的诚恳认错的人，并不是互动中唯一的受益者。当我们被迫直面错误并为之承担责任时，我们得到的结果可能是一种令人振奋的解脱体验。管理顾问鲍勃·卡尔顿曾向我们讲述了他在美国非营利协会理事会会议上主持研讨会的经历。那次研讨会的主题很简单，就是"错误"，20位州协会的领导者参加了研讨会。卡尔顿告诉他们，每位与会者都必须讲述自己作为领导者所犯的错误，而不能谈论自己如何通过纠错来消除错误，甚至直接逃避责任，这是本次研讨会的唯一基本规则。他不允许他们为自己的行为辩护。"换句话说，"他告诉与会者，"要与错误相伴。"

当依照约定进行了一轮以后，我们发现，曝出的错误的严重程度也随之增加。当研讨会进行到一半时，这些高管就开始承认自己所犯下的重大错误，比如没有按时提交拨款申请，导致组织损失了数十万美元的收入。与会者往往会对自曝家丑感到不自在，接着会开始尝试讲述自己的成功经历或从错误中恢复过来的逸事。但我坚持了基本规则，打断了他们保全面子的企图。会议开始半小时后，笑声便充满了整个会场，那是一种卸下重担后情绪异常激动的笑声。这笑声如此喧闹，以至于其他研讨会的与会者也跑来我们的会场，想看看究竟发生了什么。

卡尔顿的实践经历向我们揭示了，如果不附加自保性质的自我辩护，直接说出"老兄，我确实搞砸了"这句话，是多么困难。同理，直接坦白"我在满垒的情况下错失了一记再平常不过的高飞球"，而不是辩解说"我没接住球是因为阳光太刺眼"、"因为一只鸟飞过"、"因为刮风"，或者"因为一个球迷骂我是个浑蛋"，都是不容易做到的事情。一位朋友在参加交通学校一天的课程学习后告诉我们，当教室里的学员挨个汇报导致自己来这里学习的违章行为时，奇迹般的巧合发生了：他们中没有一个人承认自己是故意违章的！无论是超速、无视停车标志、闯红灯或违规掉头，他们总能找到理由。一连串站不住脚的借口令他大失所望（同时也感到好笑），当轮到他时，屈服于同样的冲动令他感到羞耻。于是他便直接坦白："我没有在停车标志前停车。全是我的错，我甘愿受罚。"全场先沉默了片刻，然后所有学员为他的坦率而欢呼。

承认错误有很多好的理由，第一个理由就是，无论如何，你的错误总有可能会被发现，被你的家人、公司、同事、敌人或传记作者曝光。不过除了这一点，主动承认错误还有更多积极的理由。其他人会更喜欢你。别人可能会从你的错误中吸取经验。你的错误也可能会激发他人想出解决方案。孩子们会意识到，每个人偶尔都会犯错，即便成年人也要说"对不起"。而且，在错误刚露出苗头的时候就勇敢承认，比等到它变成一棵枝繁叶茂的参天大树时再去弥补，要容易许多。

在职场，组织可以通过制度设计，将承认错误作为组织文化的一部分，对承认错误的人予以奖励，而不是让他们感到不自在，或产生职业风险方面的顾虑。这种设计的发起者自然必须来自高层。组织顾问沃伦·本尼斯和伯特·纳努斯，曾讲述了IBM（国际商业机器公司）创始人托马斯·沃森的一则传奇故事，以及这则逸事40多年来对于IBM公司的引导和激励。"当时，IBM公司一位前途无量的初级主管，卷入了一场风险投资，并在对赌中让公司损失了1 000多万美元，"他们写道，"这简直就是一场灾难。当沃森把这位紧张的主管叫到办公室时，年轻人脱口而出道：'我猜你是想让我辞职吧？'沃森说：'你是在说笑吗？我们可是刚刚花了1 000万美元来培养你！'"[12]

• • •

认知失调理论说明了为什么我们不能坐等人们变成托马斯·沃森，或者产生道德转变、人格变化、心灵突变、产生全新的见解，从而使人们坐直身体、承认错误并做出正确的举动。大多数人和组织都会想尽一切办法，以对自身有利的方式来减少认知失调因素，让他们能够为自己的错误辩护，维持一切如常。他们不会因为有证据表明其审讯手段导致无辜者被终身监禁而心存感激。他们也不会因为我们为其指出为什么投入数百万美元研发的新药存在致命缺陷而感谢我们。无论我们的做法多么巧妙，多么温和，当我们用事实纠正对方自以为是的最美好的记忆时，即使是深爱我们的人，也不会因此而感到欣慰。

由于大多数人都不会自主地自我纠错，况且盲点的存在也让我们不知道何时需要这样做，所以，我们必须通过制定相应的外部程序，来纠正正常人不可避免会犯的错误，并减少其未来再犯的概率。在全美国乃至全世界的医院中，当涉及手术、急诊室流程和术后护理时，医生和护士都被要求必须遵守规定的步骤清单，这一简单的要求减少了通常的人为失误，降低了患者的死亡率。[13] 而在法律领域，我们也已经看到，所有与法庭科学取证相关的面谈过程都必须进行强制性的电子录像，这个用以纠正证真偏差的方法不仅效果明显，而且相对廉价。任何悄然出现的偏误或胁迫都可以在事后由独立观察员进行评估。此外，这也是为警察及其车辆配备摄像头活动的动力源头——当警察被指控过度使用武力时，摄像头可以帮助解决纠纷。不过，即便在每辆车、每根灯柱、每部手机和每个警察身上都安装摄像头，也不能完全解决问题。因为"所信即所见"，人们观看关于同一事件的同一个视频,比如引发"黑人的命也是命"运动的数十起警察杀害非裔美国人事件的执法影像,却有可能对所见所闻和责任归属,产生完全不同的看法。埃里克·加纳在斯塔滕岛被警察扼住咽喉,窒息而亡,死前喘着粗气说"我无法呼吸了";迈克尔·布朗在密苏里州的弗格森被警察枪杀;12岁男孩塔米尔·赖斯在克利夫兰公园挥舞玩具手枪,结果被警察开枪打死;菲兰多·卡斯蒂利亚在车内被警察开枪击毙,他的女友用手机录下了整个过程——有许多人认为这些事件就是警察滥用暴力的明显例证,但也有一些人认为,这是可以接受的警方执法行为。

我们需要担心的不仅是警察的潜在偏见,还有来自检察官的偏见。医生会因截肢截错胳膊而被起诉渎职,检察官则不同,他们通常享有民事诉讼豁免权,几乎不会受到司法审查。他们的大部分决定都不受公众监督,因为警方移交给检察官办公室的案件中,有多达95%的案件从未经过陪审团审理。然而,在任何领域,缺少问责制的权力都会带来灾难。在刑事司法系统中,这种问责制缺失加上权力巨大的组合,会使个人甚至整个部门为了达成目的而不择手段,通过自我辩护来为自己铺平道路。[14](这就是在第五章中我们提到的,为什么检察官诚信中心的设立,是向着寻求公正的正确方向所迈出的重要一步。)地方检察官能主动积极争取释放(而不是接受法庭命令勉强释放)被认定无罪的囚犯,因为他们通常与开启"中央公园慢跑者案"重新审理的罗伯特·摩根索一样,都不是最初负责案件的检察官,所以他们没有必要展开自我辩护。这就是为什么通常必须授权一个独立委员会,来调查某个部门的腐败指控,以及决定是否重审案件。该委员会的成员必须不存在与相关人员的利益冲突,不需要为自身决策辩护,不需要保护亲信,也不需要去减少认知失调。

不过，很少有组织欢迎来自外部的监督和纠错。如果当权者宁愿不惜一切代价来维护自身的盲点，就需要有公正的评审委员来修正他们的观点——在必要时，甚至必须做出违背对方意愿的裁定。在科学和医学期刊界，由于意识到利益冲突会给研究带来污点，再加上曾被少数伪造数据的研究人员欺骗过，所以相关人员正在制定更有力的措施，以减少发表带有偏见、腐败或欺诈性质的研究成果的机会。许多科学家也在呼吁提高审查过程的透明度，这与刑事司法系统改革者所寻求的解决方案如出一辙。唯有让真相大白于天下，才能彻底矫正困扰我们所有人的"井蛙之见"。

错误已经铸成——罪魁祸首是"我"

在美国，铭记错误被认为是不健康的，思考错误被认为是神经质的，纠结错误被认为是精神不正常的。

——莉莲·海尔曼，剧作家

美国全民性的休闲运动——棒球，与孕育它的美国社会相比，在某一方面存在着关键的区别，那就是前者会记录自己的错误。从小联盟到大联盟，每场棒球比赛的数据统计中都会包括跑垒数、安打数和失误数。所有人都不希望有失误，但所有球迷和球员都明白，失误是不可避免的。失误在棒球比赛中是固有的部分，就像在医学、商业、科学、法律、爱情和生活中一样。但在解决这些错误之前，我们首先必须承认自己犯过错。

如果放弃自我辩护和承认错误对于心灵和人际关系如此有益，

那为什么没有更多的人选择这样做呢？如果我们在别人这样做时如此感激他们，那为什么我们自己不经常这样做呢？正如我们所看到的，在大多数时候不这样做，是因为我们甚至没有意识到自己需要这样做。自我辩护是下意识的，我们会自然而然地展开自我辩护，用它来保护我们自己，使我们不至于陷入由于意识到自己做错了什么而出现的认知失调。"错误？什么错误？我又没犯错……那棵树跳到了我车前……我有什么好后悔的？又不是我的错。"

那么，在日常生活中，我们究竟该怎么做呢？召集一个由表亲和姻亲组成的外部审查委员会来裁决每一次家庭争吵吗？或者将父母对青少年的拷问都录下来？在私人关系中，我们只能靠自己，这就要求我们有一定的自我认知。一旦了解了如何以及何时需要减少认知失调，我们就能对这一过程提高警惕，并经常将其扼杀在萌芽状态，在从金字塔上滑下太多之前，及时悬崖勒马。通过批判性地、冷静地审视自身行为，就像在观察别人时做的那样，我们就有机会打破循环，即先采取某种行动，然后找理由为自己辩护，接着因为这个行动而采取更多行动的循环。我们可以学着在感受和反应之间留出一点儿空间，插入片刻的反思，想想我们是否真的需要在1月份买下那艘独木舟，是否真的要花各种冤枉钱，是否真的希望坚持不受事实约束的观点。

社会科学家们发现，一旦人们意识到自身偏见，了解了它们的机理，并留意关注它们——实际上，只要意识到它们并说出"抓住你了，你这个小浑蛋"，他们就掌握了控制它们的更强能量。回想一下我们在第一章中讨论过的天真现实主义，即那种坚信自己看透了事物的本质因而不存在偏见的偏见。对于处于冲突中的两个个体或团体来说，这种偏见是谈判的主要障碍，因为他们对事物的看法完全不同。在一项针对犹太裔以色列人和巴勒斯坦裔以色列人的研究中，研究人员向双方揭示了天真现实主义的存在及其运作机制，这足以让最强硬的参与者意识到自身偏见的存在，进而以更为开放的态度看待对方的观点。[15] 我们并不天真，我们也意识到，要解决中东问题，这种温和的干预是远远不够的，我们需要做更多。但这里我们的重点在于，人们对于偏见和认知失调的观念也是可以培养的。

1985年，以色列总理西蒙·佩雷斯因其盟友和朋友罗纳德·里根的一个举动而陷入认知失调。佩雷斯之所以感到愤怒，是因为里根接受邀请，计划在对联邦德国的国事访问中，专程拜访位于比特堡的科尔姆斯霍赫公墓，这将象征着两国战后的和解。由于该公墓埋葬有49名纳粹武装党卫军军官，计划访问的公告激怒了大屠杀幸存者和许多其他人。然而，里根并没有因此放弃参观墓地的决定。当被记者问及对于里根的做法有何看法时，佩雷斯既没有对里根进行个人谴责，也没有刻意淡化造访比特堡的严重性。他采取了第三种方式。"当朋友犯错时，"他说，"朋友依然是朋友，但错误依然是错误。"[16]

试想一下，像佩雷斯这样，明确地将认知失调的思想与其他思想区分开来，会有什么好处。首先，人们可以对国家、宗教、政党和家庭保持相应的热情，同时对他们认为不恰当、被误导、不道德的行为或政策持有不同意见。其次，人们可以维持友情，而不是在一气之下终止友情。同时，人们不会因为错误无关紧要就不理会错误，而会对错误进行适当的批评，并追究犯错者的责任，即使犯错者是朋友。在2017年的一段优兔视频中，莎拉·西尔弗曼直言不讳地谈到了在多年的挚友路易斯做出不道德的性行为后自己所产生的失调感。"我需要指出这个在性别领域大家都喜欢视而不见的问题。"她说。她认为"我也是"（Me Too）运动早就该提上日程，我们需要了解我们所喜欢之人甚至所爱之人坏的一面。"我爱路易斯，但路易斯做了这些事。这两种说法都是对的。所以我一直在问自己，你能爱一个做了坏事的人吗？……我既为他所伤害的女性和助长这种行为的文化感到愤怒，同时又为他是我的朋友而感到悲伤。"最后她总结道，让人们对自己的行为负责至关重要，而为我们所爱的朋友提供支持和帮助，也同样至关重要。

佩雷斯选择的第三种方式，还能帮助我们解决一个永恒的两难问题：一位受人爱戴或崇敬的艺术家，是或曾经是一个彻头彻尾的混账、种族主义者、反犹主义者、恐同者、恋童癖者、性骚扰者，或者在个人私生活方面有过其他极度令人不齿的污点，面对这样的信息，我们应该给出怎样的反应？2019 年上映的纪录片《逃离梦幻岛》讲述了迈克尔·杰克逊与两个男孩之间长期存在的性虐待关系，这种关系分别自两个男孩的 7 岁和 10 岁就开始了。这部影片令杰克逊的大批粉丝深受打击，同时也造成了他们之间的分裂。有些粉丝通过否认指控，诋毁讲述亲身经历的可信人士，维护杰克逊的清白，购买广告，大肆抨击电影，甚至威胁参与影片制作的人，来减少认知失调。此外，他们还以"玷污对杰克逊的记忆"为由，对声称自己遭受过杰克逊性虐待的人提起诉讼。[17]与之相对应的是另一拨粉丝，他们则通过发誓不再听杰克逊的音乐或试图从流行文化中抹去其遗产的方式，来消减认知失调。《辛普森一家》剪掉了由杰克逊配音的一集动画，时尚品牌路易威登也从其产品系列中撤下了一些设计灵感来自杰克逊的商品。

音乐评论家阿曼达·佩特鲁西奇是杰克逊的狂热崇拜者之一，

她这样写道:"在观看《逃离梦幻岛》时,要牢记以下两种相互矛盾但又同等重要的观点确实很难:一是应该相信受害者,二是被告在被证明有罪之前依然处于无罪状态。如果我们希望保护权利被剥夺者,免受权力严重滥用行为的侵害,那么前者至关重要,但后者依然是美国刑事司法制度的核心理念。所以我们不禁要问,这两种观点能否共存?"[18]

是的,它们最好能够共存,但对认知失调的理解解释了,为什么这种共存往往异常困难。佩特鲁西奇继续说道:"现在的感觉是,它们必须共存,这意味着我们有时必须做出个人选择,决定如何接受或拒绝我们接收到的信息。"传记作家玛戈·杰斐逊就是这样做的。在《论迈克尔·杰克逊》(*On Michael Jackson*)一书最新一版的引言中,她这样写道:"我们早已见识过他的魅力和慷慨。现在,我们也看到了他是多么斤斤计较和自私自利,如同被恶魔控制了。我们无法抹除也无法忘记这些。我们只能接受它,承认它在我们内心所激起的东西——绝望、悲痛、愤怒、怜悯——并努力将它转化为我们的人生智慧。"[19]

如果认知失调是由我们个人的行为造成的,那么牢记佩雷斯的第三种做法就更加重要:阐明认知,分开思考。"当我这样一个正直、聪明的人,犯下一个错误时,我依然是一个正直、聪明的人,而错误依然是错误。但现在,我该如何补救自己犯下的错误呢?"通过识别造成困扰的两种失调认知,我们通常可以找到一种颇具建设性的方法来解决这些困扰——或者,当无法解决时,我们可以学着忍受它们,直到获得更多的信息。当看到新闻中耸人听闻的指控,尤其是涉及性方面的指控时,我们需要克制内心的情感冲动,不要让自己从金字塔上一滑到底,义愤填膺地去支持被告或原告。我们可以做一些更困难、更激进的举动，譬如等待新的证据出现，而不是将整个故事都纳入某个意识形态框架——"孩子从不会说谎"，"要相信幸存者，即使他们什么都不记得"，或"所有兄弟会成员都是强奸犯"，诸如此类。如果我们不这样做，而是冲动地偏袒某一方，那么日后如果有表明我们错了的新证据出现，我们就很难接受这些证据，正如麦克马丁幼儿园案（后来发生的事情众所周知，孩子们在压力之下，被迫编造越发荒谬的虐待指控）或杜克长曲棍球案（结果同样众所周知，脱衣舞女对球员的强奸指控是假的，而且地方检察官也因起诉不当被取消了律师资格）所出现的情况。我们可以尝试在同情和怀疑之间取得平衡。然后，我们可以学着淡然地坚持自己的结论，淡然到如果正义有所要求，我们就可以毫不纠结地放弃自己的结论。

主动意识到自己处于认知失调的状态，还有助于我们做出更敏锐、更明智、更慎重的选择，而不是请出下意识的自我保护机制，来解决我们的不适。比方说，不讨人喜欢且平素咄咄逼人的某位同事，刚刚在小组会议上提出了一个新颖的建议。此时，你可以对自己说"像她这样无知的浑蛋，能有什么好主意"，然后把她的建议贬得一文不值，因为你太讨厌这个女人了（况且，你也承认，和她竞争就是为了得到经理的认可）。或者，你也可以给自己一些思考的空间，先问问自己："这个想法真的很不错吗？如果这个想法来自我的项目盟友，我会怎么想？"如果它真是个好主意，即使你不喜欢这位同事的为人，你也可以选择支持她的提议。也就是说，要将信息与传递信息的人分开。通过这种方式，我们可以学会如何在大脑将我们的思维固化为一致的模式之前，改变自身的想法。

···

因此，对认知失调运作方式的审慎觉知，是控制其影响的第一步。但这里仍存在两大心理障碍。一种是认为错误即为无能和愚蠢的证明；另一种是认为我们的个性特征，包括自尊，都是根深蒂固且不可改变的。抱有这两种观念的人通常不敢承认错误，因为在他们看来，犯了错就等于证明了自己是个十足的白痴，他们无法将错误与身份和自尊区分开来。尽管大多数美国人都认可"我们会从错误中吸取教训"这句话，但在内心深处，他们其实一点儿也不相信这句话。他们认为犯错就意味着自己很愚蠢。但殊不知，正是这种想法让他们无法从错误中吸取教训。

大约有1/4的美国成年人，曾经上过这样或那样的当，有的人损失不大，有的人则损失惨重。骗子通常会告诉受害者，"你抽中了一辆全新的奔驰车，只要你先把税款打给我们，我们就会把新车送到你的手中"，"你可以用市价1/10的价格从我们这里购买金币"，"这张神奇的床可以治愈你所有的疾病，从头痛到关节炎"，或者"你的侄子或孙子在国外某港口陷入了严重的医疗困境，需要你打钱把他救出来"。电信诈骗使各年龄段的美国人都遭受了重大损失，其中老年人受到的打击最大，他们在任何特定骗局中所损失的金额都是年轻人的数倍。

骗子们非常了解认知失调和自我辩护。有些人认为自己聪明能干，却被杂志订阅骗局（是的，这种骗局现在仍然存在）骗去了数千美元，或者被引诱进入极具诱惑力的网络交友骗局，在面对相应的证据时，这些人中却很少有人会通过认定自己其实既不聪明也不能干来减少认知失调。对于这一点，骗子再清楚不过了。事实上，有许多人甚至还会通过花更多的钱，来试图收回沉没成本，进而证明之前花钱的行为是合理的。这种解决认知失调的方式，虽然保护了他们的自尊，却几乎肯定会让他们进一步深陷骗局，他们会觉得，"只要订阅更多的杂志，我肯定就会中大奖"，或者"我知道通过电子邮件相爱不太可能，但我要寄钱给他，让他到我这里来，这样做肯定没错"，又或者"那些给我提供投资机会的人既善良又体贴，绝对不会骗我，况且他们还在基督教电台做广告"。一些年长者很容易向着这个方向行动来减少认知失调，因为他们中的许多人很害怕自己会失去包括判断能力和金钱在内的一切。而且，他们也不想让已经长大成人的子女，有理由去控制自己的生活。

　　了解认知失调是如何产生的，有助于我们重新思考自身的困惑，也可以帮助亲友走出困惑。很多时候，我们出于好意，却做了注定会让事情变得更糟的事——我们对他人进行了恐吓、说教、欺凌、恳求或威胁。社会心理学家安东尼·普拉卡尼斯曾调查过骗子是如何针对老年人下手的，在此期间他收集了一些令人心碎的故事，故事中的家庭成员甚至曾对受骗的亲人说："难道你看不出来这家伙是个小偷，整件事就是个圈套吗？你被骗了！"对此，普拉卡尼斯表示："具有讽刺意味的是，这种具有天然说教倾向的劝服，可能是家人或朋友所能做的最糟糕的事情之一。说教只会让受害者更加自我封闭，并将其进一步推向骗子的魔掌。"任何了解认知失调的人都知道其中的原因所在。大喊"你在想什么"不仅没效果，还会适得其反，因为这相当于在告诉对方，"孩子，你可真愚蠢"。这样的指责会让本就窘迫的受害者更加沉默，更不愿意告诉别人他们在做什么。其实，他们所能做的就是往骗局里投入更多的资金，或购买更多的杂志，甚至有可能动用家里的积蓄，以证明自己并不愚蠢或老糊涂，而且自己的想法是完全明智的。[20]

因此，普拉卡尼斯认为，在骗局受害者悬崖勒马之前，他或她需要感受到尊重和支持。想提供帮助的亲戚和朋友，可以鼓励受害者谈谈自己的价值观，以及这些价值观如何影响了所发生的事情，并且不加批判地倾听受害者的想法。与其怒气冲冲地逼问"你怎么会听信那种人的鬼话"，不如委婉地说，"告诉我那个人有什么地方吸引你，让你相信他"。骗子所利用的都是人类最美好的品质——善良，礼貌，以及履行承诺、回赠礼物或帮助朋友的愿望。在普拉卡尼斯看来，如果受害者在某些特殊情况下陷入困境，对他们所拥有的这些美好品质进行赞美，足以抵消其内心深处的不安全感和无能感。

在美国文化中，错误与愚蠢之间的联系是如此根深蒂固，以至于当我们了解到并非所有文化都存在这种联系时，可能会感到震惊。20世纪70年代，心理学家哈罗德·史蒂文森和詹姆斯·斯蒂格勒对亚洲和美国小学生的数学成绩差距产生了浓厚的兴趣。到了5年级，成绩最低的日本班级学生的学业表现，也超过了成绩最高的美国班级。为了找出原因，史蒂文森和斯蒂格勒花了10年时间，来对比美国、中国和日本的小学课堂。当看到一个日本男孩努力完成在黑板上画三维立方体的作业时，他们顿悟了。男孩在45分钟的时间里，一直在重复相同的错误，史蒂文森和斯蒂格勒都为他感到焦虑和尴尬。然而，这个男孩自己却完全没有意识到。这些来自美国的观察员也不明白，为什么他们自己的感觉甚至比当事人更糟糕。"在我们的文化中，犯错的人会付出巨大的心理代价，"斯蒂格勒回忆说，"而在日本，人们似乎并不会这样。在日本，错误、失误和困惑都是学习过程中自然而然的一部分。"[21]（在同学们的欢呼声中,这名男孩最终掌握了立方体的画法。)研究人员还发现,与日本和中国相比,美国的家长、老师和孩子更倾向于认为数学能力是天生的:如果你有数学能力,你就不需要努力;如果你没有数学能力,你也就没有必要努力。与此相反的是,大多数亚洲人认为数学方面的成功与其他领域的成就一样,都需要坚持不懈的努力。当然,你在学习过程中也会犯错,不过这就是你学习和取得进步的方式。

在教育和培养科学家和艺术家的过程中,允许犯错是核心理念之一。他们必须有实验的自由,可以去尝试某个想法,失败了,再尝试另一个想法,愿意去冒险,即便得到错误的答案也不气馁。这里有一个经典的故事,所有美国的小学生都曾学到过,而且至今仍以多种形式出现在诸多励志网站上:当有助手(或记者)问托马斯·爱迪生,他如何看待他在发明第一盏白炽灯泡过程中,所经历过的上万次实验失败。"我没有失败过,"爱迪生对那位助手(或记者)说,"我成功地发现了 10 000 种不适合的材料。"然而,大多数美国学童却被剥夺了自由,他们没有机会自由尝试,做各种实验,试错的机会连 10 次都没有,更别说上万次了。频繁考试是为了对儿童的学习成果进行衡量和规范,但对考试结果的关注,也加剧了孩子们对失败的恐惧。教育孩子们学会取得成功的方法固然重要,但让他们学会不惧怕失败也同样重要。当儿童或成人害怕失败时,他们就会害怕冒险,就无法承担起试错的代价。

对于史蒂文森和斯蒂格勒观察到的文化差异,心理学家卡罗尔·德韦克的研究给出了一个原因:美国儿童通常认为,犯错体现了自身天赋不足。在德韦克的实验中,一些孩子因为努力解决了新的难题而受到表扬,而另一些孩子则因为其智力和能力而受到表扬

("约翰尼，你真是个天生的数学奇才")。与那些因天赋而受到表扬的孩子相比，许多因努力而受到表扬的孩子，即便一时没有做对，最终也会表现得更好，也更喜欢他们所学的东西。他们也更有可能将错误和批评视为有助于自己进步的有用信息。相比之下，因天赋而受到表扬的儿童，更关心自己看起来有多能干，而不是实际学到了什么。[22] 如果做得不好或犯了错，他们就会变得充满戒心，而这种反应又会令他们陷入自我否定的循环。如果做得不好，为了解决随之而来的认知失调（"我很聪明，但我搞砸了"），他们会对所学内容直接失去兴趣（"如果我想，我就可以学好，但现在我不想"）。

　　关键在于，不要把错误看作个人的过失而否认犯错或为犯错辩解，要把它看成生活中不可避免的事情，它能帮助我们改进工作，帮助我们做出更好的决策，帮助我们成长并走向成熟。这适用于所有年龄段的人。

• • •

　　大脑渴求一致性，并排斥质疑我们的信念、决定或偏好的信息，了解其机理不仅能让我们对犯错持开放态度，还能帮助我们放下对保持正确的心理需求。自信是一种有用的优秀品质。我们都不希望医生永远沉浸在不确定性中，迟迟无法决定如何治疗我们的疾病，但同时我们又确实希望他能保持思想开放，愿意主动去学习。大多数人也不希望生活缺乏激情或信念，因为激情或信念赋予了生命以意义、色彩、活力、希望。但一味追求正确，难免会让人产生自以为是的心态。如果光有自信和信念，却没有谦卑和接纳错误的准备，人就会很容易从正常的自信变为傲慢。在本书中，我们介绍了许多越过这条界线的人：精神科医生确信自己能够分辨出恢复的记忆是否属实；医生和法官确信自己没有受利益冲突的影响；警察确信自己可以辨别出嫌疑人是否在撒谎；检察官确信被自己定罪的嫌犯必定有罪；丈夫和妻子都确信自己对某件事情的看法是正确的；国家确信自己所阐述的历史是唯一正确的。

纵观这一生，我们每个人都会遇到需要做出艰难决策的时刻，并非所有我们做的决定都是正确的，也并非所有的决定都是明智的。有些复杂的决定，其后果我们难以预料。如果我们能够抵制诱惑，避免以某种刻板且盲目自信的方式为自己的行为辩护，我们就能敞开心扉，以欣赏的态度去看待生活的复杂性，去看待那些在我们看来是正确的而对别人来说可能并不正确的事情。一位名叫简妮的女性的经历可以说明这一点。"我知道什么才是最艰难的决定。"她说。

我决定离开在一起生活了20年的丈夫。我的一个女儿认同我的这个决定，她对我说："你怎么现在才下定决心啊？"但对另一个女儿来说，我的决定却不亚于一场灾难，她也因此一直对我心怀芥蒂。我绞尽脑汁想化解这一矛盾，于是一直为自己的所作所为辩护。我责怪那个不接受我决定的女儿，责怪她为什么不能理解我的感受。经过这样的心理煎熬以后，我把自己当成了无可挑剔的"特蕾莎修女"，把女儿当成了一个忘恩负义的自私鬼。但随着时间的推移，我无法再继续下去了。我想念她，想念她的可爱甜美和善解人意，并渐渐意识到，她并非天性顽劣，她只是一个因为父母离婚而备受打击的孩子。最后，我终于决定坐下来，和她平心静气地聊一聊。我告诉她，虽然我依然坚信，离婚对我来说是正确的决定，但我现在明白了离婚对她的伤害有多大。我告诉她我愿意倾听。"妈妈，"她说，"我们一起去中央公园野餐吧，再聊聊天，就像我小时候那样。"就这样，我们彼此开始和解。现如今，每当我激情澎湃地认为自己的决定百分百正确，而别人却提出疑问时，我就会再多想想。这就是我学到的东西。

简妮不必承认自己犯了错，自己决定自己的生活，这又有何错可言。但另一方面，她又必须放下心理防备，抛开自我辩护的心理需求，不再坚持认为自己的决定对孩子来说是正确的。女儿因为母亲的行为而受到伤害，她需要的是同情和怜爱。

第二幕：自我同情的艰辛之旅

美国人的生命中没有第二幕。

——F. 斯科特·菲茨杰拉德

某天下午，本书作者之一埃利奥特与他的著名诗人朋友戴维·斯旺格就菲茨杰拉德的这句名言，展开了热烈的探讨。

"这句话是说，我们没有第二次机会，"斯旺格说，"我们无法从先前的失败中恢复元气。这就是为什么每当有政治家、运动员或其他公众人物东山再起以后，一些评论家总喜欢用这个人的成功来反驳这句话。"

"难道美国人不进剧院吗？"埃利奥特说，"传统戏剧分为三幕。

这句名言不是在说第二次机会——它比那有趣得多,而且,盖茨比这个角色也是美国文学作品中自我重塑的最佳典范。你以为菲茨杰拉德不知道东山再起的概念?"

"嗯,我是说它代表的一般性含义。"斯旺格说。

"但在所有经典戏剧中,第二幕都是重头戏,"埃利奥特说,"生活和戏剧一样,你不能从第一幕直接跳到第三幕。跳过第二幕是要冒风险的,因为在这一幕中,我们需要经历惊涛骇浪,去直面心魔——自私、不道德、杀人的念头,以及灾难性的抉择,只有这样,当进入第三幕时,我们才会有所领悟。菲茨杰拉德是想告诉我们,美国人倾向于绕过第二幕,是因为他们不想经历自我探寻所必须经历的那种痛苦。"

1960年,已开始在大学执教的埃利奥特,通过菲茨杰拉德的这句名言提出了一种观点,现如今我们两人已经将其视为与认知失调共处理论的核心理念。即第一幕为铺垫,展示主人公所面临的问题和冲突;第二幕为斗争,主人公在这一幕中与背叛、死亡或危险展开搏斗;第三幕是救赎和解脱,在这一幕中,主人公要么获得胜利,要么走向失败。[23] 在讲课过程中,埃利奥特曾以经典美国戏剧《推销员之死》为例,来说明菲茨杰拉德的观点,即美国人情愿跳过关于斗争的部分。在这部戏剧中,威利·洛曼的哥哥本,也就是比夫和哈皮有钱的叔叔,象征着美国梦。

威利(对儿子们):孩子们!孩子们!快来听。这是你们的本叔叔,一个了不起的人!本,快告诉孩子们,你是怎么成功的!

本:怎么成功的?我17岁就进入社会打拼,等到21

岁时我就发现,天哪,我发财了!

  威利(对儿子们):你们看看,你们看看,最了不起的事情总是在不经意间发生。

  "到底发生了什么?"埃利奥特会问他的学生们,"故事的关键就在这里!那就是第二幕的内容!本是怎么做到的?他是怎么解决问题的?他是如何致富的?他帮助别人了吗?他杀人了吗?他有没有撒谎、偷窃或欺骗?他学到了什么?这些经验教训,他现在就能讲给侄子们听吗?"

  有些人造成了伤害,或者做出了错误的决定,但他们既不能为之辩护,又无法原谅自己,此时产生的认知失调也会导致痛苦。我们俩在创作本书第一版时,对于是否要讨论认知失调的这一面,就产生了分歧。埃利奥特反对我们过多地谈论自我宽恕,因为他担心人们会忽略第二幕的重点。"我不希望人们突然中断这一过程,"他说,"然后轻描淡写地说上一句'是的,我干了件坏事,但我不会再做了,原谅自己对于我来说很重要',这样是远远不够的。虽然这一点的确很重要,但我们的目标不是把自我同情当作创可贴来遮盖伤口,而是要采取积极主动的措施来治愈伤口。人们可以虔诚或公开地去忏悔,承认他们做过的错事,表示歉意,但如果他们搞不清楚自己为什么错了,为什么不能再犯,所谓的改变就毫无价值可言。"

  简而言之,肤浅的自我同情与应得的自我同情之间,存在着很大的区别。这种区别在今时今日显得尤为重要,因为近年来,强调自我同情具有情感、认知甚至动机方面益处的积极心理学,日益兴盛。谁会对这个光彩夺目的概念持批评态度呢?然而,事实上,这一概念比表面上看起来要复杂得多,它很容易被过度简化为一个时髦用语。

心理学家劳拉·金和约书亚·希克斯认为,成熟与否取决于成年人是否有能力去面对失去的目标或失去的可能自我,并承认对未走之路或未竟之梦感到遗憾和悲伤。他们这样写道:"失去的可能自我代表了一个人对于自己所追求的'假如……就好了'情况下的自我的记忆。"(假如我的孩子没有得唐氏综合征,假如我能够生儿育女,假如我的伴侣没有在20年后离开我……)虽然反思这些失去的期望会以丧失幸福感为代价——用我们的术语来说,即它会产生痛苦的认知失调——但是,金和希克斯补充道,"这一过程,即对可能发生的事情的阐述,或许会对一个人情感的复杂性以及幸福本身的意义有好处。损失自有其价值,这句话不只是老生常谈。虽然在任何负面事件中寻找积极的一面,可能是美国人特有的本能,但我们认为,积极且自省地努力看到一线希望,是成熟的关键要素"。[24]这话说得完全正确:成熟意味着以积极自省的抗争态度,去接纳我们因为没有实现的愿望、错过的机会、犯过的错误以及无法应对的挑战而感受到的认知失调,所有这些不如意都曾以我们无法预料的方式,改变了我们的生活。

要做到这一点,我们必须像对待他人一样对自己充满同情。金和希克斯发现,在他们的实验对象中,心理幸福感最低的人,是那些认为以前的自己"愚蠢"、"误入歧途"或"丑陋"的人,同时他们从梦想破灭中看不到任何有益的方面。然而,那些幸福感最高的人,却能够以研究人员所描述的"异常残酷的视角看待曾经的自己",正如某位女性所言,"我可以说那时的自己是个白痴吗?我竟然对自己所梦想的生活毫无概念"。但现在,她可以用同情的眼光来审视那个曾经迷茫的自己，那个可以以天真为借口而获得宽恕的自己。研究人员表示，最幸福、最成熟的成年人，是那些能够接受生活中的不如意，并将其转化为感恩之源的人——他们凭借的不是陈词滥调或盲目乐观式的粉饰太平，而是去发现多面生活中真正积极向上的一面。

究竟怎样做，我们才能原谅那些自认为不可饶恕的行为呢？造成无辜者丧命是人们可能犯下的最极端的错误，正如乔纳森·谢伊所言，这样的经历会在"灵魂上留下一道伤疤"。下面，我们将讲述两则故事，故事中的主角试图用不同的方式，来抚平这道伤疤。

19岁那年，雷吉·肖在开车上班途中，因为发短信分神，导致车辆越过黄色分隔线，撞上了对面驶来的一辆车。事故导致对向车辆失控坠毁，并造成对方司机和乘客死亡。两年来，直到因过失杀人罪受审之前，雷吉·肖都一直否认自己在这起事故中存在任何过失。后来，他听了科学家提供的与分心相关的心理学证词——大脑如何对分散注意力的心理需求做出反应，发短信的行为如何被强化，以及它如何影响了对危险的准确感知。简而言之，用某位专家的话说，即技术如何导致了"神经劫持"。围绕此案写了一本书的马特·里克特表示，随着雷吉所了解的科学知识越来越多，当面对更多无可争议地判定其有罪的其他证据时，"他对开车时使用手机这一行为的反对态度越发坚定"。最终，雷吉只被判处短暂的监禁和社区服务，但他从内心深处强加给自己的判决，比这要严厉许多。从那以后，雷吉会给任何一个想听他故事的人讲述他的这段经历，包括高中生、运动员、政策制定者和立法者。"我之所以在这里只有一个原因，"他会这样开始他的叙述，"那就是让你们看着我……然后说'我不想和那个家伙一样'。"当初起诉雷吉的检察官告诉里克特:"我从没见过像雷吉·肖这样为弥补自己的过失而做出如此多努力的人。"法官补充说:"他比我见过的任何人做得都多。"[25]

有些人甚至不希望心灵上的伤疤愈合。他们认为这是对自己所作所为的提醒,或者是对漠然遗忘的抗议。最感人的一个例子是埃里克·费尔所写的一篇文章,2004 年,他曾在伊拉克的阿布格莱布监狱担任外包审讯员。10 年以后,他在大学教授写作课。"这门课叫'书写战争',过去 10 年来,有些记忆一直在困扰着我,这门课的存在让我不至于偏离这些记忆太远,"他在这篇文章中写道,"我虐待过别人。阿布格莱布的经历每时每刻都在支配着我。"他会向学生们展示被拘留者遭受酷刑的标志性照片。"当看到学生面无表情的脸时,我终于意识到,原来这就是强烈的解脱感,"他说,"阿布格莱布监狱将被淡忘。我的过失将被遗忘。但前提在于,这种遗忘得到了我的允许。"

埃里克·费尔并不打算应允。在向美国陆军刑事调查司令部坦白后,他继续向任何愿意邀请他的听众讲述自己的经历。"我把一切能说的都说了出来,虽然假装把这一切都抛诸脑后并不难做到。"[26]

那天,我站在课堂上,试图让冷漠淡化痛苦的历史真相。我不需要再扮演阿布格莱布监狱前审讯员的角色。我是理海大学的教授。我可以批改试卷,在课堂上说一些俏皮话。我的儿子可以坐公交车上学,和朋友们谈论他父亲的职业。我是一个能让别人引以为傲的人。

但我不是。我曾是阿布格莱布监狱的审讯员。我虐待过别人。

费尔没有选择将自己在阿布格莱布监狱的所作所为抛诸脑后，没有以奉命行事或工作职责为由，为自己的罪行开脱，从而减少因为自身行为而产生的失调感。相反，他选择直面历史，直面人心中最丑陋的部分。他想提醒学生，"这个国家并不总是令人引以为傲的"。他不想遗忘，也不想原谅自己。这是他的道德选择。

但在我们看来，埃里克·费尔正处于其人生大戏的第二幕，他不是在重复或漫无目的地自我鞭挞，而是在与心魔搏斗。通过向一届又一届学生揭露自己在阿布格莱布监狱的所作所为，他正在努力寻求这样一种解决办法，即他不必遗忘自身的罪行，同时相关的记忆又不会"每时每刻"支配着他。他阐明了他是如何实现上述目标的，他说的是，"我虐待过别人"，而非"我是一个施虐者"。通过这种方式，他将自身的行为与身份区分开来，而具备这种能力的人，最终都能做到与自己当下所谴责的行为和平共处。费尔的儿子可能不会为父亲在伊拉克的所作所为感到骄傲，但他肯定会为父亲的勇敢诚实和弥补错误的决心而感到骄傲——父亲将他在痛苦经历中得出的教训，毫无保留地向家人、学生、同胞和盘托出。

我们每个人都可以将这种理解方式带入私人生活：我们所做的事情，可以与我们是谁以及我们想成为谁分开。过去的自我不必成为未来自我的蓝图。救赎之路始于对"我们是谁"的理解，这不仅包括"我们曾做过什么"，更超越了这一认知，而用以超越它的工具便是自我同情。

要获得真正的自我同情必须经历一个过程，它不会一蹴而就。自我同情并不意味着忘记伤害或错误，就比如"哦，好吧，我大体上是一个善良的好人,所以我会善待自己,一切向前看"。事实上,你现在可能是个善良的好人,但你曾经做出严重伤害他人的行为。那些历史也是当下"你是谁"的一部分,尽管它不一定是你的全部——除非你继续下意识地为自己曾经的行为辩护。

在第七章中,我们讨论了美国政界对于参议院情报委员会指控中情局在其"强化审讯技巧"计划中使用野蛮和欺骗手段的反应。许多国会议员和政治评论家非但没有要求努力对中情局进行相应的改革,反而迅速表态,一切到此为止。我们在"9·11"事件发生后也是这样做的。将一切看作过去,过去就过去了。过去的错误现在无法弥补,我们已经进入第三幕了。没有什么比福克斯新闻评论员安德里娅·坦塔罗斯的一席话,更能说明这种态度了。"美利坚合众国太了不起了,"她说,"我们都太了不起了。但我们已经讨论过了,这件事应该就此打住。他们(参议院情报委员会成员)希望继续讨论的原因,不是为了彰显我们有多了不起,而是要向我们展示我们有多糟糕。已经有人为这些事道过歉了。"[27](看来,她并没有把虐囚事件当回事。)如果安德里娅明白,她的国家需要在第二幕多花点儿时间,那才是真的太了不起了。

・・・

认知失调可能是固有的,但我们看待错误的方式却并非如此。发生在葛底斯堡战役中的皮克特冲锋,曾导致罗伯特·E.李的12 500名部下战死过半。在这场灾难性的血战之后,这位邦联将军说:"这一切都是我的错。我对士兵们要求得太多了。"[28] 李是一位伟大的将军,他悲剧性地误判了形势,但这一失误并没有使他成为一位无能的军事领导人。如果罗伯特·E.李敢于为一次导致数千人丧生的行动承担责任，那么在交通学校里学习的那些违章者，必定也能大大方方地承认自己闯了红灯。

在我们的现代军队中，像罗伯特·E.李这样敢于承认错误的军人不在少数。中将丹尼尔·博尔格曾于2005年至2013年期间在伊拉克和阿富汗担任统帅，退役之后，他发表了一篇带有致歉的声明。"在敌人的设计之下，由于我的无知、傲慢以及不可抗拒之战争命运的怂恿，"他写道，"我治军期间总共有80名男女士兵牺牲，而受伤人数是死亡人数的3倍多。正如罗伯特·E.李在葛底斯堡所言，这些伤亡都是我的过错。"

> 作为将军，我们不了解我们的敌人——我们不仅从来没有集中精力将其压制住，而且太善于以极快的速度制造新的对手……我们不是一次，而是两次陷入漫长无比且优柔寡断的反叛乱战斗，但我们的部队并不适应这些斗争。我和将领们屡次看到战略行不通，却未能重新考虑我们的基本假设。我们没能质疑我们对敌人和我们自己的错误理解……最终，世界上所有的勇气和技巧都无法战胜无知和傲慢。身为一名将军，我错了。我和我的同僚们一起犯了错。[29]

博尔格将军愿意正视美国在中东制造的巨大灾难，这的确令人振奋。但是，和薇薇安·葛妮克一样，如果不是等到65岁以后才看透自身在失败的人际关系中所扮演的角色，她的生活可能会更加幸福，我们也理所当然地希望，博尔格将军和他的将领们能早点儿一吐为快。如果我们的政治和军事领导人,能够在向着悬崖进发的道路上及时掉转方向,那么灾难可能就不会进一步恶化。博尔格将军将"反恐战争"的解决方案留给了下一代军事领导人,正如他所说,美军在越战失败后"毫不妥协地审视了自身"。"好的想法和坏的想法,吸取的教训、重新吸取的教训和没有吸取的教训——所有这些,都值得我们彻底地审视和讨论。"他这样写道。是的,他们也的确这样做了。但为时已晚,可能为时已太晚。我们不能一直停留在过去的战争中,更不能再打实际上已经输掉的仗。我们不仅需要深刻了解当时出了什么问题,还要了解当下出了什么问题,以便更好地应对当前决策中可能出现的问题。我们需要艾森豪威尔式的战略。

1944年6月,欧洲盟军最高指挥官德怀特·艾森豪威尔,必须做出一个关键的军事决定。他知道,即便在最好的情况下,攻占诺曼底也会让他们付出高昂的代价,而当时的情况远非理想。如果登陆作战失败,数以千计的军人将为之牺牲,失败的耻辱也将打击盟军士气,并为轴心国注入一针强心剂。尽管如此,艾森豪威尔还是准备为其决定可能带来的灾难性后果承担起全部责任。他写了一篇简短的演讲稿,计划在行动失败后发表。演讲全文如下:

> 我们在瑟堡-勒阿弗尔地区的登陆作战,未能让我们取得令人满意的立足点,部队已经被迫撤回。我根据现有的最佳情报,做出了在此时此地发动进攻的决定。陆海空三军将士皆英勇奋战,恪尽职守。如果此次作战尝试存在任何责任或过错,皆由我一人承担。[30]

写完这篇演讲稿以后，艾森豪威尔做了一个微小但至关重要的改动。他划掉了第一句结尾"部队已经被迫撤回"的字眼，用"我已经撤回部队"的表述取代了被动结构。这个振聋发聩的大写的"我"几十年来一直回响在历史的天空中。

归根结底，国家的品格和个人的正直，并不取决于犯不犯错，而是取决于我们在犯错之后做了什么。诗人斯蒂芬·米切尔曾充满诗意地翻译了中国哲学家老子的《道德经》，其中有一段话是这样写的[①]：

> 大国如同伟人：
> 当犯错时，他能够意识到。
> 一旦意识到错误，他就会虚心承认。
> 一旦承认了错误，他就会及时改正。
> 他将那些指出他错误的人，
> 都视为自己的良师诤友。

[①] 斯蒂芬·米切尔翻译的《道德经》在英语世界有较高知名度，但在忠实度方面存在较大争议。《道德经》中没有与此段英文完全对应的原文。——编者注

第九章

认知失调、民主和煽动者

对自己说谎和听自己说谎的人会沦落到这样的地步：无论在自己身上还是周围，即使有真理，他也无法辨别，结果将是既不自重，也不尊重别人。一个人如果对谁也不尊重，也就没有了爱；在没有爱的情况下要消遣取乐，无非放纵情欲，耽于原始的感官享受，在罪恶的泥淖中完全堕落成畜类，而一切都始于不断地对人和对己说谎。

——费奥多尔·陀思妥耶夫斯基，《卡拉马佐夫兄弟》

2019 年 12 月 24 日

亲爱的读者，你可以把本章视作一个半成品。起初，我们打算用一章的内容来讨论唐纳德·特朗普，以此作为本书这一版的收尾，他的当政进一步扩大了政党、朋友和家庭成员之间似乎难以弥合的鸿沟，就认知失调理论的应用而言，没有什么比理解这一点更重要了。可惜的是，从手稿完成到成书要耗费数月之久，这就是为什么当诸位读者阅读到这段文字之时，相比身处 2019 年末的我们，对特朗普其人及其命运走向，会有更为深刻的感触（这对你来说可能已经是很久以前的事了）。

鉴于特朗普本人个性及其总统生涯的反复无常，他未来会发展至何种模样，我们不得而知。分歧巨大的众议院已经通过了针对特朗普的两项弹劾条款：其一，滥用职权，向外国势力乌克兰施压，通过挖掘其政治对手乔·拜登的污点来干涉美国总统选举；其二，妨碍国会，拒绝配合国会听证会，拒绝让关键幕僚出庭做证。在众议院情报委员会的听证会上，相关大使、国家安全委员会官员以及国务院和外交部门的成员，纷纷做证表示，特朗普的所作所为与他被指控的内容完全吻合，而且其核心圈子的每个人对此都心知肚明。正如认知失调理论所预测的那样，共和党人——他们一致反对关于弹劾的决议，对摆在眼前的事实视而不见——称听证会就是一场骗局加闹剧。

一些同事和朋友觉得，我们尝试撰文记录当前政治乱象的做法，可谓疯狂之举，因为不管我们写什么，这些内容都会在一天、一周、一个月乃至一年内过时。正如某位友人所指出的："特朗普可能会被罢免，也有可能连任，抑或在选举中被击败，甚至与伊朗开战，或者在国内掀起内战——谁又能说得清楚？"

的确，这种事情我们也无法下定论。不过，身为社会科学家的我们，对于唐纳德·特朗普的案例研究如何揭示出一个更大的问题，即所谓的特朗普现象，还是有一肚子的话要说。2016年，6 300万美国人将选票投给了他，在这些选民中，有些人带有满腔热情，也有些人心存不信任和怀疑，但所有人都希望他能成为满足其政治、经济和情感需求的总统——希望他能让工厂日夜机器轰鸣，与外国贸易不断，从而使经济振兴；希望由专业人士组成的行政当局，能够约束他个人的过分行为。特朗普的支持者用自己手中的选票，表达了自己对于他最初的支持态度，尽管他越来越离谱且反复无常的行为、连篇的谎话以及充满煽动性的分裂言论带来了令人不适的认知失调，但他们中的绝大多数人，依然效忠于他。因此，在本章中，我们不仅要关注特朗普，还会将焦点对准他坚定不移的追随者们。我们将会向读者展示，这些人不断升级的自我辩护行为，是如何侵蚀一个国家的灵魂及其基本制度的。正如认知失调理论所预测的那样，只有少数特朗普的支持者改变了自己对于他的看法，鉴于他们中的许多人都付出了个人、职业乃至心理的代价，我们认为，理解这类人群如何行事以及为何如此行事，至关重要。

．．．

　　我们先从一则堪称当代寓言的历史故事讲起。一个本性纯良的人出于善意，同意支持某位强势领导人出格的政治行为，以实现自身所追寻的人道目标。这样的决定怎么会出错呢？但事实就是如此。日积跬步，谬以千里。

　　教皇庇护十二世以及他在第二次世界大战期间与纳粹合作的故事，想必大多数人都听说过。不过，少有人知道他的前任庇护十一世与贝尼托·墨索里尼之间的纠葛，前者于1922年被推选为教皇，后者在同年成为意大利总理。除了普遍存在的意大利天主教反犹主义思想，庇护十一世与墨索里尼之间几乎没有共同点，在教皇当选到离世的17年间，二人只有过一次会面。墨索里尼不是罗马天主教会的朋友，年轻时候的他甚至被叫作"吃神父的人"，再后来他所带领的法西斯小队会经常袭击神父，并恐吓公教进行会（天主教的一个在俗教徒组织）的成员。意大利从 1861 年起成为单一民族国家，自那以后，这个国家一直强调自由和世俗的价值观，因此，教皇担心墨索里尼会继续攻击教会。然而，庇护十一世并非法西斯主义者，1926 年，他制定了一项禁令，禁止天主教徒加入早期法西斯右翼组织"法兰西行动党"，该组织由法国国内最主要的反犹主义者领导。

大卫·科泽在其获得普利策奖的历史著作《教宗与墨索里尼》一书中，详细介绍了墨索里尼在战胜教会的过程中所采用的策略。[1] 要使自己暴力的法西斯政权得以合法化，梵蒂冈的认可至关重要，墨索里尼深知这一点。于是，刚登上总理之位，他便开始有条不紊地拉拢教皇。在面对新议会的第一次演讲中，墨索里尼就承诺要建立一个适合天主教国家的天主教政府，并请求上帝相助——这是自意大利建国以来所有领导人都未曾有过的举动。庇护十一世虽略感欣慰，但仍忧心忡忡。"墨索里尼是否会力争恢复天主教会在意大利的影响力？如果能确认这一点，"科泽写道，"教皇就不急于用墨索里尼反教的黑历史来对付他……虽然教皇从没有幻想过墨索里尼作为个人会接纳天主教的价值观，或者去关心除权势扩张之外的其他任何事情，但如果他被说服，相信墨索里尼会兑现自己的承诺，那么他就会考虑与墨索里尼达成某桩务实的交易。"[2] 这便是迈出了错误的第一步。

墨索里尼开始着手证明自己是一个虔诚的天主教徒。他命令内阁在罗马一名无名士兵墓前的祭坛前跪下祈祷，让其孩子以及鄙视天主教会的妻子接受洗礼，还出钱修复了在一战中被破坏的教堂。他规定法院、医院和教室里必须放置十字架。墨索里尼，这位曾经"吃神父的人"，竟然将侮辱神父定为犯罪行为。他甚至颁布法令，要求所有小学必须教授天主教的宗教思想。为了迎合教皇针对"异端邪说"的宣战，墨索里尼封禁了与新教有关的各种书籍、一本16世纪政治家恺撒·博尔吉亚的传记，以及被梵蒂冈认定为具有冒犯性质的杂志。墨索里尼向庇护十一世保证，他针对犹太人的行动，永远不会超出教会允许的范畴。于是，教皇欣喜于实现了梵蒂冈所希望达成的宗教目标，同时也不再对墨索里尼为维护权力而使用的法西斯手段而担忧。此乃错误的第二步，庇护十一世就这样落入了陷阱。

与此同时，墨索里尼继续在非官方层面认可支持者们针对公教进行会的暴力行为。这些青年团体是庇护十一世的心头肉，正如科泽所写的那样，他将这些人视作"让意大利社会重新基督教化的地面部队"。暴力攻击令教皇感到愤怒，但墨索里尼反倒借此"证明了自己善用暴力为自己谋利，他让教皇相信他是意大利唯一能够控制住这群暴徒的人"。[3] 但肇事者极少被逮捕，更别说受到惩罚了。

1929年，梵蒂冈和意大利政府签署了正式协议。庇护十一世很是高兴，因为除了献给教会的其他礼物，协议还明确规定，天主教是"国家唯一的宗教"。墨索里尼同样也很高兴，因为签署了这些协议就相当于堵住了某些天主教徒的嘴，他们本来坚信或希望教皇能站出来反对法西斯政权。眼下，任何够分量的反对势力都销声匿迹了，墨索里尼对于个人崇拜的渴望之情也随之膨胀起来。没过多久，墨索里尼便要求所有学龄儿童，都必须向他这位"领袖"祈祷，同时要求这些学童将生命奉献给他，而非上帝——从天主教会的角度来看，这本属于真正的异端行为，但教皇并没有提出抗议。此外，为了鼓吹自己的农业政策，墨索里尼还召集了全意大利各地的神父和主教前来歌功颂德，这些神职人员不敢有忤逆之意，只得向着罗马进发，在罗马游行期间，他们敬献花圈之地不是天主教的圣殿，而是法西斯主义的纪念碑。神父们被要求在一场仪式上为墨索里尼的入场欢呼，并为他祷告，祈求上帝的祝福。1935 年，墨索里尼甚至将针对阿比西尼亚（即现在的埃塞俄比亚）的种族灭绝式入侵称为"圣战"，以此来劝诱庇护十一世为这场战争献上祝福。最终，10 万意大利士兵奔赴战场，同时公众对于意大利经济困境的注意力也因此被分散。

纵观整个 20 世纪 30 年代，尽管教皇庇护十一世对纳粹主义的兴起及其恶毒的反犹立场越来越忧心，但他仍努力为教会从墨索里尼那里获得的好处进行辩护。至于意大利的"犹太威胁"，教皇并不关心，他更担心的是欧洲所面临的纳粹威胁。为了阻止教皇公开反对反犹主义，墨索里尼说服他相信，意大利的反犹主义不同于纳粹的反犹主义，而且墨索里尼还保证，自己对待犹太人的手段不会比教会更野蛮。由此，教皇开始区分"好法西斯主义"和"坏法西斯主义"，前者承认教会的权利，后者则不承认。科泽在书中写到，1937 年，墨索里尼向德国外交部长吹嘘表示，操纵罗马天主教会简直易如反掌。他建议，只要允许在学校里开展宗教教育就足够了。诚然，在解决公教进行会的过程中，墨索里尼还是遭遇了一些小麻烦，但他很快摆平了梵蒂冈。他所做的只是"给高级神职人员一些小恩小惠"，比如给予他们一些税收优惠，或者向其免费提供火车票。

到了 20 世纪 30 年代中期，教皇再也无法忍受他在手段与目的之间为自己所创造的不稳定平衡。正如《教皇最后的十字军》(*The Pope's Last Crusade*) 一书的作者彼得·艾斯纳所说："教皇意识到,今天是犹太人,但接下来就会轮到天主教徒,最后是全世界。他可以从当天的新闻里看出,纳粹将不惜一切代价统治世界。"[4] 庇护十一世争取到了一位美国耶稣会士的支持,此人曾写过关于种族主义的文章,他要求对方起草一份教皇通谕,用以公开谴责希特勒和墨索里尼,以及他们灭绝所有犹太人的目标。直到临终前,教皇仍在祈祷能多活些时日,以便发表一场演讲,传递真正具备基督精神的信念,即最终"所有人民、所有国家、所有族群、所有联系在一起的人们、所有在人类大家庭中具有共通纽带的血亲",都将因信仰而团结起来。教皇还计划对"禁止雅利安人和非雅利安人之间通婚"的做法进行谴责。但一切都太迟了。他在第二天去世,未能发表演讲。

继任者欧金尼奥·帕切利很快成了教皇庇护十二世,他命令教皇秘书收集所有与演讲有关的笔记,又指示梵蒂冈的印刷商销毁他们已经准备分发的所有演讲文稿。印刷商按指示照做,并向帕切利保证"一个标点都不留"。[*] 帕切利的教徒大使向墨索里尼报告说,新教皇言谈之间表现出"对法西斯主义的极大同情,并对领袖表达了真诚的钦佩"。几乎就在同时,庇护十二世解除了对天主教徒加入"法兰西行动党"组织的禁令。

· · ·

在讲述教皇庇护十一世故事的过程中,我们并不想暗示唐纳德·特朗普就是贝尼托·墨索里尼。不过,这两人确实拥有一个重

---

[*] 20年后,教皇庇护十二世去世,教皇约翰二十三世公布了演讲节选,但删去了批评法西斯政权的段落。演讲全文直到2006年才公布。

要的共同点：他们都表现出了一个煽动者所能具备的全部典型特征、狂妄自大的品性和对赞美难以抑制的渴求。他们都热衷于利用谄媚、奖赏和一些小恩小惠，来拉拢他们天然的竞争对手，以实现自己的目标。两个人都将自己视为能够解决国家问题的唯一领导人。"没有人比我更了解这个系统，"特朗普在接受政党提名时如是说道，"这就是为什么只有我能修复它。"有不少人愿意抛弃道德上的反对意见，以换取相应的政治利益，正是在他们所谓的理性思考和自我辩护的浇灌之下，煽动者才得以发展壮大。而且最重要的是，煽动者善于利用公众的偏见和无知，以牺牲缜密论证为代价，挑起愤怒和仇恨。

希特勒、墨索里尼，对于这些20世纪最可怕的煽动家，美国人自然十分了解。但不要忘了，还有一些土生土长的"榜样"，也曾给我们带来过长期痛苦。历史学家罗伯特·达莱克认为，美国的煽动者"可以被视为特朗普在政治掌权之路上的前辈"，其中最知名的人物包括，20世纪30年代路易斯安那州州长休伊·朗、20世纪50年代威斯康星州参议员约瑟夫·麦卡锡，以及20世纪60年代亚拉巴马州州长乔治·华莱士。[5]不过，这些鼎鼎大名的人物都没有当上美国总统。

顾名思义，煽动者需要崇拜他们的群体，他们会通过引发恐惧的方式来获得崇拜群体，这一招亘古不变。在美国共和党全国代表大会的提名演讲中，特朗普就提及了一连串令人感到恐惧的话题：暴力犯罪，无法无天的移民，恐怖分子，"无情屠戮男人、女人和孩子"的恐怖分子，飙升的犯罪率（这实际上是个谎言，这几十年来，全美范围内的犯罪率实际上一直在下降），以及不断困扰着我们的城市的"破坏和毁灭"。"我想要告诉你们所有人，"他说,"眼下正在困扰我们国家的犯罪和暴力,将很快宣告结束。从2017年1月20日开始,安全将重新回归。"至于如何实现,答案很简单——他会孤身一人完成此等伟业。"我拜访了下岗的工厂工人,参观了那些被可怕的不公平贸易协议压垮的社区,"他说,"这些在我们国家被遗忘的男男女女,这些努力工作却不再拥有发言权的人,我将替你们发声。"

煽动者通常会通过在公民之中制造分歧,以及教唆推诿和暴力,来壮大自己的势力。在特朗普之前,从来没有哪位美国总统曾将"我们"与"他们"的敌对思维,煽动到如此极端的程度,更不用说默许"我们"针对"他们"的暴行。他把作为民主制度基石的自由媒体比作"人民的敌人",于是他的一些支持者穿上了写有"绞索、树、记者,我们需要集会"字眼的T恤——显然,他们也感觉这样做颇为有趣。另外,特朗普不断抨击移民,称他们是"入侵我们国家"的"暴徒"和"动物"。"我们怎么样才能阻止这些人?真是做不到。"2019年5月在佛罗里达的一次集会上,他曾这般说道。人群里便有人起哄道:"朝他们开枪。"于是,成千上万的听众们就欢呼起来。特朗普则笑着打趣道:"要是真这样做了,只有在潘汉德尔你才能逃脱惩罚。"[①]两个月以后,在埃尔帕索,一名白人至上主义者谋杀了20名平民,只是为了阻止"西班牙裔对得克萨斯州的入侵"。[6]

一个煽动者被选举为总统,并堂而皇之地进入白宫,这可以说是自南北战争以来,美国民主制度所遭遇过的最可怕的内部威胁,相比支持乔治·布什那灾难性的伊拉克战争,为特朗普行为辩

[①] 潘汉德尔位于佛罗里达州的西北部,该地区以民风保守彪悍而著称。——译者注

护所必须歪曲的事实,要多出许多。虽然没有人能够预测这位特殊煽动者的结局,但说到一个国家在这种人的影响之下,最终会走向何方,历史已经为我们给出了很好的参考:其结果多半不容乐观。煽动者的起势从来不会在一夜之间发生,也不可能只是某次选举导致的结果。这一切的发生皆由于信仰和价值观的缓慢转变,与之相伴的是公民们做出的每一次自我辩护的决定。日积跬步,谬以千里。

重温抉择金字塔

抉择金字塔一直是本书的指导性隐喻,该理论认为:一旦人们做出决策,无论出于理性还是冲动,他们都会改变自己的态度,以遵从这一决策,同时对于任何表明他们做了错误选择的信息,他们都会开始尽量弱化乃至摒弃。通常在政治方面,人们会根据政党身份来进行决策,这就是为什么大多数选民在支持代表自己所属政党的候选人时,很少会产生所谓的认知失调——"我是共和党人(或民主党人),这就是我投票选出的自己人"。但如果这位候选人先前的信仰或行为方式,一直为这些选民所不齿,其结果又会如何呢?

曾几何时,共和党人极力反共,视苏联为"邪恶帝国"(出自罗纳德·里根),视其为资本主义意识形态之敌,他们无法容忍"激进左派"对于联邦调查局或中央情报局的批判。但现在,这么多共和党人又为何能忍受一位美国总统与普京的亲密友谊?为何在报道俄罗斯干涉美国总统选举的证据时,他们没有变得愤怒?从冷战时期支持"宁死不红"的口号,到现在宣称"宁死不民主党",他们是如何转变的?当年是理查德·尼克松签署了《清洁空气法案》，为何有这么多人会忘记这一点，同时却决意支持一个想要废除所有环境保护制度的政党？纵然耳畔回响着煽动者的咆哮声，这么多人为何还能沉默端坐？

在2016年总统选举开始时，美国公民其实已经了解到了很多关于唐纳德·特朗普的信息：他承诺要控制成群结队非法涌入美国的所谓的墨西哥强奸犯和其他犯罪分子；他侮辱过少数民族、残疾人和妇女；他在越战期间曾谎称自己有足部疾病，以逃避入伍；他曾长期拖欠承包商的工程款；他曾遭遇破产，拒绝公开纳税申报表（他谎称自己正在接受审计，所以不能公开，但美国国税局表示这是胡说八道）；他几十年来一直在歧视为他工作或尝试在他大楼里租房的非裔美国人；他因为婚外情而结束婚姻；他还被很多女性控诉性骚扰；他曾对着《走进好莱坞》节目的主持人比利·布什发表过粗鄙的评论——"如果你是个明星，你可以对女性为所欲为——甚至抓一把她们的下体"。这些事实真相中的任何一条，都会彻底断送候选人向上爬的机会，但特朗普却安然无恙，甚至平步青云，很显然就连他自己都感到惊讶："即便我站在第五大道中央朝别人开枪，选民都不会抛弃我，不是吗？这真是，太不可思议了。"当然，对任何了解认知失调的人来说，这再正常不过了。

在陷入谎言、犯错或虚伪的个人表演中时，大多数人都会产生强烈的认知失调，进而主动采用一连串的自我辩护来摆脱失调。但特朗普之所以能做到一直不为所动，正是因为他没有任何失调感。感受失调需要有感到羞耻、内疚、同情和悔恨的能力，而他恰巧缺乏这种能力。他觉得自己需要做的唯一辩护，就是声称自己能够做任何自己想做的事情，因为他是个"非常牢靠的天才"，知道得比任何人都多。他从来不用从自己的错误中吸取教训，因为他坚信自己从不犯错——也就是说，他直接截断了认知失调，不让它进入自己的大脑。他是个典型的骗子，撒谎就是他的第二天性。你就是这样做了，如果那些笨蛋相信你，那是他们的问题。[7]

所以设想一下，如果你身处 2016 年，无论你是一名终身共和党人，还是无法忍受希拉里·克林顿的民主党人，此时都必须面对这样一位特殊的候选人，他完全不同于以往任何一位通过竞选获得总统职位的人。此时，你正处于抉择金字塔的顶端。你会选择往哪边跳？满腔热忱地投票给特朗普，就因为正如他的某位崇拜者所言，"他说话发自内心，直言不讳"，难道他所说的话就是你的内心感受？投票给特朗普，难道就因为身为一名终身共和党人，你知道他肯定会遵循共和党的议程，即便他身上确实存在一些你会厌恶的民主党人式的性格缺陷？投票给他，就因为虽然你不喜欢他的粗俗、拈花惹草和偏见，但在你热衷的某个问题上，譬如堕胎、移民或以色列问题，他与你的立场相同？无论你对党派的忠诚度有多高，你都要捏着鼻子投票给他，难道就因为，最起码他和"骗子希拉里"不是一路人？（那几个月在演讲和脸书广告中，特朗普的竞选团队一直在重复希拉里的这个外号。[*]）坦白说，投票给他，就因为你对周遭所有的变化，包括陌生的少数族裔群体获得政治地位以及家乡的生活条件日益恶化，感到愤怒和恐惧？如果真是这样，干脆不要去投票好不好？

人们通常很容易忘记，在 2016 年的整个初选过程中，对于有望获得提名的 17 位候选人，大多数共和党选民并无特别偏爱的对象。（例如，在第一轮的初选中，只有约 1/3 的选民支持特朗

---

[*] 其中一则广告将"骗子"（crooked）一词中的两个"o"用一副手铐代替。另外，支持特朗普的民众集会上也经常会爆发出"把她关起来"的呼喊声。

普，其余 2/3 支持其他候选人。[8]）从来就不存在典型的"特朗普选民"，只是后来在很多观察家看来事实似乎如此。从税收、权利、移民、种族、同性恋婚姻、性别平等再到其他社会问题，特朗普的支持者在一众议题上都存在分歧，而且许多人以前曾投票给贝拉克·奥巴马。然而，尽管共和党人在选举前对特朗普心存疑虑，感情复杂，但在特朗普当选以后，他们对他的支持却越发坚定，甚少动摇。截止到 2019 年年中，有将近 90% 的共和党人认可特朗普的执政表现，尽管 65% 的人同时表示，他们认为他的言行举止"不符合总统身份"。

  支持一位言行举止不符合总统身份的总统，正常人如何为这种选择辩护呢？答案很简单。如果你以前对此人持观望态度，那么现在你很可能要越过这层阻碍，与其结成统一阵线，毕竟你已经投了他的票。如果你投票选了他，你肯定希望自己的选择与你当下对于他的感受，能保持一致。然而，你的小舅子却一直告诉你说，选他当总统简直就是一场灾难，你到底是怎么想的？认知偏差能够确保人们看到他们希望看到的东西，并力争确认自己已然坚信的东西。多亏有认知偏差的存在，现在的你才会在选举结束以后，主动去关注自己眼中对方的优点，不去理会对方的缺点。你会更经常地收看特朗普铁杆粉丝肖恩·哈尼蒂主持的节目，因为他向你保证，你做得很对。更何况，你向来对小舅子不以为意。就这样，你把自己可能做出错误决策的不适感，尽可能地降到了最低。

  让我们再回到开头提及的那些支持者身上，他们起初对于是否投票给特朗普感觉颇为矛盾，但终究还是这样做了。然后，他们就发现自己正在努力为上述决策进行辩护。（也别忘了还有另外一类人的自我辩护，这些占合格选民总数 48% 的投票者，并没有在投票上太过费心。他们说，"我投与不投都没什么区别"，或者"什么两害相权取其轻,我已经厌倦了这样的投票方式"。)煽动者来去匆匆,但自我辩护却永恒不变。

摆脱抉择金字塔:"民主党人更糟糕"

在特朗普宣布参选总统后不久,由米特·罗姆尼和其他知名共和党人领头发起了"拒绝特朗普"运动,意在极力阻挠他的提名。在特朗普获得党内提名,上述计划显然宣告失败之际,以杰出的保守派专栏作家乔治·威尔为代表的一些有识之士,便宣布正式脱离共和党阵营,他们希望以这种方式摆脱抉择金字塔。"这不是我支持的政党。"威尔还补充道,从今往后自己不会再加入共和党。他甚至建议自己的保守派同僚,"一定不要让特朗普赢得竞选"。

另一位建制派共和党人、小布什的前新闻秘书阿里·弗莱舍则经历了不断反复的纠结过程。起初,他宣称:"虽然唐纳德·特朗普有很多我不喜欢的地方,但无论何时要在特朗普和希拉里中间选择一个,我都会投票给前者。"随着竞选的深入,他逐渐改变了想法。在选举前两周发表于《华盛顿邮报》的一篇专栏文章中,弗莱舍写道,特朗普"肆无忌惮地偏离了正轨,他竟然攻击一位美国法官的墨西哥血统,批评战争英雄的家人,质疑选举的合法性,这不禁让人怀疑起他的判断力来"。[9] 最终,弗莱舍决定放弃投票。

绝大多数共和党人,甚至包括与特朗普吵得最凶的竞争对手,都没有效仿上面退党或投弃权票的做法。几乎所有的政治人物,都会在初选阶段批评自己的对手,其言辞或严厉或富于文采,但最终都会选择支持党内提名的候选人,这种转变是可以理解的。然而,大多数特朗普的党内竞争对手，都异常直言不讳地表达了对特朗普个人的敌意，以及对政党和国家的担忧。特德·克鲁兹曾遭到过特朗普极为恶毒的谩骂，后者不仅发推文表示克鲁兹的妻子很丑，还荒谬地指出他的父亲涉嫌暗杀肯尼迪。对于特朗普，克鲁兹的看法是："我们需要一位治国统帅，而非'推特治国'统帅。如果这样的人掌握了生杀予夺的核武大权，我不知道还有谁能舒舒服服地坐住，听之任之。我的意思是，如果特朗普当上了总统，搞不好某天早上我们醒过来，会发现他已经'核平'了丹麦。"他表示，自己永远不会为特朗普背书，因为"对于一个拿着墨索里尼外套的人，历史不可能以仁慈待之"。[10]

不过，相比林赛·格雷厄姆在大选之前对特朗普的评论，上述言论简直不值得一提。他是这样说的："你知道怎样做才能让美国再次伟大吗？去告诉唐纳德·特朗普，让他见鬼去吧。"除此之外，他又补充道：

> 他是个种族迫害狂、排外狂和宗教偏执狂。他既不代表我的政党，也不代表身着军装的将士们为之奋斗的价值观……我觉得他什么都不懂。他只知道拉选票，享受山呼海啸。他其实是在帮助这个国家的敌人。他在向伊斯兰教激进分子赋权。如果对这个世界有哪怕一丁点儿的认知，他就会明白，大多数穆斯林对于激进的意识形态，其实是持排斥态度的。[11]

我的天，后来的他们都堕落至何种地步了。到2018年中期选举时，恐怕连特朗普自己都找不到比克鲁兹和格雷厄姆更谄媚的支持者了。很显然，克鲁兹不仅愿意手捧墨索里尼的外套，甚至还会给身穿外套的人一个大大的拥抱——在得克萨斯州的一次特朗普集会上，他就是这样做的。到了2019年，曾直呼特朗普为"疯子"、"骗子"、"彻头彻尾的白痴"以及"种族迫害狂、排外狂和宗教偏执狂"的格雷厄姆，竟然否认特朗普是种族主义者，甚至将特朗普支持者高呼"把伊尔汗·奥马尔[①]送回家"的行径，也排除在种族主义范畴以外。此外，他还在《福克斯和朋友们》节目中声称，国会中像奥马尔这样的女议员，属于仇恨美国的"共产主义分子"。那么，克鲁兹、格雷厄姆和其他数以千计的共和党政治人物及意见领袖，究竟是如何走到这一步的呢？

所有总统都会撒谎、捏造事实和玩弄花招——或者，至少在真相面前敷衍塞责，出尔反尔——他们都不愿主动承认错误和欺骗。《当仁不让》一书的创作者并不是约翰·F.肯尼迪，他却因为此书而获得无数赞誉，甚至拿下普利策奖。这本书的大部分文字出自他的演讲稿撰写人泰德·索伦森。理查德·尼克松告诉全国人民，"我不是骗子"，但其实他就是在骗人。比尔·克林顿也曾公开表示，"我没有与那个女人发生性关系"，而事实并非如此。罗纳德·里根声称自己执政期间并没有秘密安排向伊朗非法出售武器，并用这笔钱来资助尼加拉瓜的反政府武装，但他说谎了。贝拉克·奥巴马在2013年宣传《平价医疗法案》时，曾对全国人民说"如果喜欢，你可继续保留你现有的医保"——这段话曾被PolitiFact网站评为年度谎言。多亏了认知失调消减，听闻这些谎言的人们，才愿意不予深究，或者主动为政治人物辩护，认为这种行为微不足道、可以

[①] 伊尔汗·奥马尔，索马里裔美国人，是美国历史上首位当选的穆斯林女性议员。——译者注

理解甚至情有可原。

然而，这些前任总统为自保而道出的谎言，与特朗普自上任伊始就开始编织的假话相比，显然是相形见绌，后者在一开始便夸大了出席其就职典礼的人数。无独有偶，就在特朗普当选为总统的2016年，牛津词典将"后真相"（post-truth）选为年度词汇，并将其定义为"诉诸情感与个人信仰比陈述客观事实更能影响民意的某些特定状况"，这是煽动者善用的又一伎俩，而特朗普政府则立即使用了它。就职典礼结束后，特朗普的顾问凯莉安妮·康威就在《与媒体见面》节目中表示，关于出席其就职典礼的人数，白宫新闻发言人肖恩·斯派塞当天实际上并没有对媒体撒谎，他只是说出了"另类事实"。这种说法引发了广泛的嘲笑，有网友留言道："我没有出轨，我只是交了一个另类女朋友。"还有人评价说："我得再检查一遍，这搞不好是《周六夜现场》的滑稽短剧。"

但是，当事实证明她并不是在开玩笑时，公众们的哄笑随即变成了恐惧。*另类事实的说法看似滑稽可笑，但实质上非常严肃，尤其是当它被用来为某些政府行为辩护时——这些行为包括否认全球变暖，否认煤炭和杀虫剂对环境的危害，以及否认其他公认的科学发现。所谓的另类事实，即便被权威专家驳斥得体无完肤，也会屹立不倒，因为它们具有黏性。也就是说，谎言重复的次数越多，就会变得越为人所熟知，从而越显得具有可信性。[12] 所有煽动者都深谙此道。

---

* 凯莉安妮的丈夫、保守派人士乔治·康威一直在推特上抨击特朗普的行为和"病态"谎言。很显然，这对夫妇必须努力化解因观点相悖而产生的认知失调。凯莉安妮表示，她对特朗普的恪尽职守是一种"女权主义"行为，因为任何女权主义者都不会因为丈夫的信仰问题而放弃工作。乔治则在一档脱口秀节目中说，自己的婚姻与华盛顿千千万万政见不一的夫妻之间的婚姻没什么两样。

尽管许多评论家将特朗普的另类事实与希特勒在《我的奋斗》一书中称为"弥天大谎"（意指谎言太过巨大，以至于没有人会相信有人"竟胆敢如此厚颜无耻地歪曲事实"）的宣传手法相提并论，但我们认为，历史学家扎卡里·乔纳森·雅各布森所表达的担忧，同样至关重要。他这样写道："我们今天应该担心的不是弥天大谎，而是那些层出不穷的小谎言。一杯平平无奇的日常谎言'鸡尾酒'被调制出来，其目的不在于说服人们接受一个特定的、单一的真理，而在于混淆视听、转移视线、浑水摸鱼和兴风作浪。当下的说谎策略并不是要给予我们某种用以组织我们思想的思考框架，而是妄图通过向我们传递成千上万个相互矛盾的谎言，来让我们的思想变得混乱。"[13]

对于那些在投票给特朗普时会产生不适感的共和党人来说，以下证据的存在会让他们的认知失调变得更加严重：日常分析显示，特朗普撒谎就像呼吸一样轻松随意，而且他根本不可能承认自己做错了。2018年7月16日，在赫尔辛基举行的一场新闻发布会上，特朗普选择力挺普京，对麾下情报部门得出的关于俄罗斯干预2016年大选的结论提出疑问。"我要说的是，我想不到俄罗斯会这么做的任何理由，"特朗普说，"普京总统今天的否认极为强硬而有力。"但美国情报官员和两党人士，包括参议员约翰·麦凯恩、共和党战略顾问纽特·金里奇以及福克斯新闻的几位主持人，都对此感到异常愤怒，有些人甚至直呼他这是在叛国。第二天，回到白宫的特朗普试图改口。他表示自己对美国的情报机构充满信心。"我接受我们情报部门的结论，即俄罗斯的确干预了2016年大选。"（尽管他忍不住又补充道："也可能是其他人，不怀好意的人多的是。"）难以想象，不到24小时前，他曾说过完全相反的话。"我想这肯定是显而易见的事情，但我还是想澄清一下，以防万一。当时的发言中有一个关键句，我说的是'会'，其实我想说的是'不会'。"看到了吧，双重否定，他就像在开玩笑。他的意思是："'我想不到俄罗斯不会这样做的任何理由'……我觉得这样一来事情就很好地得到了澄清。"但其实并没有，因为特朗普一开始发言的语境是明确无误的，这不可能是口误。面对这种蹩脚的解释，就连他最热心的辩护者也只能摇头叹息。

除了在大事上说假话，特朗普在琐碎小事上撒谎的频率同样很高，原因还是一样的：他觉得自己根本不可能出错。2019年3月11日，在一场有企业高管参加的圆桌会议上，特朗普将苹果公司的首席执行官蒂姆·库克称呼为"蒂姆·苹果"。这本来是件无关紧要的滑稽小事，但特朗普无法释怀。没过几天，他就声称自己根本没这样说过，他在推特上这样写道："我把蒂姆加苹果公司简称为蒂姆/苹果，这样可以节省时间和文字。"稍后，特朗普又告诉一群捐赠者，当时他实际上说的是"蒂姆·库克/苹果"，因为说得太快，所以旁人听成了"蒂姆·苹果"。[14]

《华盛顿邮报》报道称，截止到2019年4月19日，特朗普撒谎的总次数已经突破了1万大关，该报紧接着列出了每一条谎言。这一数字因特朗普对于弹劾调查的暴怒而不断飙升，截止到12月17日，已达15 413次之多……且还在继续增长。[15] PolitiFact网站认为其69%的言论"主要是假的或更糟糕"，只有17%的言论"主要是真的"。特朗普喜欢在改变想法时撒谎，说自己并没有改变想法。他善于捏造事实，比如他声称，风力发电不管用；风力涡轮机"杀死许多老鹰"，还会引发癌症；在"9·11"事件发生后不久，他就去过世贸中心遗址，还派出数百人协助救援工作（实际上并没有）。他还经常重复他自己明明知道是错误的说法（例如，贝拉克·奥巴马不是在美国出生的，民主党女议员伊尔汗·奥马尔嫁给了她的哥哥）。他热衷于编造故事来煽动支持者，比如他宣称民主党支持杀婴行为，允许医生"处决"新生儿。*即便有明确的视频证据可以证明，他依然否认自己做过的事。[16]他用记号笔篡改了一张官方气象图——顺便说一句，这种行为属于联邦犯罪——使得飓风"多里安"看起来会袭击亚拉巴马州，这种笨拙的尝试是为了掩饰他自己错误的说法，即飓风会向西深入内陆。

如果你是特朗普的支持者，当总统那些让人不安、令人愤慨且愚蠢无比的谎言证据就摆在你眼前时，要怎么做才能减少认知失调呢？你可以尽可能地轻描淡写，因为"所有总统都撒谎"；你也可以说感觉这些谎言挺有意思的；或者你可以直接否认这种说法。他撒谎了吗？正如福克斯商业网主持人斯图尔特·瓦尼所说的那样，别傻了，他从未对美国人民撒过谎。他不过是"夸大其词"罢了。[17]

为了缓解自身的认知失调，或许还有一些支持者会在大选之前自我安慰说，等到当上总统以后，特朗普反复无常的行为就会受到称职的白宫工作人员和内阁成员的约束。如果真是如此，那么特朗普政府带来的混乱局面，便让这种希望彻底破灭了。"商业内幕"网站统计了特朗普麾下被解雇或"主动离职"的所有高层人士的情况，结果发现在短短两年时间内，特朗普政府高级职员的流失

---

* 2019年4月28日，在威斯康星州绿湾的一次集会上，特朗普这样说道："孩子出生了。母亲去见医生。他们照顾婴儿，把婴儿包得漂漂亮亮的。然后，医生和母亲会决定是否处死这个婴儿。"

率高达 43%。*"高流失率是任何组织内部腐烂和衰败的信号。"斯蒂芬妮·丹宁在《福布斯》杂志曾这般写道，她可不是什么左翼喉舌。[18]

此外，尽管政客们与出身同一政党的总统意见不合，甚至前者对后者恶语相向的事情并不少见，但在美国历史上，像这样直接针对特朗普的刻薄抨击，堪称绝无仅有——这些抨击来自他的雇员，朋友，同盟，以及包括国务卿、国防部长、国家安全顾问和幕僚长在内的核心圈子成员。[19]他们直呼特朗普为"极端性别歧视者"，评价其行为"幼稚得像个11岁的孩子"，"德不配位，罔顾真理"，"与其说是个人，倒不如说是糟糕特质的综合体"，还"蠢得要命"，喜欢"媚上欺下，看人下菜碟"（此语出自福克斯新闻前董事长罗杰·艾尔斯），是个"不仅疯狂而且愚蠢"的"白痴"。

因此，当特朗普的内阁成员、幕僚、政党同盟或社交圈子意识到，其领导者在人格、认知和能力方面存在不可否认的严重缺陷时，他们旋即感受到了巨大的认知失调。[20]要想消减这种失调感，可以采取的做法很明确：要么留下，要么离开。支持特朗普，就能继续享受威望、权力以及国家高级职位带来的回报；反之，则会惹怒特朗普、被驱逐或失去在国会中的席位。有些人可能在良心和选民之间左右为难，于是他们选择早早退出政坛。还有些人，譬如雷克斯·蒂勒森，即便认定特朗普是个"该死的白痴"，也依然选择留下，而出于道德和爱国方面的考虑，他们保持了批判的能力和完整的人格。2018年，素来挑剔的《纽约时报》发表了一篇题为《特

---

* 安东尼·斯卡拉穆奇保持了最短的任期记录：他在担任白宫通讯主任仅11天后就被赶下台。虽然在此后的两年里，他一直是特朗普的铁杆支持者，但最终他还是发表专栏文章称，他终于受够了。

朗普政府内部的抵抗力量，我是其中一员》的匿名文章。在这篇文章中，作者试图安抚美国人民，表示很多由特朗普任命的官员发誓要尽其所能，"维护我们的民主体制，同时遏制特朗普先生更多的错误冲动，直至他离职。问题的根源在于总统是非不分。任何与他共事的人都知道，他不受制于任何可以指导自身决策的明确基本原则"。[21] 换句话说，美国人民需要明确一点，特朗普的政府中还有一些能独立思考的成年人，当事态发展到无法控制时，白宫里有人会踩下刹车。

顺着抉择金字塔往下滑："他吞噬了你的灵魂"

然而，等到了 2019 年，很显然已经没有人来踩刹车了。任何胆敢质疑特朗普做出的决策和心血来潮的念头的人，都会因为被特朗普视为不忠而被炒鱿鱼，更不用说那些批判他、与其意见相左、提请他注意所犯错误或试图控制其"受误导的冲动"的人了。将提出异议视为不忠，这是煽动者、独裁者和强硬领导人的另一大特征。特别顾问罗伯特·穆勒曾发布报告，概述了特朗普及其政府试图解雇他以及试图限制或干扰其调查范围的 11 个小插曲。事实上，在这之后，白宫内外的观察家们开始将特朗普比作黑手党的帮派老大，因为只有在这类人眼中，忠诚才是终极价值所在。例如，报告中记载道，2017 年 6 月 17 日，特朗普打电话给白宫顾问唐·麦克加恩，命令他向司法部副部长罗德·罗森斯坦施压。"打电话告诉罗德，穆勒这个人和我矛盾重重，当不了特别顾问，"特朗普在电话里说，"穆勒必须离开……你安排好以后给我回个电话。"不惜一切代价"解决"老板的问题，这便是特朗普对下属的期望。对此，迈克尔·科恩应该深有体会,他正是这样做的,甚至因此而入狱。科恩曾在大选前夕向斯托米·丹尼尔斯支付了13万美元的封口费,以掩盖她与特朗普之间的婚外情(此行为违反了联邦竞选财务法),然后为了保护总统,还就付款一事做了伪证。妨碍司法公正、撒谎、收买可能会制造麻烦的性伴侣,以及不惜违法乱纪也要听从老板的命令,问题解决者身上甚至还背负着这些期许。

"特朗普的行为举止就像新泽西黑帮的老大,他会漫不经心地要求身边人,去做一些不道德或者挑战法律的行为。"众议院监督与政府改革委员会前发言人兼高级顾问库尔特·巴德拉说,"他的思维过程完全不顾及真相和准确性。他对忠诚的要求就如同有组织的犯罪网络。约翰·高蒂家族覆灭以后,特朗普家族便取而代之,而国会中的共和党议员正是保护他的喽啰。"[22]那么,黑手党喽啰最典型的罪名是什么呢?自然是告密和出卖老大。特朗普称尼克松总统的检举者约翰·迪恩是"卑鄙小人",因为他揭发了水门事件背后的罪行和掩盖行为,而相比之下,特朗普对于反水者的反感更甚。特朗普曾在福克斯新闻上表示,在经商生涯中自己与黑手党人物打过交道,他说:"我对反水了如指掌,这三四十年来我一直在观察反水者。本来一切都很顺利,然后他们被判入狱10年,紧接着他们就会向上反咬一口,能咬多高是多高。"事实上,策反一直是执法程序的核心所在,因为只有这样,检察官才能抓住终极的作恶者。如果你证据确凿地抓住了杀手,没错,行凶者的确落网了,但你更想知道谁是幕后主使。所以说,策反这种手段的目的在于,让低阶犯罪分子供出其上级的犯罪真相。然而,特朗普是如何看待法律和秩序的这一基本策略呢?特朗普在福克斯新闻上公开表示,策反是无耻的不公平行为,它"就应该被取缔"。[23]

如果反水属于不忠不义，那么按照特朗普的说法，检举便是叛国行为。2019年8月12日，中央情报局的一名情报官员就总统的行为，提出了正式控诉，这一行为启动了众议院的弹劾调查。

在履行公务的过程中，我从多位美国政府官员处获悉，美国总统正在利用其职权，寻求外国势力的支持，通过它们对2020年的美国大选进行干涉。具体干涉行为包括向外国势力施压，要求其针对总统在美国国内的某位主要政治对手展开调查。总统的私人律师鲁道夫·朱利安尼先生是上述行动的核心人物。司法部长巴尔似乎也参与其中。

特朗普指责这名情报官员和其他控诉支持者为间谍和叛徒。"我想知道给检举者提供信息的人是谁，因为这已经近乎间谍行为，"他说，"你肯定知道我们过去还挺精明的时候是怎么做的，是吧？对待间谍和叛徒，我们过去处理这些人的手段，与现在可有些不同。"这显然是在暗示处决。直接处决或暗杀持不同政见者或"叛国者"，特朗普肯定做不到，但他可以向自己的党羽发号施令，就像他在推特上所说的那样，如果他被免职，"这个国家将会像内战时一样，变得四分五裂"。此外，他还称众议院情报委员会乌克兰调查组的主席兼众议院议员亚当·希夫犯下了叛国罪，应该被逮捕，原因仅仅在于对方转述了电话记录。"从表面上看，总统厚颜无耻且史无前例地呼吁中国和乌克兰去调查乔·拜登，这是骇人听闻的错误做法。"当参议员米特·罗姆尼在推特上这样写时，特朗普直接通过推特反驳，说罗姆尼是个"自负的大傻帽"，并要求对其实施弹劾（但事实上，参议员不可能被总统弹劾）。

总统要求某位外国领导人施以援手，整理其竞争对手乔·拜登的负面材料，对于中情局官员披露的这些事实，特朗普的支持者起初是如何回应的呢？在为期两周的众议院弹劾听证会期间，兢兢业业且消息灵通的证人们提供了确认证词，对此，那些支持者又作何反应？少数人，譬如罗姆尼，直接发表了全面谴责；有些人犹豫不决地承认特朗普的行为"令人不安"或"失当"；但大多数人要么保持沉默，要么盲目引用白宫方面关于阴谋、骗局和猎巫论的相关言论。既然他们之前已经费尽心机地为特朗普先前那些令人愤慨的所作所为进行过辩护，那现在再来一次又算得了什么呢？林赛·格雷厄姆对此的第一反应是："因为一通电话就弹劾总统，这样的做法有些疯狂。"不过，格雷厄姆肯定非常清楚，弹劾的理由还包括：在选举中寻求外国势力的帮助，妨碍司法公正，恐吓证人，以及违反保障检举者个人隐私和安全的相关法规。

可以想见，格雷厄姆和特德·克鲁兹私下一定还坚持着对于特朗普的最初看法。出于再次当选以及党派忠诚方面的考虑，大多数职业政客都学会了压制个人情感。但我们强烈怀疑，由于选举前的感受与选举后的妥协之间存在巨大差距，他们肯定已经找到了一种方法，来证明这种转变的合理性——哪怕只是为了睡个安稳觉。阿里·弗莱舍起初青睐特朗普，后来又反对他，最终没有参与投票，但此人现在竟然成了特朗普的热心支持者，还经常在福克斯新闻和美国有线电视新闻网上攻击特朗普的批评者。他又是如何为自己心路历程的变化做辩护的呢？答案很简单，正如他在接受《纽约客》记者艾萨克·乔蒂纳采访时表示的那样，"民主党人更糟糕。我会把唐纳德·特朗普这个人，与他的攻击性、他的不恰当言行放在一起看，并与其政策方面的成就相结合，如果拿这些再和民主党人及其言论、政策、极左倾向进行对比，我想我无论如何都会选择唐纳德·特朗普"。[24]

对于那些只关心单一议题——例如任命保守派法官进入最高法院、减税问题或者支持以色列——的支持者来说，特朗普在此议题上的表现才是最重要的。特朗普加剧了批评以色列总理本雅明·内塔尼亚胡强硬政策的美国犹太人之间的裂痕，当被问及如何看待这一问题时，共和党犹太联盟董事会中的一位共和党捐赠者如是说道："天哪，当看到他为以色列所做的一切时，我不会对他的言行再有任何异议。"[25] 特朗普的一些言辞也助长了美国越来越多的反犹仇恨犯罪。在夏洛茨维尔的一场集会上，有不少人高呼"犹太人别想取代我们"，特朗普竟然声称这些人中间有"好人"。对此，那位捐赠者又是怎么看的呢？特朗普不可能反犹，他还有个犹太女婿呢！从这些话中，我们丝毫感受不到认知失调的存在。

· · ·

就这样，在特朗普当选为总统的三年间，大多数共和党人已经滑落至巨大的自我辩护金字塔的底部。正如彼得·韦纳所哀叹的那样，共和党已然"彻头彻尾地成了特朗普的政党"。[26]《美国大屠杀》（*American Carnage*）一书的作者兼美国"政治新闻网"（Politico）首席记者蒂姆·阿尔伯塔，详细描述了众多特朗普反对者的屈服，他们曾经都认为自己是坚定不移的"特朗普反对者"。他们中的绝大多数人顺着"永远支持特朗普"的方向，从金字塔上滑落，甚至对于特朗普道德败坏、喜怒无常、谎话连篇和任性妄为的良心谴责，也一同被他们压制了下来。他们也许是这样安慰自己的："他毕竟没坏到那个程度。不管怎么说，他确实提名了两位保守派人士进入最高法院，还为下级法院安排了数十位保守派人士。他为我们大幅减税，废除了那些扼杀商业活力的可恶环保法规。当然，大规模枪击事件非常可怕，我们只是希望他的言论能有所收敛。如果做不到，他或许真是一位煽动者，但即便如此，他也是向着我们的煽动者。"

2019年，最高法院曾裁定禁止特朗普政府在2020年度人口普查中询问公民身份问题。尔后，在白宫玫瑰园举行的一场公开活动中，当时的司法部长威廉·巴尔向特朗普保证，整件事情不过是关乎时间的"组织安排"问题，同时称赞他同意遵守法院裁决的行为勇气可嘉，最后还奉上一句，"再次祝贺您，总统先生"。这有什么可祝贺的？就因为他接受了最高法院的裁决？依据宪法，不是每一位总统都有义务这样做吗？难道祝贺他没有再次大发雷霆？

不带磕碰地从金字塔上一路滑下来，这正是威廉·巴尔本人最真实的写照。他从受人敬重的律师，变为这个国家的司法部长，紧接着又成为特朗普手下对他阿谀奉承的私人律师，负责满世界转悠，引诱外国政府接受弗拉基米尔·普京对于干预选举的免责声明。随着政府成员与巴尔一起跌入金字塔底，他们还有多大可能性会改变想法，质疑总统的判断，并尝试重新登上塔尖？不妨听听斯蒂芬妮·丹宁的想法，当在自己的《福布斯》专栏中说起特朗普任命的许多官员（自愿或以其他方式）跳槽时，她提出了一个略显悲哀的问题。她这样写道："我们原以为，从一个公民的角度来看，这届政府所展现出来的举止、粗俗和混乱，肯定会让当初加入的人感到后悔。但实际上显然不是这样。为什么没有人承认他们当初的选择是错误的？"[27]

为什么？因为当你处于金字塔最底层时，承认自己犯错，便意味着承认自己为了眼前私利而牺牲了更好的判断力，或者承认自己——那个机智聪明、精通政治且专业经验丰富的你——未能控制、约束乃至影响那个爱生气的顶头上司。这意味着，你先前的所有辩护都是……错误的。多亏了认知失调消减，许多特朗普的忠实拥护者，甚至那些被解雇者，都不会将自己视为叛徒或共谋者。他们会说服自己相信，共和党的议程——以及能让他们腰包鼓起来的巨额减税政策——值得他们付出小小的代价，譬如对总统恭维几句，对他的违法行为视而不见。这确实可喜可贺。

对于那些处于金字塔底的人而言，实现认知失调消减效果的终极辩护理由自然是"为达目的，可以不择手段"。政治学家格雷格·韦纳观察到，"长期以来，最坚定的拥护者之所以能无视针对特朗普的各种抱怨，原因就在于他们认定，特朗普应该被'严肃对待，而非只从表象解读'"，因为他实行了他们想要的政策，这些政策符合更大的国家利益或他们的宗教诉求。此外，韦纳还提出了一种更为迂回曲折的自我辩护套路：如果没有谎言、粗鄙和非法行为的加持，特朗普不可能实现他的政治纲领，因此，这一切实际上提升了他的执政效率。这便是韦纳所认为的"特朗普事后归因"谬论："它实质上属于逻辑学中的后此谬误。关于这种谬误，最经典的例子莫过于认定日出是由公鸡打鸣所致，因为后者先于前者发生。在拥护者所坚持的谬论中，特朗普先生先是违反了总统行为的惯例标准，然后推出了他们所期望的政策，由此他们便假定，违规行为促成了政策诞生。"[28]

然而，"为达目的，可以不择手段"的想法又有什么错呢？毕竟，历届总统都曾诉诸这一默认借口，其中也包括经历过大萧条和二战的富兰克林·罗斯福。但韦纳认为，当所谓的"手段"践踏了民主的规范、准则、习俗时，遗祸无穷的是这种行为本身，而非众人为之辩护的权宜政策。手段越卑劣、越不道德，特朗普的支持者就会越发肯定，这些手段是实现其目的即政治纲领所必不可少的。这种颠倒黑白的推理激怒了韦纳。他表示，如果特朗普一直摆脱不了无礼行径和"不合乎总统行为规范的行为"，或必须借助这些才能成事，那他无论取得什么成就，都会是徒劳的。

你或许还记得杰布·斯图尔特·马格鲁德，我们曾在第一章中介绍了这位水门事件的积极参与者对于自我辩护步骤的描述，也正是由于自我辩护，他才逐步沉沦，深陷于尼克松政府的腐败和犯罪泥潭。2019年5月，詹姆斯·科米也描述过特朗普政府中某些群体的类似下场，还明确阐述了为何回归抉择金字塔的顶端如此困难。科米曾担任过联邦调查局局长，也是《至高忠诚》一书的作者，后被唐纳德·特朗普解职，理由是他没有公开声明特朗普并未因2016年大选期间与俄罗斯人勾结而接受调查。像巴尔这样"聪明能干的律师"，以及特朗普身边其他头顶光环的大佬，怎么会引导总统最终落得个只会喋喋不休地重复"没有勾结"以及控诉联邦调查局"监视"自己的下场？这是科米从一开始就想弄明白的问题。紧接着他又问道，对于特朗普希望赶在罗伯特·穆勒完成报告之前解雇此人的企图，向参议院司法委员会做证的巴尔，究竟是怎么做到轻描淡写的？[29] 正所谓，日积跬步，谬以千里。

首先，当他撒谎、捏造虚假论断以及编织"另类现实之网"时，你和你的同伴们默不作声，不屑与之争辩。就这样，你们等于被拉进了"一个沉默的赞同圈子"。于是，当他吹嘘他的总统就职典礼的参与人数是史上最多时，你们无意反驳；而当他抱怨媒体一直对自己异常刻薄时，你们甚至会有些同情。

其次，他会冠冕堂皇地要求你们在内阁会议和其他公开场合赞扬他，并宣誓对其效忠，而你们会顺从他的心意。"你所要做的，就是要像在座的其他人那样，"科米在书中写道，"去谈论这位领导人有多么了不起，能与他为伍是多么荣幸。"

最后，当特朗普攻击你们所珍视的价值观和你们发誓要保卫的制度时，你们只能保持沉默。因为除了沉默，你们还能说什么呢？他是美利坚的总统。他的"无耻行径"让你们愤愤不平，但你们必须忍耐，因为你们觉得，只有坚守下来，那些价值观和制度才能得到保护。你们太重要了，不能轻言放弃。

由此，科米总结道：

你不能大声疾呼，甚至不能告诉家人，在国家由一位道德败坏之人领导的危急时刻，这将是你的个人贡献，是你为美国做出的个人牺牲。你比唐纳德·特朗普更聪明，为了自己的国家，你必须下一盘大棋。所以，你在糟糕的领导人一败涂地并在推特上被人唾弃的时候，也能圆满地完成任务。

当然，要想留下来，你必须得被视为自己人，所以你进一步做出了妥协。你开始学他说话，赞扬他的领导力，吹捧他所奉行的价值观。

然后，你就彻底完蛋了。他已经吞噬了你的灵魂。

一滑到底:"我们看到了他的内心"

当然,特朗普的铁杆支持者就没有骑墙的烦恼。他们投票支持他,恰恰是因为这样做可以让其他许多人认知失调。他们的证真偏差还被福克斯新闻这一传声筒进一步放大,它经常把特朗普的恶习包装为优点,甚至预先提供好美化它们的理由,以供忠实的党徒们重复使用:"他不是什么政客";"他不够圆滑";"他的出发点是好的";"他政治不正确"。别忘了还有经典的自我辩护方式,即对证据尽可能地轻描淡写,正如特朗普集会上的某位女性所言:"他是有缺点,但我们谁不是呢?"

他也太不像个总统了吧?像不像总统并不重要,他们说。事实上,这正是我们投票给他的原因。在宾夕法尼亚州举行的"女性支持特朗普"集会上,有位与会女性就告诉《费城问询报》:"他深得人心。他不是政客,也很有骨气。他不害怕说出自己的想法。他说出了我们其他人的心里话。"[30] 在南卡罗来纳州的另一场集会上,一位64岁的退休护士这样说道:"他的每句话都说到了我的心坎儿里。我了解这位总统。我参加过他的就职典礼,也参加过他的其他集会。他所说的每句话我都赞同。他在替我说话。他或许有些不够圆滑,但他可不是什么政客。"

他不是喜欢在日常的推文中说一些令人尴尬的话,谁让他不开心就嘲笑谁吗?从演员罗茜·欧唐内到歌手贝特·迈德尔,再到外交官乃至国家元首,不是都被他嘲笑过吗?确实如此,但这也没什么好不爽的。在特朗普集会上,有位女性就表示:"每个人都在推特上发表疯狂的言论。大家都是这样!凭什么就把矛头指向他?"(言下之意,就因为他是总统?)[31]

当感觉遭到侮辱或批评时，他不是经常会大发脾气吗？"他不是那种特别善于控制自己情绪的人，"一位32岁的男士说，"他是个非常情绪化的人。充满激情。但是我喜欢他推出的政策，我认为他的出发点是好的。"

他不是个种族主义者吗？当然不是，在被问及如何看待特朗普妖魔化4位少数族裔民主党女性议员时，另一位年轻的男性支持者这样表示："他只是在表达观点，说出自己的想法。这一点很重要。现在敢这样说话的人已经不多了。所有人都在讲究政治正确，不能想说什么就说什么。我喜欢特朗普这样的人。"

行为反复无常，使白宫工作人员纷纷离职，卷入穆勒调查报告，受到弹劾，以及被手下幕僚评价为"白痴一个"，这些事情又该怎么看呢？我们注意到，对于上述糟心的信息，特朗普在白宫和党内的支持者完全心知肚明，但他们倾向于通过指责民主党人更糟糕，来大事化小，小事化无，就像阿里·弗莱舍所做的那样。不过，特朗普最忠实的支持者才不屑如此，他们简单明了地宣称，这些不受欢迎的信息全都是假新闻，从而让任何潜在的认知失调迹象都烟消云散。穆勒调查2016年大选腐败？这不过是民主党人的伎俩，目的在于阻挠这位自己人履行职责。的确，正如认知失调理论所预测的那样，批判的声音越大，越具有说服力，忽视它的需求就越发强烈，越发根深蒂固。特朗普的批评者"每天都在不停地向他泼脏水"。一位69岁高龄的房地产经纪人向记者抱怨道。接着，她又补充了一句："这反倒让我们更想要支持他。"[32] 这句无心之言间接印证了减少认知失调的最后一步。

特朗普曾在美国共和党全国代表大会上向听众们承诺,自己将会替"我们国家被遗忘的男男女女"发声。当时,很多人以为他的言下之意是要让工厂保持运转,坚持实施保守派纲领,但也有不少人听出了其他意味:世界上充满了危险和变化,有些来自现实,还有些来自想象,但不管怎样,这个男人承诺要缓解人们的焦虑。一位69岁的退休呼吸治疗师告诉记者:"他想要保护这个国家,他想要守卫这个国家的安全,他希望将入侵者、移民大篷车以及其他正在涌现的糟粕,都拒于国门之外。他理解我们为什么会愤怒,他希望解决这个问题。"[33]

《白人身份政治》(White Identity Politics)一书的作者兼政治学家阿什利·雅尔迪娜,研究过上述愤怒情绪。她发现,这种愤怒很大程度上源于某种误解,即认为白人占据的国家资源份额过低。雅尔迪娜了解到,许多白人选民之所以选择支持特朗普,是因为他们认定"特朗普是为我们这个群体服务的。他会帮助白人。他是为白人服务的总统"。[34]况且,他们需要相信特朗普是"为白人服务的总统",鉴于由此需求带来的情感能量,他们不会太在意特朗普是否真的兑现了承诺。终于被代表和被理解的感觉真好。他将替我们发声。

当涉及宗教身份时,他甚至更加坐实了代言人的身份。如果说有人会因为支持唐纳德·特朗普而感到认知失调,那一定是这些选民,在他们的自我概念中,宗教信仰堪称核心所在。支持一个违反了其信仰中几乎所有伦理道德要素的政客,这种拥护与基本信仰之间的对立所引发的失调感越强烈,他们否定该政客或者为其行为辩护的需求就越强烈。从白人福音派基督徒的选择中，我们可以最明显地看出这一点。在 2016 年的选举中，他们占选民总数的 26%，其中有 81% 的人投票给了特朗普。特朗普给乌克兰总统打了一通决定命运的利益交换电话，并因此遭到了弹劾调查，但即便在此事曝光以后，这些选民依然坚定地支持特朗普。在一项针对收看福克斯新闻的福音派人士和共和党人的民意测验中，大多数人都表示，无论特朗普做什么，他们都会坚定不移地支持他，况且他所做的事情根本就没有"损害总统的尊严"。[35] 令人好奇的是，他们的这股子信念究竟是怎么维持下来的？

在唐纳德·特朗普成为共和党总统候选人之前，自诩为"预言牧师"的旺达·阿尔杰曾为保守派基督教刊物《感召新闻》（*Charisma News*）（其创刊口号为：信仰与政治交会之处）撰写了一篇专栏文章，其标题为《我们需要对主心存敬畏的领袖》。在这篇文章中，她这样写道："现在这个国家比以往任何时候都更需要一种祈望，那便是对于主的敬畏，公职人员以及选民的心中必须都怀有这种敬畏。"她还列举了"内心真正向着上帝"的领导人所应当具备的 16 种品质，其中包括：

- 他们会虚心听取他人建议（《圣经·箴言》1∶7）。
- 他们可被教化（《圣经·诗篇》25∶12）。
- 他们不偏袒也不受贿（《圣经·申命记》10∶17）。
- 他们不会认为自己比别人优秀（《圣经·申命记》17∶19）。
- 他们口中总是充满溢美之词（《圣经·箴言》16∶9~13）。
- 他们憎恨一切形式的邪恶（《圣经·箴言》8∶13）。
- 他们凭借智慧和谦逊行事（《圣经·箴言》15∶33）。

- 他们的家中井井有条（《圣经·诗篇》128：1~4）。
- 他们会遵从上帝的命令而行（《圣经·诗篇》86：11）。
- 他们不会让罪恶支配自己（《圣经·诗篇》119：133）。
- 他们不惧于人，却要敬畏主（《圣经·箴言》29：25）。
- 他们以正义、谋略和力量进行统治（《圣经·以赛亚书》11：2~4）。

特朗普肯定不是什么"可被教化"或"虚心听取他人建议"的人；他通过向名下公司输送利益的方式来收受贿赂；他甚少凭借"智慧和谦逊"行事，很少口出"溢美之词"，也完全做不到把家里（白宫）打理得井井有条；不要说什么保持谦卑以及"不会认为自己比别人优秀"，在他那里，我们能听到的最多的便是，他感觉自己比其他所有人都要更优秀、更聪明。当了解到以上信息时，一位虔诚的基督徒该如何应对由此而产生的认知失调呢？"没有人比我更尊重女性。""没有人比我更爱读《圣经》。""没有人比我为平权事业做得更多。""或许放眼世界历史，没有人比我更了解税收。""没有人比我更成功。"[36]这些都是特朗普的名言。他宣称自己是"天选之子"，是一个拥有"无与伦比的大智慧"的人。

而你，作为一位虔诚的基督徒，正身处抉择金字塔的顶端。这个名叫特朗普的家伙，很难说是什么道德品质高尚之辈。虽然他曾有过婚内出轨和用粗俗言行侮辱女性的黑历史，但相比于比尔·克林顿，这些事情似乎没什么大不了。特朗普宣称自己饱读《圣经》，但他的过往并没有展现出他对于基督教信仰的忠诚，更不用说坚守了。掌握了这些信息的你，会下定决心说"特朗普肯定不符合我们对虔诚的领袖的要求，所以我们最好另寻出路"吗？你更有可能会诉诸认知失调消减之法，就像旺达·阿尔杰那样。在目睹了特朗普两年间的所作所为以后，阿尔杰奇迹般地意识到，一位优秀的领导者不一定非得虔诚无比。她觉得，如果他能做到，那自然是非常好的加分项，但这一点并不重要，况且，这本来就没什么大不了（在大选之前，她还一再强调这些方面对自己意义重大，但很显然，她已经忘了）。她在2019年写道，人们唯一需要质疑的地方在于，特朗普能否被称得上是一位优秀的领导者："包括总统在内的某些领导人，其举止或作风可能不太符合我们基督徒的预期，对于他们，我们可以根据《圣经》中所记载的基本资质要求，来判断他们是否有能力治理好国家。不同于必须为信徒树立宗教榜样的教会领袖，公民政府领袖应当以强力手腕治国，以保众生平安，让所有人获得庇护和自由。"

那么，所谓"《圣经》中所记载的"关于优秀领导者的"基本资质要求"究竟是什么呢？对此，她解释说，《圣经·罗马书》13：1~6和《圣经·彼得前书》2：13~14均描述了什么样的领袖才是我们所需要的：

- 作为上帝的仆人，为民造福。
- 手持利剑，震慑行为不端之人。
- 作为复仇者，将上帝的怒火倾泻至犯错者身上。
- 作为上帝的仆人，尽心尽力完善税收。
- 受上帝派遣，前来惩罚作恶者，褒扬行善者。[37]

《圣经》中也有关于耶稣要求为了穷人利益而向富人征税（而非颠倒过来）的经文（《圣经·马可福音》10：21,25；《圣经·箴言》19：17），但如果抛开这些内容不谈，上述说法肯定更符合特朗普的个人作风，尤其是"手持利剑"、"复仇"和"税收"的部分。"这些关于上帝如何使唤公民领袖的描述中，并未暗示个人品德或虔诚是不可或缺的，"阿尔杰写道，"它可能被期许，但它并未被要求。我们需要不断祈祷，祈祷我们所选举出来的官员能与耶稣基督产生真正的交感，与之建立起个人联系。但是，对于那些尚未聆听上帝声音或依然在求索途中的人，应该保留他们的资格。如果他们作为公民领袖真正履行了上帝的旨意，那么行动便胜过了言语，成就也就盖过了他们的个人缺点。"

这段话的言下之意是这样的："我们非常喜欢他的政策和立场，以至于我们会放弃自身的道德标准来支持他，忽略他的诸多罪过，同时保留自己的信念，即我们依然是善良、仁慈、富有同情心的虔诚基督徒。"实现这种平衡需要一些巧妙的心理技巧。基督教价值观与特朗普的行为之间存在着巨大的不可调和性，所以那些福音派支持者必须绞尽脑汁地淡化针对他的批评，套用阿尔杰的话来说，尤其是那些"反对宗教自由和保守价值观的左派自由主义者，他们无时无刻不在寻找罢黜这位总统的良机。无论是针对他在推特上的负面评论，还是针对他非正统的治国手段，他的对手们总在寻找各种证据，以证明他不适合治理国家"。

这些福音派人士最后得出结论，各种批评无关紧要，因为只要达到目的，就可以不择手段。上帝派遣特朗普来帮助我们实现我们所希望达成的目的，他不仅提名保守派法官进入最高法院，还支持反对同性婚姻或节育的基督教大学和组织，允许宗教团体不受反歧视法的约束，并将美国驻以色列大使馆迁往耶路撒冷。特朗普最终会让美国恢复为白人基督教国家，福音派人士相信这就是美国过去的模样，且本来就应该是这样——当然，这属于终极目标。那些"有色人种"、非基督徒、非异性恋者和外国人正在入侵我们的国家，特朗普必须阻止这种冲击，即便这些所谓的外来者就出生在纽约或者辛辛那提。正如《相信我——唐纳德·特朗普的福音派之路》(*Believe Me: The Evangelical Road to Donald Trump*) 一书的作者约翰·费亚所言，福音派"为了达成自身的政治诉求，会有意对道德失检视而不见"。

如此妥协行为，在历史上屡见不鲜，庇护十一世就是活生生的例子。

有意视而不见者中肯定包括迈克·蓬佩奥，这位福音派基督徒在特朗普解雇雷克斯·蒂勒森后出任美国国务卿。大选之前的蓬佩奥是一位保守的国际主义者，他认为美国的实力对于全球稳定至关重要，同时他也是特朗普"美国优先"政策的坚决反对者。然而，当一份要求舍弃自身政治或许还包括宗教观念的工作摆在面前时，他却迫不及待地接受了，为此还解释道，国务卿的工作就是为总统服务，总统要求他做什么，他就做什么。一位前白宫官员表示，蓬佩奥是"特朗普身边最谄媚、最顺从的人之一"。甚至更直白点儿，按照某位前美国大使的说法，"他就像是向着特朗普屁股的热追踪导弹"。那么，蓬佩奥自己又是如何为这种行为辩护的呢？上帝将特朗普提携至这个崇高的位置上，就像是提携拯救了自己子民的以斯帖王后。因此，所有人必须服从上帝，服从特朗普。[38] 即便这种服从意味着违反就职誓言，搪塞国会提出的提供弹劾调查相关信息的要求。

尽管如此，对"十诫"中某一诫的违背，是福音派教徒无法容忍的，就连特朗普也不例外。这一诫当然不是通奸，也不是做伪证——事实上，在担任总统的头三年里，特朗普发表的虚假或误导性言论就多达 15 000 多条。另外，觊觎邻居的财产也算不上，虽然从国家的角度来说，这其实是笔好买卖。这条不能逾越的红线就是"妄称主名"。在与众议院共和党人讨论能源政策期间，特朗普曾开玩笑地带了一句"天杀（goddamn）的风车"，他的这句话顿时激怒了众多福音派支持者。"我当然不会宽恕妄称主名的行为。有一诫专门禁止这种行为。"福音派牧师罗伯特·杰弗里斯说。他为特朗普提供建议，也是其最坚定的支持者之一。"我认为妄称主名的行为极度令人反感。除了这一点，其他一切我都能接受。"[39]也就是说，特朗普每天都在藐视"十诫"中的其他内容，但在藐视这条面前，不值一提。

许多福音派支持者不单单为特朗普开脱或刻意淡化特朗普的通奸和欺骗行为，甚至还将这些做法当成证据，证明自己一直以来对他的支持是正确的——这便是最极端的认知失调消减形式之一。事实上，这些人认为，特朗普越粗俗，就越能履行所谓的神圣使命。所以，我们会看到这样的保险杠贴纸：唐纳德就是我的上帝／天选之神。在他们眼中，他差不多就代表了上帝，或者至少是由上帝派来拯救世人的。福音派人士认为他们对于特朗普的支持并非伪善，更不属于异端行为。"他们相信，上帝钦点特朗普正是为了当下这一刻，"费亚说，"他们相信上帝会启用腐坏之人——《圣经》中就有这样的例子，所以他们会引用这些经文。"毕竟，上帝的行事准则十分神秘，而唐纳德·特朗普则更加令人捉摸不透。他不是犯下了一连串男女关系和财务上的罪吗？所以说，上帝爱罪人。用他们的话来说，特朗普正在靠近基督的"旅途"中，他可能需要一段时间才能抵达。但我们是基督徒，所以我们准备容忍某些罪人——

只要他们是属于我们的罪人。费亚表示，有些福音派人士更为夸张，他们甚至声称特朗普已经获得了灵性觉醒，他的腐坏岁月已经成为过去。"唐纳德·特朗普已经改变了，"来自北卡罗来纳州的退休人士兼浸信会教徒南茜·艾伦说，她也是《选出人民的总统，唐纳德·特朗普》(Electing the People's President, Donald Trump)一书的作者，"我真心诚意地相信，他已经改了，再也不会招惹那些乱七八糟的事情了。他现在并不完美，但世上哪有完美的人。我们知道他的内心已经发生了变化，他尊重我们的信仰和价值观。我相信，他也拥有某些相同的信仰和价值观。"

无独有偶，2019年在信仰与自由联盟召开的一次会议上，该组织的主席拉尔夫·里德告诉欢呼的人群："我们曾经拥有过一些伟大的领袖。但从来没有人像唐纳德·特朗普这样守护着我们，为我们而战，深受我们爱戴。我们看到了他的内心，他做到了他所承诺的一切，甚至更多。"[40]

墨索里尼曾向德国外交部长吹嘘，赢得梵蒂冈的支持简直易如反掌，与之遥相呼应的是，特朗普在与共和党议员聊天时，也曾一边笑着摇头，一边提及"那些该死的福音派"。蒂姆·阿尔伯塔在《美国大屠杀》一书中这样写道，按照特朗普的想法，他将"给予他们政策和机遇，以满足其长期渴求的权力欲望。而作为回报，他们会坚定不移地支持自己"。

停止下滑："听着，这件事比眼下的政治更重要"

忠诚于特朗普先生让我失去了一切——我的家庭幸福、友情、律师执照、公司、生计、荣誉和声誉。很快，我又将失去我的自由。我祈祷我们的国家不要重蹈我的覆辙。

——迈克尔·科恩，特朗普的前私人律师兼调停人，
被判入狱三年

迈克尔·科恩绝非善类。此人与杰布·斯图尔特·马格鲁德之间并无多少共同之处。无论在结交特朗普之前还是之后，他漫长且肮脏的职业发展路径，都绝对会将马格鲁德的"道德准则"击得粉碎。不过，在被抓捕以后，科恩意识到了自己为盲目忠诚所付出的代价，他决定认罪服法。虽然科恩曾经逃避过税收，但他逃避不了因为对骗子愚忠而获得的恶果。

在人生的大部分时间里，对于科恩而言，为达目的可以不择任何手段——除非手段不管用。这是我们许多人在生活中所必须做出的选择，无论我们追求的目标是大是小，与个人有关还是来自政治层面。我们通常需要确定自己所关心的某个具体目标——尤其是充满正义感的目标，譬如为受到虐待的人伸张正义，终结职场性骚扰，或者实现特定的政治改革——是否会比我们为实现目标而采取的手段更为重要。也就是说，我们要多问问自己，要达成目的，是不是非得结成某些不太光彩的联盟？是不是非得找几个无辜的人来"背锅"？当然，对于这些问题的答案，教皇庇护十一世肯定是最清楚不过：迟早有一天，我们自己也会成为被抛弃的"背锅侠"，或者跟着小团体里的所有人，一起掉入万劫不复的深渊。

纵观本书，我们见证了为什么大多数人在面对抱负与道德之间的认知失调时，会选择顺着抉择金字塔向抱负的方向滑落——可能是受到便利性、同伴支持、工作保障和其他奖励的驱使——并打消疑虑，用自我辩护来安抚自己惴惴不安的良心。在大多数章节的结

尾,我们都会讲述一则迎难而上者的故事,这些故事不仅展现了个体的勇气,也揭示了认知失调消减的强横,它所编织出来的强大网络能迫使人就范。

现在,我们不妨再来看看那些一开始以"拒绝特朗普"形象示人的共和党人,从抉择金字塔上下滑的轨迹。这些人是在2016年大选之前会聚在一起的。其中有些人,譬如乔治·威尔,依然毫不动摇地坚持立场,于他而言,"拒绝"即意味着"彻底说不"。不过,正如我们所看到的那样,大多数人成了特朗普的支持者,带着全然默许的态度滑落至金字塔底部。也有一些人在抵达无法再为自身愚忠辩护的崩溃边缘以后,便拒绝妥协,最终不再继续下滑。

在马克斯·博特看来,对自己所支持党派失望的过程"既痛苦又漫长,而且关乎存在"。在2018年出版的《保守主义的腐蚀》(*The Corrosion of Conservatism*)一书中,他认为共和党是时候要为"拥抱白人民族主义和一无所知主义"付出代价了。他这样写道,要做到这一点,"目前的'老大党'(共和党)必须彻底被摧毁"。[41]

对于前国防部长吉姆·马蒂斯而言,压垮自己的最后一根稻草,当数特朗普在2018年底突然宣布撤回在叙利亚打击极端组织"伊斯兰国"的美军。此举意味着彻底放弃美国的库尔德盟友,将政治硕果拱手让给一直以来对此垂涎欲滴的土耳其和俄罗斯。马蒂斯是打击"伊斯兰国"联盟的坚定支持者,他深知从叙利亚撤军会威胁到该区域其他美军的安全,也会激怒联盟中的库尔德人和其他盟友,他们会因此觉得被出卖了。于是,马蒂斯敦促特朗普重新考虑上述决定,但后者依然固执己见。虽然马蒂斯愿意多留任两个月,以尽量减少部门内的混乱局势,但特朗普连一个星期都不想等,几天后就将其解雇。*

至于威廉·克里斯托尔,这位颇具影响力的新保守派之所以受到打击,是因为共和党在主观上不愿意让特朗普对穆勒报告中的调查结果负责。于是,他和一些同好共同成立了"支持法治的共和党人"组织。该组织的发言人告诉《新闻周刊》:"每个人——包括共和党人和民主党人,尤其是共和党人——都需要站出来主动表态,'听着,这件事比眼下的政治更重要,它关系到我们的民主体制'。如果不捍卫它,我们国家未来的几十年都会受到影响。但特朗普总统依然不愿意承认,这是错误、荒谬且危险的。共和党人必须停止助长这种行为。"

还有贾斯汀·阿马什,他是第一位站出来呼吁对特朗普发起弹劾的共和党国会议员,在阅读了穆勒的报告以后,他对特朗普彻底失望。2019 年 7 月 4 日,阿马什宣布成为独立的无党派人士并离开共和党。

保守派专栏作家彼得·韦纳曾在三位共和党总统手下工作过,他认为,"特朗普在保守主义方面取得了一定成就(譬如提名最高法院大法官),同时他也造成了很多伤害,让共和党以及这个国家变得面目全非,在其中求得平衡"[42]的努力最终造成的结果便是:伤害远远大于成就。"客观事实——包括现实和真理——概念本是

---

* 差不多就在马蒂斯离任的同时,特朗普改变了立场,他在叙利亚当地留下了几百名士兵。但到了 2019 年 10 月,在没有征求五角大楼军事专家意见的情况下,特朗普又贸然地撤回了所有美军。与此同时,马蒂斯的灾难预言随即应验。抛弃库尔德人不仅意味着对打击"伊斯兰国"联盟中一位关键盟友的可耻背叛,更酿成了毁灭性的军事和政治后果。就连坚定支持特朗普的共和党人对此也怒不可遏,众议院多达 2/3 的共和党人联合民主党人,共同批准了一项反对特朗普撤军决定的决议。

自我管理所依赖之根本，但特朗普已经成功地证明，自己就是一个罔顾所有客观事实的病态骗子，"他写道，"这位总统也非常残忍，惯于将对手非人化。他喜怒无常，情绪不稳定。他乐于按照种族和民族划分美国人。他就如同醉酒的司机撞开护栏一般无视规范。他从头烂到了脚。"

我们不会低估任何人改变政治立场的难度，正如马克斯·博特所指出的，政治立场"关乎存在"，它定义了一个人的价值观、自我概念和世界观。不过，尽管这些共和党人保留了一直以来的道德感，但他们对于特朗普的否定并没有威胁到自身的生计。而对于其他人来说，要摆脱这个圈子则更加困难，代价也更高。

谢恩·克莱伯恩是一位福音派教徒，他热衷于传播福音，与死囚为友，自己动手缝制衣服，与穷人一同生活。然而，当2018年他来到弗吉尼亚州的林奇堡，准备在杰瑞·法尔威尔创办的利伯缇大学的一场基督教复兴会上宣讲时，当地的警察局长却向他发出了警告：他如果胆敢踏入该校校园，就会因为非法入侵罪被捕，且将面临长达12个月的监禁和2 500美元罚款。谢恩·克莱伯恩究竟犯了什么大错，才会引得地方警察如此大动干戈？其实，他和一小群自由福音派人士只不过是想涉足"有毒基督教存在的温床"，去宣扬他们从道德层面和神学角度出发，对于福音派多数人支持唐纳德·特朗普行为的反对。令他们感到愤怒的是，特朗普提出的一系列政策，例如驱逐移民、煽动种族对立情绪、削减对于穷人的救助，以及通过为富人减税的法案，自始至终都得到了教会的公开支持。"现在我们的国家还流传着另外一种福音，"克莱伯恩如此劝诫前来聆听宣讲的听众，"我们可称之为特朗普的福音。它与耶稣的福音并无半点相似之处。"在严格的福音派家庭中长大的本·豪，在自己的著作《不道德的大多数——为什么福音派选择政治权力而非基督教价值观》(*The Immoral Majority: Why Evangelicals Chose Political Power over Christian Values*)中,也表达了类似的观点。"当下,有不少人视福音派教徒为毫无说服力的伪君子,如果我们想让这些人重新敞开心扉,聆听我们的声音,"他这般写道,"我们就必须承认自身的错误。改变自身的基督教亚文化。但迄今为止,基督徒们并没有展现出迎接这一挑战的渴望。相比努力赢得心灰意冷的普罗大众的信任,他们似乎更愿意为了唐纳德·特朗普而放弃自身的原则。"[43]

建制福音派并不欢迎这些异见人士。林奇堡相当于一座企业小镇,而利伯缇大学便是当地最大的雇佣公司,没有人胆敢忤逆小杰瑞·法尔威尔。记者劳瑞·古德斯坦曾前往林奇堡采访当地牧师,大多数支持异见人士的受访者都表示,无论如何他们都会保持沉默,因为他们害怕会惹得会众不高兴,担上失去工作的风险。有位牧师这样告诉记者:"每个人都害怕,害怕话说得太重。大家都很注意自己说话和传播真相的方式。在林奇堡这样的环境里,说真话是件比较困难的事情。"[44]

气候科学家玛丽亚·卡弗里曾供职于美国国家公园管理局自然资源管理和科学理事会,她最终因为拒绝隐瞒可用于解释气候变化危机的事实——真正的事实,而非另类事实——而丢掉了工作。"美国国家公园管理局的高级官员多次试图胁迫我删除关于人为原因导致气候危机的内容,而且态度经常是咄咄逼人的,"她写道,"这种要求不是正常的编辑调整,而是对于气候科学赤裸裸的否定……他们还威胁说,如果我不同意,他们可以在未经我许可的情况下直接删除我的论文,或者在论文发表时不把我列为第一作者,甚至索性不让我的论文发表。无论哪种做法，都会对我的职业生涯和科学诚信构成毁灭性打击。但我坚决不屈服。"[45] 起初，卡弗里通过向媒体和国会议员放风而取得了斗争的胜利，她的论文也原封不动地被发表出来。但国家公园管理局的高层持续对其实施打击报复，先是减薪降职，最后拒绝为她以前创建和正在开展的项目续拨资金。同事建议卡弗里离职去当志愿者。她采纳了这一提议，但她的志愿者申请却遭到了拒绝。

卡弗里已经尽力了，但还是保不住自己的工作。相比之下，大多数人只能咬紧牙关，保持低调，尽力做好自己的工作，直到他们再也无法忍受这样的自己。查克·帕克是一名美国外交官员，出生于韩国移民家庭的他，发现自己一直处于某种认知失调状态，其原因在于他需要"努力向外国人解释美国国内愈演愈烈的对立现状"。帕克在一篇专栏文章中写道，每天自己都会发现，无论是依据行政优先级拒发签证，还是复述政府关于边境安全的谈话要点，抑或是支持那些由特朗普任命的满世界推行其"有毒政策"的官员，都已经变得越来越困难了。面对认知失调，他阐述了其中相互冲突的因素。作为一名外交官员，自己有义务"在美国总统高兴的时候"提供服务，要顺着政府的"心意"，否则还不如辞职算了。"职业方面的特殊待遇压制了我的良知，"他说，"免费住房、临近退休以及因为在海外代表一个强大国家而获得的声望，让我远离了那些曾经看似无比清晰的理想。我不能再这样继续下去了。我儿子这个月就满7岁了，他出生于埃尔帕索……然而，正是在这座城市，一名持枪歹徒刚刚杀害了22个人。枪手所谓的'声明'，与总统惯常使用的煽动性语言如出一辙。我再也不能为他辩护了，也不能为自己以及自己扮演的本届政府的同谋角色辩护了。这就是我选择辞职的原因。"[46]

还有一些人，譬如中情局系统中第一位正式指控特朗普不法行为的检举者，对于他们而言，坚守原则和爱国主义的同时解决认知失调问题，其面临的风险甚至会更高。研究揭发心理的社会科学家们非常清楚，这样的行为有多危险。美国人经常会说，那些被视为异类的检举员工勇气可嘉，因为他们的遭遇会提醒公众注意雇主们的安全违规、犯罪以及不道德行为。然而，大多数检举者最终都付出了巨大的代价，他们往往会失去工作，失去家庭，失去朋友，失去安全感。鉴于此，再加上我们深知特朗普惯于给检举者扣上"叛国"的大帽子以制造恐惧，对于这位（截至本书写作之时）不愿透露姓名的情报官员来说，其选择提交正式控诉的行为，即便是遵循规定程序之举，也可谓充满了勇气。

同样值得肯定的，还有遭到罢免的美国驻乌克兰大使玛丽·约万诺维奇。这位在美国国务院工作了33年的资深人士，曾在共和党和民主党的6位总统手下任职。当她不顾特朗普政府的禁令，出现在众议院的弹劾听证会上时，必定也经历了同样的心路历程。虽然上级认为她"没有做错任何事"——况且，她在乌克兰积累的知识和经验，已经被证明了是一笔宝贵的国家财富——但唐纳德·特朗普却迫不及待地希望将其撤职，因为她的反腐行动阻碍了总统私人律师鲁道夫·朱利安尼以及两位总统助手寻找拜登负面信息的进程。值得一提的是，这两位助手随后因违反竞选募资规定等不法行为而被起诉，在持有单程机票并准备登上一架国际航班时被捕。约万诺维奇表示，这些人散布了关于她的"无耻谎言"。她在面向国会发表的声明中说道："我的工作要求我博得总统的欢心，这点我能理解，但令人难以置信的是，美国政府竟然依据毫无根据的虚假指控，解除我的大使职务,而据我所知,这些指控皆来自某些动机显然不纯的人。"最后,她警告说,美国国务院正在"从内部被掏空"。

  当这个国家最忠诚、最富有才能的公务员们都不可避免地辞职和流失时,危害便产生了;当那些坚守岗位、尽其所能代表国家形象的外交官直面海外合作伙伴,而对方却质疑大使是否能真正代表总统以及是否可被视为可靠合作者时,危害亦随之而来;当私人利益集团为了一己私利而非公共利益,选择绕过专业外交官自行其是时,危害更不言而喻。[47]

  这层窗户纸被捅破了。此后不久,其他才华横溢且经验丰富的公职人员,纷纷前往众议院情报委员会做证,证实了她的说法。他们表示,之所以这样前赴后继地揭竿而起,是出于责任感。

• • •

  本书自始至终都在讲述一件事情:承认错误有多么困难,以及如果我们希望去学习和提升,勇于承认错误又有多么重要。数以百万计的公民推选和支持唐纳德·特朗普,这是一个巨大的错误。一旦他退出历史舞台,在自我谅解式的扭曲的记忆的引导之下,很多先前的支持者会说,"反正我从来没投过他的票",或者"我一直对他心存疑虑"。而许多曾经的反对者则会长出一口气,"感谢上帝,一切都结束了"。但是,我们不能再为此而自鸣得意了。所有人都需要回过头来反问一句:我们究竟从中学到了什么?

首先，我们认识到，民主是多么脆弱，而利用恐惧和愤怒来操纵人心又是多么易如反掌。其次，我们意识到了投票的重要性，即便这意味着我们只能以两害相权取其轻的方式选择候选人，而无法选出我们心目中完美的人。再次，我们还了解到，民主不仅依赖于法律和制度，还需要仰仗规范和价值观，以及认为这些规范和价值观值得被维护的全民共识。最后，我们终于明白，遵守文明、礼仪和外交规则，并不是一个国家软弱的标志，而是其强大的体现。

不管是自由派，还是保守派，或许都已经观察到了，特朗普破坏民主制度的傲慢行径反倒迫使我们关注起国家的脆弱性，以及确定我们想建成一个怎样的国家。例如，身为左翼分子的《纽约客》杂志编辑大卫·雷姆尼克就这般写道："在公众面前一直以这样饱受争议的形象示人的唐纳德·特朗普，至少为这个国家提供了一种让人意想不到的服务，即用自身独特的骇人光芒，让我们看到了我们最深刻的缺陷和迫在眉睫的危险。"[48] 特朗普的前国防部长吉姆·马蒂斯将军是右翼代表，他认为："所有美国人都必须意识到，我们的民主实质上是一场实验，而且是可逆转的实验。我们深知，未来我们将拥有比现在更好的政治。我们绝不允许部落主义破坏我们的实验。"[49]

归根结底，不管是共和党人、民主党人还是独立的无党派人士，只要他对特朗普对于美国道德体系所做的一切感到担忧，他就会发现前行之路既不清晰，也不易行。与自己的小舅子争论，这种事情令人感到厌倦——的确，有很多人已经厌烦到不想说话了。但事关重大，我们不能置之不理。通过了解让人们固守其最初决策理由的相关机制，公民可以凭借洞察力和勇于承认错误的意愿，让美国重新走上正轨。唐纳德·特朗普不可能从自身的错误中吸取教训，但我们仍希望，美国能够做到。

致谢

我们用掷硬币的方式决定了本书作者的排序，这让我们的合作关系得到了很好的平衡。不过自始至终，我们彼此都坚信，对方才是更有才华的那位。因此，我们首先要感谢彼此，正是因为有了对方的存在，我们在本书的成书过程中才能相互鼓励、相互学习。这是一个妙趣横生的过程。

本书也从记忆、法律、伴侣治疗、商业以及临床研究和实践等领域的专家同行那里获益良多，他们细致地阅读了本书，并提出了批判性意见。我们要特别感谢以下同行，他们从各自专业领域对相关章节进行了仔细评读，并为我们提出了许多很好的建议，他们是：安德鲁·克里斯滕森、黛博拉·戴维斯、杰拉尔德·戴维森、玛丽安·加里、塞缪尔·格罗斯、布鲁斯·海伊、布拉德·海尔、理查德·莱奥、斯科特·利连菲尔德、伊丽莎白·洛夫特斯、安德鲁·麦克鲁格、德文·波拉切克、唐纳德·萨博斯内克和莱昂诺尔·蒂费尔。此外，我们还要感谢 J.J. 科恩、约瑟夫·德·里维拉、拉尔夫·哈珀、罗伯特·卡尔顿、索尔·卡辛、伯特·纳努斯、黛博拉·普尔、安东尼·普拉特卡尼斯、霍利·斯托克金和迈克尔·扎戈尔。感谢他们提供的意见、想法、故事、研究和其他信息。我们同样感谢黛博拉·卡迪和卡里尔·麦考利在编辑方面给予的帮助。

我们的编辑和制作团队保持了一贯的出色。对于本书的初版，我们要感谢组稿编辑简·伊赛，她的想法贯穿了本书的始终，在随后的修订过程中，她也一直是我们坚定的支持者和指导者。我们也要感谢主编珍娜·约翰逊、管理编辑大卫·霍夫以及玛格丽特·琼斯，感谢他们出色的校对和事实核查工作。对于最新的修订版，我们要感谢编辑部主任肯·卡彭特，书籍设计师克里斯托弗·莫伊桑、格丽塔·西伯利和克里斯蒂·库尔珀斯基，执行编辑蒂姆·穆迪，以及我们缜密风趣的文字编辑特蕾西·罗伊，她给我们带来了一定程度的认知失调，因为她挑出了很多我们本不该犯的错误。谢天谢地，她并没有对我们感到厌烦，而是愿意用她一贯的敏锐眼光、诙谐的笔记和有益的建议，来帮助我们完成本书最新的这一版。

对于本书的这个版本，我们还要感谢编辑经理妮可·安杰洛罗，她热情地给予了我们更新本书以应对当今时代重大议题的机会；感谢高级制作编辑丽莎·格洛弗，虽然制作周期紧张，但她依然耐心而细致地给予了本书指导；感谢艾米丽·斯奈德，感谢她创造性地更新了本书的设计；感谢迈克尔·杜丁，感谢他专业地完成了向不同受众营销本书的工作；同样感谢 Mariner Books 优秀制作团队的其他成员。

卡罗尔希望缅怀罗南·奥凯西，感谢他多年以来的厚爱和支持；埃利奥特自然要用他标志性的"当然"口吻，向维拉·阿伦森表达自己的爱和谢意。我们在生活中犯过错误，但在选择生活伴侣时没有。

卡罗尔·塔夫里斯和埃利奥特·阿伦森

注释

在开始文字创作之前，我们也是读者。从读者的角度来看，我们经常会感觉，注释相当于对流畅叙事的某种干扰，令人颇为不快。通常情况下，为了了解作者的某些具有说服力（或荒谬）的观点或研究成果的来源，我们总要把书翻到后面，真是既麻烦又讨厌。不过，我们时不时地也会有所收获——从中读到一些个人评论、有趣的题外话或有意思的好故事。我们很喜欢这个整理笔记的过程，它让我们有机会去考察乃至扩展我们在书中提及的观点。这中间也充满了收获的乐趣。

引言
无赖、傻瓜、恶棍和伪君子：他们为何能做到心安理得？

1. "Spy Agencies Say Iraq War Worsens Terrorism Threat," *New York Times*, September 24, 2006. 一位保守派专栏作家马克斯·博特报道了针对保守派专栏作家的评述，见 Max Boot, "No Room for Doubt in the Oval Office", *Los Angeles Times*, September 20, 2006。有关乔治·布什向公众宣称的伊拉克战争的详细情况，见 Frank Rich, *The Greatest Story Ever Sold: The Decline and Fall of Truth from 9/11 to Katrina*（New York: Penguin, 2006）。在 2007 年 1 月发表的美国国情咨文中，小布什承认，在伊拉克战争中

使用的一些策略"出现了失误",他对此负有责任。但同时,他又坚定地表示,战略方面不会有太大的改变;他甚至还将增加派遣部队数量,为战争投入更多资金。对于总统及其核心圈子的形象,小布什政府的高级官员在回忆录中做出了这般描绘:他们被确定性和"群体盲思"所驱使;谁敢摆出不受欢迎的事实真相,谁就要被冷处理、降职或解雇。相关的例子,见 Robert Draper, *Dead Certain: The Presidency of George W. Bush* (New York: Free Press, 2007); Jack Goldsmith, *The Terror Presidency: Law and Judgment Inside the Bush Administration* (New York: W. W. Norton, 2007); and Michael J. Mazarr, *Leap of Faith: Hubris, Negligence, and American's Greatest Foreign Policy Tragedy* (New York: PublicAffairs, 2019)。迈克尔·J.马扎尔在自己的这本书中写到,在"9·11"恐怖袭击事件发生后的一天之内,推翻萨达姆·侯赛因的决定"基本上就已经被封存在认知的'琥珀'之中"。

2. 历届美国总统所说过的"错误已经铸成"(mistakes were made)案例,在美国总统在线项目(www.presidency.ucsb.Cdu/ws/index.php)中皆有据可查。这份清单很长。比尔·克林顿为了争取民主党的竞选捐款,曾说过"错误已经铸成"。后来在白宫记者晚宴上,他又开玩笑说,这句话及其被动语态时下甚为流行。理查德·尼克松和罗纳德·里根使用此句表述的次数最多,前者是为了淡化水门丑闻中的非法行径,后者则是为了弱化"伊朗门"事件中的不法勾当。另见 Charles Baxter's eloquent essay "Dysfunctional Narratives, or: 'Mistakes Were Made,'" in Charles Baxter, *Burning Down the House: Essays on Fiction* (Saint Paul, MN: Graywolf Press, 1997)。

3. Gordon Marino, "Before Teaching Ethics, Stop Kidding Yourself," *Chronicle of Higher Education* (February 20, 2004): B5.

4. 关于记忆中的自我服务偏差（尤其是家务劳动方面的研究），见 Michael Ross and Fiore Sicoly, "Egocentric Biases in Availability and Attribution," *Journal of Personality and Social Psychology* 37 (1979): 322–36。另见 Suzanne C. Thompson and Harold H. Kelley, "Judgments of Responsibility for Activities in Close Relationships," *Journal of Personality and Social Psychology* 41 (1981): 469–77。
5. John Dean, interview by Barbara Cady, *Playboy*, January 1975, 78.
6. Robert A. Caro, *Master of the Senate: The Years of Lyndon Johnson* (New York: Knopf, 2002), 886.
7. Katherine S. Mangan, "A Brush with a New Life," *Chronicle of Higher Education* (April 2005): A28–A30.
8. Sherwin Nuland, *The Doctors' Plague: Germs, Childbed Fever, and the Strange Story of Ignác Semmelweis* (New York: Norton, 2003).
9. Ferdinand Lundberg and Marynia F. Farnham, *Modern Woman: The Lost Sex* (New York: Harper and Brothers, 1947), 11, 120.
10. Edward Humes, *Mean Justice* (New York: Pocket Books, 1999).

第一章
认知失调：自我辩护的驱动力

1. 尼尔·蔡司代表宗教团体巴哈伊教，依照圣约规定发表的新闻稿。见 Neal Chase, "The End Is Nearish," *Harper's*, February 1995, 22, 24。
2. Leon Festinger, Henry W. Riecken, and Stanley Schachter, *When Prophecy Fails* (Minneapolis: University of Minnesota Press, 1956).
3. O. Fotuhi et al., "Patterns of Cognitive Dissonance-Reducing Beliefs Among Smokers: A Longitudinal Analysis from the International

Tobacco Control (ITC) Four Country Survey," *Tobacco Control: An International* Journal 22 (2013): 52–58; and F. Naughton, H. Eborall, and S. Sutton, "Dissonance and Disengagement in Pregnant Smokers," *Journal of Smoking Cessation* 8 (2012): 24–32.

4. Leon Festinger, *A Theory of Cognitive Dissonance* (Stanford, CA: Stanford University Press, 1957). 另见 Leon Festinger and Elliot Aronson, "Arousal and Reduction of Dissonance in Social Contexts," in *Group Dynamics*, eds. D. Cartwright and Z. Zander (New York: Harper and Row, 1960–61); and Eddie Harmon-Jones and Judson Mills, eds., *Cognitive Dissonance: Progress on a Pivotal Theory in Social Psychology* (Washington, DC: American Psychological Association, 1999)。

5. Elliot Aronson and Judson Mills, "The Effect of Severity of Initiation on Liking for a Group," *Journal of Abnormal and Social Psychology* 59 (1959): 177–81.

6. Harold Gerard and Grover Mathewson, "The Effects of Severity of Initiation on Liking for a Group: A Replication," *Journal of Experimental Social Psychology* 2 (1966): 278–87.

7. Dimitris Xygalatas et al., "Extreme Rituals Promote Prosociality," *Psychological Science* 24 (2013): 1602–5.

8. 许多认知心理学家和其他科学家都写过关于证真偏差的文章。见 Thomas Kida, *Don't Believe Everything You Think* (Amherst, NY: Prometheus Press, 2006), and Raymond S. Nickerson, "Confirmation Bias: A Ubiquitous Phenomenon in Many Guises," *Review of General Psychology* 2 (1998): 175–220。

9. Claudia Fritz et al., "Soloist Evaluations of Six Old Italian and Six New Violins," *Proceedings of the National Academy of Sciences* 111

(2014): 7224–29, doi: 10.1073/pnas.1323367111.

10. Adrian Cho, "Million-Dollar Strads Fall to Modern Violins in Blind 'Sound Check,'" ScienceMag.org, May 9, 2017.

11. Lenny Bruce, *How to Talk Dirty and Influence People* (Chicago: Playboy Press, 1966), 232–33.

12. 马里兰大学PIPA（国际政策态度项目）主任史蒂文·库尔对PIPA/知识网络公司民意调查"许多美国人不知道未发现大规模杀伤性武器"的结果发表的评论，2003年6月14日。

13. Gary C. Jacobson, "Perception, Memory, and Partisan Polarization on the Iraq War", *Political Science Quarterly* 125 (Spring 2010): 1–26. 另见他的论文,"Referendum: The 2006 Midterm Congressional Elections", *Political Science Quarterly* 122 (Spring 2007): 1–24。

14. Drew Westen et al., "The Neural Basis of Motivated Reasoning: An fMRI Study of Emotional Constraints on Political Judgment During the U.S. Presidential Election of 2004", *Journal of Cognitive Neuroscience* 18 (2006): 1947–58. 对认知失调神经科学感兴趣的读者，还可参阅 Eddie Harmon-Jones, Cindy Harmon-Jones, and David M. Amodio, "A Neuroscientific Perspective on Dissonance, Guided by the Action-Based Model," in *Cognitive Consistency: A Fundamental Principle in Social Cognition*, eds. B. Gawronski and F. Strack (New York: Guilford, 2012), 47–65; and S. Kitayama et al., "Neural Mechanisms of Dissonance: An fMRI Investigation of Choice Justification," *NeuroImage* 69 (2013): 206–12。

15. Charles Lord, Lee Ross, and Mark Lepper, "Biased Assimilation and Attitude Polarization: The Effects of Prior Theories on Subsequently Considered Evidence," *Journal of Personality and Social*

Psychology 37 (1979): 2098–2109.

16. Brendan Nyhan and Jason Reifler, "When Corrections Fail: The Persistence of Political Misperceptions," *Political Behavior* 32 (2010): 303–30; Stephan Lewandowsky et al., "Misinformation and Its Correction: Continued Influence and Successful Debiasing," *Psychological Science in the Public Interest* 13 (2012): 106–31.

17. Doris Kearns Goodwin, *No Ordinary Time* (New York: Simon and Schuster, 1994), 321.（原文中有强调。）

18. 杰克·布雷姆在最早期的一项研究中对决策后的认知失调消减进行过展现，他假扮成一位营销研究员，向一群女性展示了8种不同的电器（烤面包机、咖啡机和三明治烤架等），并要求她们对每种产品的合意度进行评分。然后，布雷姆告诉每位研究对象，她可以将其中的一件电器作为礼物拿走，但只能在她认为具有同等吸引力的两件产品中选择一件。在研究对象选择了其中一件以后，布雷姆将其包装好并送给了对方。稍后，他要求这些女性再次对电器进行评分。这一次，她们提高了对于所选电器的评分，同时降低了对另一件未被选择的产品的评分。见 Jack Brehm, "Postdecision Changes in the Desirability of Alternatives", *Journal of Abnormal and Social Psychology* 52 (1956): 384–89。

19. Robert E. Knox and James A. Inkster, "Postdecision Dissonance at Post Time," *Journal of Personality and Social Psychology* 8 (1968): 319–23. 有许多研究者重复了这一发现，即决策越具有永久性和不可撤销性，减少认知失调的需求就越强烈。见 Lottie Bullens et al., "Reversible Decisions: The Grass Isn't Merely Greener on the Other Side; It's Also Very Brown Over Here," *Journal of Experimental Social Psychology* 49 (2013): 1093–99。

20. Katherine S. Mangan, "A Brush with a New Life," *Chronicle of*

Higher Education (April 2005): A28–A30.

21. Brad J. Bushman, "Does Venting Anger Feed or Extinguish the Flame? Catharsis, Rumination, Distraction, Anger, and Aggressive Responding," *Personality and Social Psychology Bulletin* 28 (2002): 724–31; Brad J. Bushman et al., "Chewing on It Can Chew You Up: Effects of Rumination on Triggered Displaced Aggression," *Journal of Personality and Social Psychology* 88 (2002): 969–83. Carol Tavris, *Anger: The Misunderstood Emotion* (New York: Simon and Schuster, 1989) 总结了对于宣泄假设的争议的研究历史。

22. 原本的研究为 Michael Kahn, "The Physiology of Catharsis," *Journal of Personality and Social Psychology* 3 (1966): 78–98。另一项早期的经典研究，可参见 Leonard Berkowitz, James A. Green, and Jacqueline R. Macaulay, "Hostility Catharsis as the Reduction of Emotional Tension," *Psychiatry* 25 (1962): 23–31。

23. Jon Jecker and David Landy, "Liking a Person as a Function of Doing Him a Favor," *Human Relations* 22 (1969): 371–78.

24. Nadia Chernyak and Tamar Kushnir, "Giving Preschoolers Choice Increases Sharing Behavior," *Psychological Science* 24 (2013): 1971–79.

25. Benjamin Franklin, *The Autobiography of Benjamin Franklin* (New York: Touchstone, 2004), 83–84.

26. Ruth Thibodeau and Elliot Aronson, "Taking a Closer Look: Reasserting the Role of the Self-Concept in Dissonance Theory," *Personality and Social Psychology Bulleti*n 18 (1992): 591–602.

27. Jonathon D. Brown, "Understanding the Better than Average Effect: Motives (Still) Matter," *Personality and Social Psychology Bulletin* 38 (2012): 209–19. 布朗通过一系列实验表明，当某人的自我价

值受到威胁时，在他／她身上，"我比一般人更优秀"的效应就会增强。

28. 关于自我服务偏差，即相信自己身上最好的一面并为自己最糟糕的一面找借口的倾向，有着大量生动的研究文献。它非常普遍地存在于人类认知中，不过在不同文化背景、年龄和性别之间存在着有趣的差异。见 Amy Mezulis et al., "Is There a Universal Positivity Bias in Attributions? A Meta-Analytic Review of Individual, Developmental, and Cultural Differences in the Self-Serving Attributional Bias," *Psychological Bulletin* 130 (2004): 711–47; and Keith E. Stanovich et al., "Myside Bias, Rational Thinking, and Intelligence," *Psychological Science* 22 (2013): 259–64。

29. Philip E. Tetlock, *Expert Political Judgment: How Good Is It? How Can We Know?* (Princeton, NJ: Princeton University Press, 2005). 在临床心理学中，情况亦是如此。大量科学文献表明，行为学、统计学和其他客观行为测量法，始终优于专家的洞见，以及他们的临床预测和诊断结果。见 Robin Dawes, David Faust, and Paul E. Meehl, "Clinical Versus Actuarial Judgment," *Science* 243 (1989): 1668–74; W. M. Grove and Paul E. Meehl, "Comparative Efficiency of Formal (Mechanical, Algorithmic) and Informal (Subjective, Impressionistic) Prediction Procedures: The Clinical/Statistical Controversy," *Psychology, Public Policy, and Law* 2 (1996): 293–323; and Daniel Kahneman, "The Surety of Fools," *New York Times Magazine*, October 23, 2011。

30. Josh Barro, "The Upshot: Sticking to Their Story: Inflation Hawks' Views Are Independent of Actual Monetary Outcomes," *New York Times*, October 2, 2014.

31. Elliot Aronson and J. Merrill Carlsmith, "Performance Expectancy

as a Determinant of Actual Performance," *Journal of Abnormal and Social Psychology* 65 (1962): 178–82. 另见 William B. Swann Jr., "To Be Adored or to Be Known? The Interplay of Self-Enhancement and Self-Verification," in *Motivation and Cognition*, eds. R. M. Sorrentino and E. T. Higgins (New York: Guilford, 1990); and William B. Swann Jr., J. Gregory Hixon, and Chris de la Ronde, "Embracing the Bitter'Truth': Negative Self-Concepts and Marital Commitment," *Psychological Science* 3 (1992): 118–21。

32. 这里的说法并非无端揣测。在半个世纪前进行的一项经典实验中，社会心理学家贾德森·米尔斯测量了六年级孩子对于作弊的态度。然后，他让孩子们参加一场竞赛，优胜者可以获得奖品。测试者所安排的情境让孩子们几乎不可能在不作弊的条件下取得好成绩，同时也能让孩子们认为自己可以作弊而不被发现——其实测试者会在暗中监视。大约有半数的孩子选择了作弊，另外半数孩子没有作弊。第二天，米尔斯再次询问孩子们对于作弊和其他不端行为的看法。那些作弊的孩子对作弊的态度变得更加宽容，而那些抵制住诱惑的孩子则表现出了更为严厉的态度。见 Judson Mills, "Changes in Moral Attitudes Following Temptation," *Journal of Personality* 26 (1958): 517–31。

33. Vivian Yee, "Elite School Students Describe the How and Why of Cheating," *New York Times*, September 26, 2012; Jenna Wortham, "The Unrepentant Bootlegger," *New York Times*, September 27, 2014.

34. Jeb Stuart Magruder, *An American Life: One Man's Road to Watergate* (New York: Atheneum, 1974), 4, 7.

35. 同上，194–195, 214–215。

36. 参与实验的总人数是心理学家托马斯·布拉斯根据相关资料估

算出来的，他围绕米尔格拉姆的原创实验及其后续实验写了很多文章。大约有 800 人参与了米尔格拉姆自己主导的实验，其余的人则参与了以该范式为基础的其他复现或变体实验，其时间跨度长达 25 年。

37. 最初的研究见 Stanley Milgram, "Behavioral Study of Obedience", *Journal of Abnormal and Social Psychology* 67 (1963)。米尔格拉姆在后续著作中更详细地记载了研究过程，并提供了更多支持性研究，包括许多复制研究，见 Stanley Milgram, *Obedience to Authority: An Experimental View* (New York: Harper and Row, 1974)。

38. William Safire, "Aesop's Fabled Fox," *New York Times*, December 29, 2003.

第二章
傲慢与偏见，以及其他盲点

1. James Bruggers, "Brain Damage Blamed on Solvent Use," *Louisville Courier-Journal*, May 13, 2001; James Bruggers, "Researchers' Ties to CSX Raise Concerns," *Courier-Journal*, October 20, 2001; Carol Tavris, "The High Cost of Skepticism," *Skeptical Inquirer* (July/August, 2002): 42–44; Stanley Berent, "Response to 'The High Cost of Skepticism,' " *Skeptical Inquirer* (November/December 2002), 61, 63, 64–65. 2003 年 2 月 12 日，人类研究保护办公室致函密歇根大学负责研究工作的副校长，指出该大学的伦理审查委员会（斯坦利·贝伦特一直担任此机构的负责人）在贝伦特和阿尔伯斯的研究过程中，"未能对放弃知情同意的具体标准进行记录"。见 Sheldon Krimsky, *Science in the Private Interest* (Lanham, MD: Rowman and Littlefield, 2003), 152–53。在这本书中，作者

也对 CSX 诉讼案、CSX 公司与斯坦利·贝伦特和詹姆斯·阿尔伯斯达成的协议，以及彼此之间的利益冲突，进行了深入的描述。

2. Joyce Ehrlinger, Thomas Gilovich, and Lee Ross, "Peering into the Bias Blind Spot: People's Assessments of Bias in Themselves and Others," *Personality and Social Psychology Bulletin* 31 (2005): 680–92; Emily Pronin, Daniel Y. Lin, and Lee Ross, "The Bias Blind Spot: Perceptions of Bias in Self versus Others," *Personality and Social Psychology Bulletin* 28 (2002): 369–81. 盲点的存在也会让我们认为自己比其他大多数人更聪明、更能干。显然，这就是我们所有人都会感觉自身水平高出平均水平的原因所在。见 David Dunning et al., "Why People Fail to Recognize Their Own Incompetence," *Current Directions in Psychological Science* 12 (2003): 83–87, and Joyce Ehrlinger et al., "Why the Unskilled Are Unaware: Further Explorations of (Absent) Self-Insight Among the Incompetent," *Organizational Behavior and Human Decision Processes* 105 (2008): 98–121。

3. Quoted in Eric Jaffe, "Peace in the Middle East May Be Impossible: Lee D. Ross on Naive Realism and Conflict Resolution," *American Psychological Society Observer* 17 (2004): 9–11.

4. Geoffrey L. Cohen, "Party over Policy: The Dominating Impact of Group Influence on Political Beliefs," *Journal of Personality and Social Psychology* 85 (2003): 808–22。另见 Donald Green, Bradley Palmquist, and Eric Schickler, *Partisan Hearts and Minds: Political Parties and the Social Identities of Voters* (New Haven, CT: Yale University Press, 2002)。这本书揭示了一旦人们形成了某种政治身份（通常是在青年时期），他们在思考问题时就会带上这种身

份。也就是说，大多数人选择某个政党，并不是因为该政党的政策反映了他们的观点，而是因为一旦他们选择了某个政党，其政策就成了他们的观点。

5. Lee Epstein, Christopher M. Parker, and Jeffrey A. Segal, "Do Justices Defend the Speech They Hate?," paper presented at the 2013 annual meeting of the American Political Science Association, http://ssrn.com/abstract=2300572.

6. Emily Pronin, Thomas Gilovich, and Lee Ross, "Objectivity in the Eye of the Beholder: Divergent Perceptions of Bias in Self versus Others," *Psychological Review* 111 (2004): 781–99.

7. 当特权源自出身或其他侥幸因素而非功绩时，许多特权拥有者便会辩解说这是他们应得的。约翰·乔斯特和他的同事们一直在研究"制度合理化"的过程，这是一种维护现状并对其合理性进行辩护的心理动机。具体案例可见 John Jost and Orsolya Hunyady, "Antecedents and Consequences of System-Justifying Ideologies," *Current Directions in Psychological Science* 14 (2005): 260–65。穷人虽然贫穷，但他们比富人更快乐、更诚实——这便是"制度合理化"意识形态的体现之一。见 Aaron C. Kay and John T. Jost, "Complementary Justice: Effects of 'Poor but Happy' and 'Poor but Honest' Stereotype Exemplars on System Justification and Implicit Activation of the Justice Motive," *Journal of Personality and Social Psychology* 85 (2003): 823–37。另见 Stephanie M. Wildman, ed., *Privilege Revealed: How Invisible Preference Undermines America* (New York: New York University Press, 1996)。

8. D. Michael Risinger and Jeffrey L. Loop, "Three Card Monte, Monty Hall, Modus Operandi and 'Offender Profiling': Some Lessons of Modern Cognitive Science for the Law of Evidence,"

Cardozo Law Review 24 (November 2002): 193.

9. Dorothy Samuels, "Tripping Up on Trips: Judges Love Junkets as Much as Tom DeLay Does," *New York Times*, January 20, 2006.

10. Melody Petersen, "A Conversation with Sheldon Krimsky: Uncoupling Campus and Company," *New York Times*, September 23, 2003. 克里姆斯基也讲述过乔纳斯·索尔克的言论。

11. Krimsky, *Science in the Private Interest*; Sheila Slaughter and Larry L. Leslie, *Academic Capitalism* (Baltimore: Johns Hopkins University Press, 1997); Derek Bok, *Universities in the Marketplace: The Commercialization of Higher Education* (Princeton, NJ: Princeton University Press, 2003); Marcia Angell, *The Truth about the Drug Companies* (New York: Random House, 2004); and Jerome P. Kassirer, *On the Take: How Medicine's Complicity with Big Business Can Endanger Your Health* (New York: Oxford University Press, 2005).

12. National Institutes of Health Care Management Research and Educational Foundation, "Changing Patterns of Pharmaceutical Innovation," Cited in Jason Dana and George Loewenstein, "A Social Science Perspective on Gifts to Physicians from Industry," *Journal of the American Medical Association* 290 (2003): 252–55.

13. 调查记者大卫·威尔曼因其关于新药上市过程中利益冲突的系列报道而获得普利策奖，其中的两篇为："Scientists Who Judged Pill Safety Received Fees," *Los Angeles Times*, October 29, 1999; "The New FDA: How a New Policy Led to Seven Deadly Drugs," *Los Angeles Times*, December 20, 2000。

14. Nicholas S. Downing et al., "Postmarket Safety Events Among Novel Therapeutics Approved by the US Food and Drug Administration

Between 2001 and 2010," *Journal of the American Medical Association* 317 (2017): 1854–63.

15. Daniel C. Murrie et al., "Are Forensic Experts Biased by the Side That Retained Them?" *Psychological Science* 24 (2013): 1889–97.
16. Dan Fagin and Marianne Lavelle, *Toxic Deception* (Secaucus, NJ: Carol Publishing, 1996).
17. Richard A. Davidson, "Source of Funding and Outcome of Clinical Trials," *Journal of General Internal Medicine* 1 (May/June 1986): 155–58.
18. Lise L. Kjaergard and Bodil Als-Nielsen, "Association Between Competing Interests and Authors' Conclusions: Epidemiological Study of Randomised Clinical Trials Published In BMJ," *British Medical Journal* 325 (August 3, 2002): 249–52. 另见 Krimsky, *Science in the Private Interest*, chapter 9, 你可以通过它来回顾这些研究，了解类似的研究。
19. Alex Berenson et al., "Dangerous Data: Despite Warnings, Drug Giant Took Long Path to Vioxx Recall," *New York Times*, November 14, 2004.
20. Richard Horton, "The Lessons of MMR," *Lancet* 363 (2004): 747–49.
21. Andrew J. Wakefield, Peter Harvey, and John Linnell, "MMR — Responding to Retraction," *Lancet* 363 (2004): 1327–28.
22. Paul Offit, *Deadly Choices: How the Anti-Vaccine Movement Threatens Us All* (New York: Basic Books, 2011), and Seth Mnookin, *The Panic Virus: The True Story Behind the Vaccine-Autism Controversy* (New York: Simon and Schuster, 2012). 它们是关于此类主题的两部最优秀的著作。自20世纪30年代以来，

作为防腐剂的硫柳汞被普遍用于疫苗产品和许多家用产品，如化妆品和眼药水等。反疫苗者坚持认为，这种防腐剂中所含的汞具有毒性，会导致孤独症和其他疾病，但他们的论据主要是基于逸闻、夸大的恐惧、无据可查的主张，以及马克·盖尔和大卫·盖尔的反疫苗研究（这两人领导的一家公司，专门代表声称受到疫苗伤害的索赔人提起诉讼）。至于研究方面，一项针对出生于 1991 年至 1998 年的丹麦儿童（超过 50 万人）的研究发现，接种疫苗儿童的孤独症发病率，实际上略低于未接种疫苗的儿童，见 Kreesten M. Madsen et al., "A Population-Based Study of Measles, Mumps, and Rubella Vaccination and Autism," *New England Journal of Medicine* 347 (2002): 1477–82。此外，在丹麦，含硫柳汞的疫苗退市以后，孤独症的发病率并没有随之下降，见 Kreesten M. Madsen et al., "Thimerosal and the Occurrence of Autism: Negative Ecological Evidence from Danish Population-Based Data," *Pediatrics* 112 (2003): 604–6。另见 L. Smeeth et al., "MMR Vaccination and Pervasive Developmental Disorders: A Case-Control Study," *Lancet* 364 (2004): 963–69。针对此类事件和研究的另一精彩评述来自 Nick Paumgarten, "The Message of Measles," *New Yorker*, September 2, 2019。

23. Willem G. van Panhuis et al., "Contagious Diseases in the United States from 1888 to the Present," *New England Journal of Medicine* 369 (November 28, 2013): 2152–58; Paul A. Offit, *Do You Believe in Magic? The Sense and Nonsense of Alternative Medicine* (New York: HarperCollins, 2013), 139.

24. Brendan Nyhan et al., "Effective Messages in Vaccine Promotion: A Randomized Trial," Pediatrics, March 3, 2014, doi: 10.1542/peds.2013-2365. 这些学者针对那些误认为接种疫苗会得流感

因而抗拒接种的人进行过研究，见 Brendan Nyhan and Jason Reifler, "Does Correcting Myths About the Flu Vaccine Work? An Experimental Evaluation of the Effects of Corrective Information," *Vaccine* 33 (2015): 459–64。

25. http://www.prnewswire.com/news-releases/statement-from-dr-andrew-wakefield — no-fraud-no-hoax-no-profit-motive-113454389.html.

26. Clyde Haberman, "A Discredited Vaccine Study's Continuing Impact on Public Health," *New York Times*, February 1, 2015.

27. Dana and Loewenstein, "A Social Science Perspective on Gifts to Physicians from Industry."

28. Eric G. Campbell et al., "Physician Professionalism and Changes in Physician-Industry Relationships from 2004 to 2009," *Archives of Internal Medicine* 170 (November 8, 2010): 1820–26.

29. 由《平价医疗法案》授权的"公开支付"网站于2014年10月1日上线。消费者可以通过该网站查看医疗保健专业人员从制药公司那里收取了多少费用，也可以查看自己的医生是否可能存在相关的利益冲突。见 Charles Ornstein's reports at ProPublica, http://www.propublica.org/article/our-first-dive-into-the-new-open-paymentssystem?utm_source=et&utm_medium=email&utm_campaign=dailynewsletter。奥恩斯坦在2014年10月6日的后续报道中透露，"公开支付"网站的行业支付数据库低估了约10亿美元的金额。

30. Robert B. Cialdini, *Influence: The Psychology of Persuasion*, rev. ed. (New York: William Morrow, 1993).

31. Carl Elliott, "The Drug Pushers," *Atlantic Monthly*, April 2006, 82–93.

32. Carl Elliott, "Pharma Buys a Conscience," *American Prospect* 12 (September 24, 2001), www.prospect.org/print/V12/17/elliott-c.html.
33. C. Neil Macrae, Alan B. Milne, and Galen V. Bodenhausen, "Stereotypes as Energy-Saving Devices: A Peek Inside the Cognitive Toolbox," *Journal of Personality and Social Psychology* 66 (1994): 37–47.
34. Marilynn B. Brewer, "Social Identity, Distinctiveness, and In-Group Homogeneity," *Social Cognition* 11 (1993): 150–64.
35. Charles W. Perdue et al., "Us and Them: Social Categorization and the Process of Inter-Group Bias," *Journal of Personality and Social Psychology* 59 (1990): 475–86.
36. Henri Tajfel et al., "Social Categorization and Intergroup Behaviour," *European Journal of Social Psychology* 1 (1971): 149–78.
37. Nick Haslam et al., "More Human Than You: Attributing Humanness to Self and Others," *Journal of Personality and Social Psychology* 89 (2005): 937–50.
38. Gordon Allport, *The Nature of Prejudice* (Reading, MA: Addison-Wesley, 1979), 13–14.
39. Jeffrey W. Sherman et al., "Prejudice and Stereotype Maintenance Processes: Attention, Attribution, and Individuation," *Journal of Personality and Social Psychology* 89 (2005): 607–22.
40. Aaron Panofsky and Joan Donovan, "Genetic Ancestry Testing Among White Nationalists: From Identity Repair to Citizen Science," *Social Studies of Science*, July 2, 2019, https://doi.org/10.1177/0306312719861434.
41. Christian S. Crandall and Amy Eshelman, "A Justification-

Suppression Model of the Expression and Experience of Prejudice," *Psychological Bulletin* 129 (2003): 425. 另见 Benoît Monin and Dale T. Miller, "Moral Credentials and the Expression of Prejudice," *Journal of Personality and Social Psychology* 81 (2001): 33–43。他们在实验中发现，当人们感觉自己作为无偏见者的道德资质无可置疑时（比如，当他们有机会对公然的性别歧视言论提出异议时），在随后的投票中，他们就会觉得自己更有理由雇用一名男性，来从事一份人们在刻板印象中认为应由男性承担的工作。

42. 想了解跨种族实验，见 Ronald W. Rogers and Steven Prentice-Dunn, "Deindividuation and Anger-Mediated Interracial Aggression: Unmasking Regressive Racism," *Journal of Personality and Social Psychology* 4 (1981): 63–73。关于英语区和法语区加拿大人的实验，见 James R. Meindl and Melvin J. Lerner, "Exacerbation of Extreme Responses to an Out-Group," *Journal of Personality and Social Psychology* 47 (1985): 71–84。关于犹太教徒和男同性恋人群的行为研究，见 Steven Fein and Steven J. Spencer, "Prejudice as Self-Image Maintenance: Affirming the Self through Derogating Others," *Journal of Personality and Social Psychology* 73 (1997): 31–44。

43. Paul Jacobs, Saul Landau, and Eve Pell, *To Serve the Devil*, vol. 2, *Colonials and Sojourners* (New York: Vintage Books, 1971), 81.

44. Albert Speer, *Inside the Third Reich: Memoirs* (New York: Simon and Schuster, 1970), 291.

45. Doris Kearns Goodwin, *Team of Rivals: The Political Genius of Abraham Lincoln* (New York: Simon and Schuster, 2005).

46. Magruder, *An American Life*, 348.

第三章
记忆:自我辩护的"历史学家"

1. George Plimpton, *Truman Capote* (New York: Doubleday, 1997), 306. 我们之所以采纳维达尔的说法,是因为他从不忌讳谈论政治或双性恋这两类话题,因此他没有在记忆中歪曲事实的动机。
2. Anthony G. Greenwald, "The Totalitarian Ego: Fabrication and Revision of Personal History," *American Psychologist* 35 (1980): 603–18.
3. Edward Jones and Rika Kohler, "The Effects of Plausibility on the Learning of Controversial Statements," *Journal of Abnormal and Social Psychology* 57 (1959): 315–20.
4. Michael Ross, "Relation of Implicit Theories to the Construction of Personal Histories," *Psychological Review* 96 (1989): 341–57; Anne E. Wilson and Michael Ross, "From Chump to Champ: People's Appraisals of Their Earlier and Present Selves," *Journal of Personality and Social Psychology* 80 (2001): 572–84; and Michael Ross and Anne E. Wilson, "Autobiographical Memory and Conceptions of Self: Getting Better All the Time," *Current Directions in Psychological Science* 12 (2003): 66–69.
5. E. S. Parker, L. Cahill, and J. L. McGaugh, "A Case of Unusual Autobiographical Remembering," *Neurocase* 12, no. 1 (February 2006): 35–49.
6. Marcia K. Johnson, Shahin Hashtroudi, and D. Stephen Lindsay, "Source Monitoring," *Psychological Bulletin* 114 (1993): 3–28; Karen J. Mitchell and Marcia K. Johnson, "Source Monitoring: Attributing Mental Experiences," in *The Oxford Handbook of Memory*,

eds. E. Tulving and F.I.M. Craik (New York: Oxford University Press, 2000).

7. Mary McCarthy, *Memories of a Catholic Girlhood* (San Diego: Harcourt, Brace, 1957), 80–83.

8. Barbara Tversky and Elizabeth J. Marsh, "Biased Retellings of Events Yield Biased Memories," *Cognitive Psychology* 40 (2000): 1–38. 另见 Elizabeth J. Marsh and Barbara Tversky, "Spinning the Stories of Our Lives," *Applied Cognitive Psychology* 18 (2004): 491–503。

9. Brooke C. Feeney and Jude Cassidy, "Reconstructive Memory Related to Adolescent-Parent Conflict Interactions: The Influence of Attachment-Related Representations on Immediate Perceptions and Changes in Perceptions Over Time," *Journal of Personality and Social Psychology* 85 (2003): 945–55.

10. Daniel Offer et al., "The Altering of Reported Experiences," *Journal of the American Academy of Child and Adolescent Psychiatry* 39 (2000) 735–42. 还有几位作者也写了关于该研究的著作。见 Daniel Offer, Marjorie Kaiz Offer, and Eric Ostrov, *Regular Guys: 34 Years Beyond Adolescence* (New York: Kluwer Academic/Plenum, 2004)。

11. 关于性方面的错误记忆，见 Maryanne Garry et al., "Examining Memory for Heterosexual College Students' Sexual Experiences Using an Electronic Mail Diary," *Health Psychology* 21 (2002): 629–34。关于选举的错误记忆，见 R. P. Abelson, Elizabeth D. Loftus, and Anthony G. Greenwald, "Attempts to Improve the Accuracy of Self-Reports of Voting," in *Questions About Questions: Inquiries into the Cognitive Bases of Surveys*, ed. J. M. Tanur (New York: Russell Sage, 1992)。另见 Robert F. Belli et

al., "Reducing Vote Overreporting in Surveys: Social Desirability, Memory Failure, and Source Monitoring," *Public Opinion Quarterly* 63 (1999): 90–108。关于捐款金额的错误记忆，见 Christopher D. B. Burt and Jennifer S. Popple, "Memorial Distortions in Donation Data," *Journal of Social Psychology* 138 (1998):724–33。大学生对高中成绩的记忆也往往会向着积极的方向扭曲，见 Harry P. Bahrick, Lynda K. Hall, and Stephanie A. Berger, "Accuracy and Distortion in Memory for High School Grades," *Psychological Science* 7 (1996): 265–71。

12. J. Guillermo Villalobos, Deborah Davis, and Richard A. Leo, "His Story, Her Story: Sexual Miscommunication, Motivated Remembering, and Intoxication as Pathways to Honest False Testimony Regarding Sexual Consent," in R. Burnett, ed., *Vilified: Wrongful Allegations of Sexual and Child Abuse* (Oxford: Oxford University Press, 2016); Deborah Davis and Elizabeth F. Loftus, "Remembering Disputed Sexual Encounters," *Journal of Criminal Law and Criminology* 105 (2016): 811–51.

13. Lisa K. Libby and Richard P. Eibach, "Looking Back in Time: Self-Concept Change Affects Visual Perspective in Autobiographical Memory," *Journal of Personality and Social Psychology* 82 (2002): 167–79. 另见 Lisa K. Libby, Richard P. Eibach, and Thomas Gilovich, "Here's Looking at Me: The Effect of Memory Perspective on Assessments of Personal Change," *Journal of Personality and Social Psychology* 88 (2005): 50–62。我们的记忆与现在的自我越能保持一致，这些记忆就越容易被想起。见 Michael Ross, "Relation of Implicit Theories to the Construction of Personal Histories," *Psychological Review* 96 (1989): 341–57。

14. Michael Conway and Michael Ross, "Getting What You Want by Revising What You Had," *Journal of Personality and Social Psychology* 47 (1984): 738–48. 记忆扭曲有许多不同的方式，但大多数都是为了维护我们的自我概念，让我们感觉自己是一个优秀且称职之人。

15. 安妮·威尔逊和迈克尔·罗斯揭示了记忆的自我辩护式偏见，是如何从心理层面帮助我们从"笨蛋变为冠军"的。我们会尽可能疏远早先那个"更笨拙"的化身，这样做能让我们对自身的成长、学习和成熟产生更好的感觉，但与此同时，我们也会像哈珀一样，在心理上亲近那个我们认为是"冠军"的自己。无论如何，我们都不能输。见 Wilson and Ross, "From Chump to Champ"。

16. 《碎片》的全部文本连同威尔科米尔斯基的真实生平，可见 Stefan Maechler, *The Wilkomirski Affair: A Study in Biographical Truth*, trans. John E. Woods (New York: Schocken, 2001)。在书中，梅希勒对于威尔科米尔斯基借鉴科辛斯基小说的方式进行了探讨。关于威尔科米尔斯基生平以及真实和想象记忆所牵涉文化问题的另一项调查，请参阅 Blake Eskin, *A Life in Pieces: The Making and Unmaking of Binjamin Wilkomirski* (New York: W. W. Norton, 2002)。

17. 威尔·安德鲁斯的故事可见 Susan Clancy, *Abducted: How People Come to Believe They Were Kidnapped by Aliens* (Cambridge, MA: Harvard University Press, 2005)。关于坚信有外星人绑架一说的心理学解释，另见 Donald P. Spence, "Abduction Tales as Metaphors," *Psychological Inquiry* 7 (1996): 177–79. 斯彭斯将绑架记忆解释为具有两种强大心理功能的隐喻，它们包含了在当今政治和文化氛围中普遍存在的一系列虚无缥缈的担忧和焦虑，对于这些担忧和焦虑，没有现成或简单的解决方案；但通过提供某种共同身份，它们减少了信徒的疏离感和无力感。

18. Maechler, *The Wilkomirski Affair*, 273.
19. 同上，27。
20. 同上，71。为了解释自己患有不宁腿综合征的原因，威尔科米尔斯基讲述了一个可怕的故事：在马伊达内克集中营里，他必须在睡觉时保持双腿活动，否则"老鼠就会啃咬它们"。但按照马伊达内克博物馆研究部主任托马斯·克兰兹的说法，集中营里有虱子和跳蚤，但不存在老鼠（这一点不同于比克瑙等其他集中营）。同上，169。
21. 将先前未曾披露过的秘密和创伤写出来，关于此举所带来的生理和心理益处，见 James W. Pennebaker, *Opening Up* (New York: William Morrow, 1990)。
22. 关于"想象膨胀"，见 Elizabeth F. Loftus, "Memories of Things Unseen," *Current Directions in Psychological Science* 13 (2004): 145–47, and Loftus, "Imagining the Past," *Psychologist* 14 (2001): 584–87; Maryanne Garry et al., "Imagination Inflation: Imagining a Childhood Event Inflates Confidence That It Occurred," *Psychonomic Bulletin and Review* 3 (1996): 208–14; Giuliana Mazzoni and Amina Memon, "Imagination Can Create False Autobiographical Memories," *Psychological Science* 14 (2003): 186–88。关于梦境，见 Giuliana Mazzoni et al., "Changing Beliefs and Memories through Dream Interpretation," *Applied Cognitive Psychology* 2 (1999): 125–44。
23. Brian Gonsalves et al., "Neural Evidence that Vivid Imagining Can Lead to False Remembering," *Psychological Science* 15 (2004): 655–60. 研究者们发现，运用视觉思维能力想象一个普通物体的过程，会在大脑皮层区域产生大脑活动，从而导致对这些想象

物体的错误记忆出现。

24. Mazzoni, "Imagination Can Create False Autobiographical Memories."
25. 这种现象被称为"解释膨胀"（explanation inflation），见 Stefanie J. Sharman, Charles G. Manning, and Maryanne Garry, "Explain This: Explaining Childhood Events Inflates Confidence for Those Events," *Applied Cognitive Psychology* 19 (2005): 67–74。学前儿童的视觉行为与成人类似：他们会通过画画来描绘完全不可信的事件，如在热气球上开茶话会，或者与美人鱼一起在海底游泳。画完这些以后，他们往往会将其导入自身记忆。一周以后，相比那些没有画过此类图画的孩子，画过此类图画的孩子说出"是的，那件不可思议的事真的发生过"的可能性要大得多。见 Deryn Strange, Maryanne Garry, and Rachel Sutherland, "Drawing Out Children's False Memories," *Applied Cognitive Psychology* 17 (2003): 607–19。
26. Maechler, *The Wilkomirski Affair*, 104.
27. 同上，100，97。
28. Richard J. McNally, *Remembering Trauma* (Cambridge, MA: Harvard University Press, 2003), 233.
29. Michael Shermer, "Abducted!," *Scientific American* (February 2005): 33.
30. Clancy, *Abducted*, 51.
31. 同上，33，34。
32. 朱莉安娜·马佐尼和她的同事在实验室里揭示了人们如何将不可能发生的事件（如小时候目睹恶魔附身）视为可信的记忆。该过程的步骤之一是阅读有关恶魔附身的文章，这些文章会言之凿凿地告知读者，恶魔附身的情况比大多数人意识到的要普遍得多，并附有证明。见 Giuliana Mazzoni, Elizabeth

F. Loftus, and Irving Kirsch, "Changing Beliefs About Implausible Autobiographical Events: A Little Plausibility Goes a Long Way," *Journal of Experimental Psychology: Applied* 7 (2001): 51–59。

33. Clancy, *Abducted*, 143, 2.
34. 同上，50。
35. 理查德·麦克纳利，与本书作者的个人交流。
36. Richard J. McNally et al., "Psychophysiologic Responding During Script-Driven Imagery in People Reporting Abduction by Space Aliens," *Psychological Science 5* (2004): 493–97. 要了解有关此研究及相关研究的评述，见 Clancy, *Abducted*, and McNally, *Remembering Trauma*。
37. 有趣的是，自传曾经是一个人克服种族主义、暴力、残疾、流亡或贫困的励志范本，如今却显得如此落伍。为了追求令人毛骨悚然的生活细节，现代的回忆录的作者们努力地使对方的经历相形见绌。关于上述主题的雄辩文章，可见 Francine Prose, "Outrageous Misfortune", *New York Times Book Review*, March 13, 2005。这也是作者普洛斯针对 Jeannette Walls, *The Glass Castle: A Memoir* 一书的评述。普洛斯开门见山地写道："回忆录是我们的现代童话，是格林兄弟从勇敢孩子的角度出发，重新想象出来的令人心碎的寓言故事，这个孩子排除万难，躲过了被剁碎、煮熟并端上家宴的悲惨命运。"
38. Ellen Bass and Laura Davis, *The Courage to Heal: A Guide for Women Survivors of Child Sexual Abuse* (New York: Harper and Row, 1988), 173.
39. 想要了解这起案件的最佳完整叙事，见 Moira Johnston, *Spectral Evidence: The Ramona Case: Incest, Memory, and Truth on Trial in Napa Valley* (Boston: Houghton Mifflin, 1997)。

40. Mary Karr, "His So-Called Life," *New York Times*, January 15, 2006.

第四章
真善意，伪科学：临床判断中的"闭环思维"

1. 心理学家约瑟夫·德·里维拉向我们讲述了格蕾丝的故事，他在研究放弃信念者心理的过程中采访了格蕾丝和其他当事人。见 Joseph de Rivera, "The Construction of False Memory Syndrome: The Experience of Retractors," *Psychological Inquiry* 8 (1997): 271–92; and Joseph de Rivera, "Understanding Persons Who Repudiate Memories Recovered in Therapy," *Professional Psychology: Research and Practice* 31 (2000): 378–86。
2. 关于记忆恢复疗法大行其道的最全面的历史，可参考 Mark Pendergrast, *Victims of Memory*, 2nd ed. (Hinesburg, VT: Upper Access Press, 1996; revised and expanded for a HarperCollins British edition, 1996)。另见 Richard J. Ofshe and Ethan Watters, *Making Monsters: False Memory, Psychotherapy, and Sexual Hysteria* (New York: Scribner's, 1994); Elizabeth Loftus and Katherine Ketcham, *The Myth of Repressed Memory* (New York: St. Martin's Press, 1994); and Frederick Crews, ed., *Unauthorized Freud: Doubters Confront a Legend* (New York: Viking, 1998)。关于癔病流行和道德恐慌的优秀社会学著作，可见 Philip Jenkins, *Intimate Enemies: Moral Panics in Contemporary Great Britain* (Hawthorne, NY: Aldine de Gruyter, 1992)。劳拉声称父亲在她 5 岁到 23 岁之间对其进行了猥亵，她于 1995 年在新罕布什尔州起诉了自己的父亲乔尔·亨格福德。但她败诉了。

3. 关于多重人格障碍学说兴衰的分析，也可见 Joan Acocella, *Creating Hysteria: Women and Multiple Personality Disorder* (San Francisco: Jossey-Bass, 1999)。关于催眠和其他制造绑架、多重人格障碍和虐待儿童等虚假记忆的手段，见 Nicholas P. Spanos, *Multiple Identities and False Memories: A Sociocognitive Perspective* (Washington, DC: American Psychological Association, 1996)。

4. Judith Levine, "Bernard Baran, RIP," *Seven Days*, September 13, 2014. 作为儿童性骚扰者被定罪入狱，身为同性恋者的巴兰在重审获释前遭受了长达21年的暴力。2014年，在获释8年后，他死于动脉瘤。

5. 关于托儿所丑闻和邪教对于撒旦式性虐待仪式的广泛宣扬，有三本非常优秀的著作，它们分别是：Debbie Nathan and Michael Snedeker, *Satan's Silence: Ritual Abuse and the Making of a Modern American Witch Hunt* (New York: Basic Books, 1995); Stephen J. Ceci and Maggie Bruck, *Jeopardy in the Courtroom: A Scientific Analysis of Children's Testimony* (Washington, DC: American Psychological Association, 1995); and Richard Beck, *We Believe the Children: A Moral Panic in the 1980s* (New York: Public Affairs, 2015)。第三本书详细地介绍了麦克马丁一案，非常值得一读。《华尔街日报》社论作者多萝西·拉比诺维茨是第一个公开质疑凯莉·迈克尔斯案的人，她的努力使案件得以重审，见 Rabinowitz, *No Crueler Tyrannies: Accusation, False Witness, and Other Terrors of Our Times* (New York: Free Press, 2003)。

6. 2005年，波士顿的一个陪审团判定74岁的前神父保罗·尚利对27岁的保罗·布萨进行了性骚扰，而且性骚扰行为发生时，布萨才6岁。这一指控是在教会丑闻曝光后发起的，当时有数百起有记录的恋童癖牧师案件被曝光，因此人们对神父和教会掩盖指控的方针情绪高涨,这是可以理解的。然而,尚利一案的唯一证据来自布萨的回忆,布萨说,他是在阅读了《波士顿环球报》上一篇介绍尚利的文章后,通过生动的闪现法恢复了记忆。审判中没有提出任何确凿证据,相反,能质疑布萨的说法的证据却有不少。见 Jonathan Rauch, "Is Paul Shanley Guilty? If Paul Shanley Is a Monster, the State Didn't Prove It," *National Journal*, March 12, 2005, and JoAnn Wypijewski, "The Passion of Father Paul Shanley," *Legal Affairs* (September/October 2004)。其他持怀疑态度的记者包括《福布斯》的丹尼尔·里昂斯、《波士顿先驱报》的罗宾·华盛顿和《芝加哥读者》的迈克尔·米纳。杰里·桑达斯基案是一则更加骇人听闻的故事,此人被定罪几乎完全是基于受压抑后被恢复的记忆,详情可见 Mark Pendegrast, *The Most Hated Man in America: Jerry Sandusky and the Rush to Judgment* (Mechanicsburg, PA: Sunbury Press, 2017)。关于此案的案情摘要,见 Frederick Crews, "Trial by Therapy: The Jerry Sandusky Case Revisited," *Skeptic*, https://www.skeptic.com/reading_room/trial-by-therapy-jerry-sandusky-case-revisited/。

7. Debbie Nathan, Sybil *Exposed: The Extraordinary Story Behind the Famous Multiple Personality Case* (New York: Free Press, 2011).

8. 一些研究发现,药物治疗和认知行为疗法(CBT)相结合的方法最为有效;另一些研究则发现,单独使用认知行为疗法也同样能产生效果。相关论题的综述和研究文献目录,见 American Psychological Association Presidential Task Force on Evidence-Based Practice, "Evidence-Based Practice in Psychology," *American Psychologist* 61 (2006): 271–83。另见 Dianne Chambless et al., "Update on Empirically Validated Therapies," *Clinical Psychologist* 51 (1998): 3–16, and Steven D. Hollon, Michael

E. Thase, and John C. Markowitz, "Treatment and Prevention of Depression," *Psychological Science in the Public Interest* 3 (2002):39–77。这些文章囊括了针对不同问题的实证型心理疗法的极佳参考资料。

9. Tanya M. Luhrmann, *Of Two Minds: The Growing Disorder in American Psychiatry* (New York: Knopf, 2000). 她的发现与乔纳斯·罗比彻尔对自身职业的描述如出一辙，见 Jonas Robitscher, *The Powers of Psychiatry*(Boston: Houghton Mifflin, 1980)。

10. 关于心理疗法中的伪科学方法和实践，包括未经验证的评估测试、针对孤独症和注意缺陷多动障碍的治疗方法以及流行疗法，对其兴盛和所带来问题的精彩评述，可见 Scott O. Lilienfeld, Steven Jay Lynn, and Jeffrey M. Lohr, eds., *Science and Pseudoscience in Clinical Psychology*, 2nd ed. (New York: Guilford, 2015)。关于故事的另一面以及对于临床科学有重要贡献的文章，可见 Scott O. Lilienfeld and William T. O'Donohue, eds., *The Great Ideas of Clinical Science* (New York: Routledge, 2007)。

11. 有证据表明，催眠对许多急性和慢性疼痛病症有效，见 David R. Patterson and Mark P. Jensen, "Hypnosis and Clinical Pain," *Psychological Bulletin* 29 (2003): 495–521。催眠还能强化认知行为技巧针对减肥、戒烟和其他行为问题所产生的效果，见 Irving Kirsch, Guy Montgomery, and Guy Sapirstein, "Hypnosis as an Adjunct to Cognitive-Behavioral Psychotherapy: A Meta-Analysis," *Journal of Consulting and Clinical Psychology* 2 (1995): 214–20。但也有大量证据表明，催眠作为一种找回记忆的方式并不可靠，这也是为什么美国心理学会和美国医学会反对在法庭上把通过催眠恢复的记忆作为证词。见 Steven Jay Lynn et al., "Constructing the Past: Problematic Memory Recovery Techniques in Psychotherapy,"

in Lilienfeld, Lynn, and Lohr, *Science and Pseudoscience in Clinical Psychology*; and John F. Kihlstrom, "Hypnosis, Delayed Recall, and the Principles of Memory," *International Journal of Experimental Hypnosis* 42 (1994): 337–45。

12. Paul Meehl, "Psychology: Does Our Heterogeneous Subject Matter Have Any Unity?," *Minnesota Psychologist* (Summer 1986): 4.

13. 1996年12月27日和28日，律师兼心理学家克里斯托弗·巴登在位于马萨诸塞州波士顿的贝塞尔·范德科尔克的办公室对其进行了取证。巴登已将证词发布在网上，见 "Full Text of 'Bessel van der Kolk, Scientific Dishonesty, and the Mysterious Disappearing Coauthor,'" https://archive.org/stream/BesselVanDerKolkScientificDishonestyTheMysteriousDisappearing/VanDerKolk_djvu.txt。

14. John F. Kihlstrom, "An Unbalanced Balancing Act: Blocked, Recovered, and False Memories in the Laboratory and Clinic," *Clinical Psychology: Science and Practice* 11 (2004). 他补充道："如果信心是衡量可信度的充分标准，那么宾杰明·威尔科米尔斯基可能已经获得了普利策历史奖。"

15. 库尔图瓦医生于2014年11月14日在伊利诺伊州芝加哥市约翰·多诉圣心传教士协会一案中做证。

16. 见 Deena S. Weisberg et al., "The Seductive Allure of Neuroscience Explanations," *Journal of Cognitive Neuroscience* 20 (2008): 470–77。

17. Sigmund Freud, "The Dissolution of the Oedipus Complex," in *The Standard Edition of the Complete Psychological Works of Sigmund Freud*, ed. J. Strachey, vol. 19 (London: Hogarth, 1924).

18. 罗森茨威格写道："在两个不同的场合（1934年和1937年），弗洛伊德先是用哥特字体，然后用英文，对任何试图用实验方法探索精神分析理论的尝试做出了类似的否定回应。这次交流凸显了弗洛伊德对实验方法的不信任，甚至可以说是反对用实验方法来验证他从临床角度得出的概念。弗洛伊德始终认为，他的理论最初是建立在自我分析的基础之上的，而且一直在不断地进行临床验证，其他来源的支持对他来说几乎毫无可取之处。"见 Saul Rosenzweig, "Letters by Freud on Experimental Psychodynamics," *American Psychologist* 52 (1997): 571。另见 Saul Rosenzweig, "Freud and Experimental Psychology: The Emergence of Idio-Dynamics," in *A Century of Psychology as Science*, eds. S. Koch and D. E. Leary (New York: McGraw-Hill, 1985)。此书于1992年由美国心理学会再版。

19. Lynn et al., "Constructing the Past."
20. Michael Nash offers one example in his article "Memory Distortion and Sexual Trauma: The Problem of False Negatives and False Positives," *International Journal of Clinical and Experimental Hypnosis* 42 (1994): 346–62.
21. McNally, *Remembering Trauma*, 275.
22. Daniel Brown, Alan W. Scheflin, and Corydon Hammond, *Memory, Trauma Treatment, and the Law* (New York: W. W. Norton, 1998). 这本书的三位作者是恢复记忆的倡导者，关于埃里卡集中营研究的描述在这本书的第156页。一篇关于此书的书评记录了其作者与恢复记忆运动的长期联系，他们对撒旦式虐待崇拜盛行的看法，以及他们对利用催眠来"恢复"受虐记忆和产生多重人格的认可，见 Frederick Crew, "The Trauma Trap", New York Review of Books 51 (March 11, 2004)。他的这篇文章及其他揭露记忆恢复运动谬论的文章收录于 Frederick Crew, *Follies of the Wise* (Emeryville, CA: Shoemaker and Hoard, 2006)。

23. Rosemary Basson et al., "Efficacy and Safety of Sildenafil Citrate in Women with Sexual Dysfunction Associated with Female Sexual Arousal Disorder," *Journal of Women's Health and Gender-Based Medicine* 11 (May 2002): 367–77.

24. Joan Kaufman and Edward Zigler, "Do Abused Children Become Abusive Parents?" *American Journal of Orthopsychiatry* 57 (1987): 186–92. 自弗洛伊德以来，学界存在一种普遍的文化假设，即童年创伤总是不可避免地会对成年以后的精神病理构成影响。但相关研究也打破了上述假设。心理学家安·马斯滕观察到，大多数人都认为，从逆境中恢复过来的儿童具有某种特殊性和罕见性。但按照她的总结，这些研究的"最大惊喜"在于发现复原力的普遍性。大多数儿童都具有惊人的复原力，即使受到战争、童年疾病、父母虐待或父母酗酒、早年贫困、性骚扰的影响，他们最终也都能克服。见 Ann Masten, "Ordinary Magic: Resilience Processes in Development," *American Psychologist* 56 (2001): 227–38。

25. William Friedrich et al., "Normative Sexual Behavior in Children: A Contemporary Sample," *Pediatrics* 101 (1988): 1–8. 另见 www.pediatrics.org/cgi/content/full/101/4/e9。Judith Rich Harris, *The Nurture Assumption* (New York: Free Press, 1998). 这本书针对行为遗传学研究中儿童无论经历如何都能保持性情稳定的观点，进行了精彩评述。关于未受过虐待的儿童通常也会做噩梦和出现其他焦虑症状的情况研究，参见 McNally, *Remembering Trauma*。

26. Kathleen A. Kendall-Tackett, Linda M. Williams, and David Finkelhor, "Impact of Sexual Abuse on Children: A Review and Synthesis of Recent Empirical Studies," *Psychological Bulletin* 113 (1992): 164–80. 研究人员还发现，儿童的症状表现与受到的虐

待的严重程度、持续时间和频率、是否使用武力、施暴者与儿童的关系以及母亲的支持程度有关，这一点并不令人惊讶。与恢复记忆治疗师的预测相反，大约2/3的受害儿童在最初的12~18个月内就恢复了过来。

27. 在回顾此项研究时，格伦·沃夫纳、大卫·福斯特和罗宾·道斯总结道："目前根本没有科学证据证明，玩偶游戏可以作为临床上或法医上虐待诊断的依据。"见 Glenn Wolfner, David Faust, and Robyn Daws, "The Use of Anatomically Detailed Dolls in Sexual Abuse Evaluations: The State of the Science", *Applied and Preventive Psychology* 2 (1993): 1–11。

28. 当小女孩被问及这事是否真的发生时，她说："是的，确实发生过。"当她的父亲和实验员都试图安慰她说："你的医生不会对小女孩做这种事的。你只是在开玩笑。我们知道他没有做那些事。"孩子还是顽固地坚持自己的说法。研究人员提醒说："就这样，在基本没有提醒的情况下，孩子反复摆弄那个玩偶，导致她玩的游戏变成了高度性化的游戏。"Maggie Bruck et al, "Anatomically Detailed Dolls Do Not Facilitate Preschoolers' Reports of a Pediatric Examination Involving Genital Touching", *Journal of Experimental Psychology: Applied* 1 (1995): 95–109。

29. Thomas M. Horner, Melvin J. Guyer, and Neil M. Kalter, "Clinical Expertise and the Assessment of Child Sexual Abuse," *Journal of the American Academy of Child and Adolescent Psychiatry* 32 (1993): 925–31; Thomas M. Horner, Melvin J. Guyer, and Neil M. Kalter, "The Biases of Child Sexual Abuse Experts: Believing Is Seeing," *Bulletin of the American Academy of Psychiatry and the Law* 21 (1993): 281–92.

30. 几十年前，保罗·米尔发现，在预测病人预后方面，相对简单的数学公式竟然优于临床医生的直觉判断。见 Paul E. Meehl, *Clinical versus Statistical Prediction: A Theoretical Analysis and a Review of the Evidence* (Minneapolis: University of Minnesota Press, 1954); and Robyn Dawes, David Faust, and Paul E. Meehl, "Clinical versus Actuarial Judgment," *Science 243* (1989): 1668–74。米尔的研究结果一再得到证实。见 Howard Grob, *Studying the Clinician: Judgment Research and Psychological Assessment* (Washington, DC: American Psychological Association, 1998)。

31. 我们对凯莉·迈克尔斯案的阐述,主要基于 Ceci and Bruck, *Jeopardy in the Courtroom*, and Pendergrast, *Victims of Memory*。另见 Maggie Bruck and Stephen Ceci, "Amicus Brief for the Case of *State of New Jersey v. Margaret Kelly Michaels*, Presented by Committee of Concerned Social Scientists," *Psychology, Public Policy, and Law 1*(1995)。

32. Pendergrast, *Victims of Memory*, 423.

33. Jason J. Dickinson, Debra A. Poole, and R. L. Laimon, "Children's Recall and Testimony," in *Psychology and Law: An Empirical Perspective*, eds. N. Brewer and K. Williams (New York: Guilford, 2005). 另见 Debra A. Poole and D. Stephen Lindsay, "Interviewing Preschoolers: Effects of Nonsuggestive Techniques, Parental Coaching, and Leading Questions on Reports of Nonexperienced Events," *Journal of Experimental Child Psychology* 60 (1995): 129–54。

34. Sena Garven et al., "More Than Suggestion: The Effect of Interviewing Techniques from the McMartin Preschool Case," *Journal of Applied Psychology* 83 (1998): 347–59; and Sena Garven, James M. Wood, and Roy S. Malpass, "Allegations of Wrongdoing: The Effects of Reinforcement on Children's Mundane and Fantastic Claims,"

Journal of Applied Psychology 85 (2000): 38–49.

35. Gabrielle F. Principe et al., "Believing Is Seeing: How Rumors Can Engender False Memories in Preschoolers," *Psychological Science* 17 (2006): 243–48.

36. Debbie Nathan, "I'm Sorry," *Los Angeles Times Magazine,* October 30, 2005.

37. Debra A. Poole and Michael E. Lamb, *Investigative Interviews of Children* (Washington, DC: American Psychological Association, 1998). 密歇根州儿童司法和家庭独立机构州长特别工作组以及美国国家儿童健康与人类发展研究所（NICHD）起草的新协议，正是以他们的工作为基础而发起的，此协议在研究和评估中被广泛使用：https://youth.gov/content/nichd-investigative-interview-protocol。见 Michael E. Lamb, Yael Orbach, Irit Hershkowitz, Phillip W. Esplin, and Dvora Horowitz, "Structured Forensic Interview Protocols Improve the Quality and Informativeness of Investigative Interviews with Children: A Review of Research Using the NICHD Investigative Interview Protocol," *Child Abuse and Neglect* 31 (2007): 1201–31。

38. Ellen Bass and Laura Davis, *The Courage to Heal: A Guide for Women Survivors of Child Sexual Abuse* (New York: Harper and Row, 1998), 18.

39. 在20世纪90年代中期进行的一项研究中，研究人员从《全美心理学医疗服务提供者登记册》中列出的美国临床心理学博士中随机进行抽样。他们询问受访者经常使用某些专门技术"帮助来访者恢复性虐待记忆"的频率，这些技术包括催眠、年龄回溯、解梦、与受虐情境相关的引导想象以及作为受虐证据的身体症状解释。在使用相关技术的人群中，略高于40%的受访者表示他们使用了解梦技术；约30%的人说他们使用了催眠；使用年龄回溯的人最少，但仍占约 20%。不赞成使用这些方法的人群比例大致相同，处于中间位置的群体显然没有发表任何意见。见 Debra A. Poole et al., "Psychotherapy and the Recovery of Memories of Childhood Sexual Abuse: U.S. and British Practitioners' Opinions, Practices, and Experiences," *Journal of Consulting and Clinical Psychology* 63 (1995): 426–37。然而，科学家与从业者之间的鸿沟仍在扩大，见 Lawrence Patihis et al., "Are the 'Memory Wars' Over? A Scientist-Practitioner Gap in Beliefs About Repressed Memory," *Psychological Science* 25 (2014): 519–30。

40. 根据对主要研究的荟萃分析，关于童年性虐待是导致进食障碍的主要原因这一观点，并没有得到经验证据的支持。见 Eric Stice, "Risk and Maintenance Factors for Eating Pathology: A Meta-Analytic Review," *Psychological Bulletin* 128 (2002): 825–48。

41. Patihis et al., "Are the 'Memory Wars' Over?"

42. Henry Otgaar, Mark L. Howe, Lawrence Patihis, Harald Merckelbach, Steven Jay Lynn, Scott O. Lilienfeld, and Elizabeth F. Loftus, "The Return of the Repressed: The Persistent and Problematic Claims of Long-Forgotten Trauma," *Perspectives on Psychological Science* 14, no. 6 (2019): 1072–95.

43. 有些人只是转移了研究重点。虽然贝塞尔·范德科尔克失去了与哈佛大学医学院的合作关系，他在麻省总医院的实验室也被关闭了，但他依然认为被压抑的记忆是创伤性应激障碍的共同特征。他进而绕过心理机制的解释，认为创伤记忆被"卡在机器里"，并在身体上表现出来，而这些记忆在创伤发作时则会"背叛"患者。见 Jeneen Interlandi, "How Do You Heal a Traumatized Mind?," *New York Times Magazine*, May 25, 2014。

44. Richard J. McNally, "Troubles in Traumatology," *Canadian Journal*

of Psychiatry 50 (2005): 815.

45. 约翰·布里埃于 1998 年在新西兰奥克兰举行的第十二届国际虐待和忽视儿童问题大会上做了上述发言。1998 年 9 月 9 日，《新西兰先驱报》报道了这一讲话。该报援引布里埃的话说，"缺失的虐待记忆相当普遍，但有证据表明，虚假的虐待记忆则甚为罕见"。见 http://www.menz.org.nz/Casualties/1998%20newsletters/Oct%2098.htm。

46. Pendergrast, *Victims of Memory*, 567.

47. 在 1997 年 6 月于圣迭戈举行的第十四届国际催眠与心身医学大会上，哈蒙德发表了题为《对难以记忆之事的错误记忆的研究：对实验性催眠和记忆研究的批评》（"Investigating False Memory for the Unmemorable: A Critique of Experimental Hypnosis and Memory Research"）的演讲。

48. 一些精神病学家和其他领域的临床专家要求美国司法部通过一项法律，规定将当下托儿所相关案件中儿童证词的节选部分公开出来属于非法行为。但司法部予以拒绝。美国基础读物出版社（Basic Books）被威胁严禁出版黛比·内森和迈克尔·斯内德克尔用以曝光托儿所相关案件的《撒旦的沉默》（*Satan's Silence*）一书。该出版社并没有妥协。美国心理学协会同样受到威胁，如果斯蒂芬·塞西和玛吉·布鲁克的著作《法庭上的危险》（*Jeopardy in the Courtroom*）出版，它就会被起诉。因此，美国心理学协会推迟了几个月才出版此书。（我们的资料源于相关调查人员的个人通信。）

49. 但是，当成百上千的信使纷纷涌现时，他们又如何能被消灭殆尽呢？解决"我肯定我是对的"和"我属于少数派"之间矛盾的一种方法，便是声称科学共识体现出存在某种压制儿童性虐待真相的"阴谋"。例如，政治学家罗斯·切特就声称，记者、辩护律师、社会科学家和刑事司法系统的批评者合谋编造了一出"猎巫故事"。他坚信，并不存在针对数百名日托工作者的猎巫行为；他认为，大多数被定罪但后来获释的人都是有罪的。但是，切特对证据进行了挑拣，他刻意寻找支持其结论的论据，并歪曲或故意遗漏他不喜欢的证据。见 Ross E. Cheit, *The Witch-Hunt Narrative* (New York: Oxford University Press, 2014)。对驳斥此书的详细内容感兴趣的读者，可见 "The Witch Hunt Narrative: Rebuttal," http://www.ncrj.org/resources-2/response-to-ross-cheit/the-witch-hunt-narrative-rebuttal/; and Cathy Young, "The Return of Moral Panic," *Reason*, October 25, 2014, http://reason.com/archives/2014/10/25/the-return-of-moral-panic。

50. 据我们所知，巴斯和戴维斯都从未承认过，她们关于记忆和创伤的基本主张是错误的；她们也从未承认过，对于心理科学的无知可能导致自己弄巧成拙。在《治愈的勇气》(*The Courage to Heal*)第三版的序言中，巴斯和戴维斯回应了针对此书的科学批评，并试图证明尽管她们缺乏专业培训，但她们说的专业知识都是正确的："身为作者，我们曾因缺乏学术资历而饱受批判。但是，即便你没有博士学位，也不妨碍你细致且富有同情心地去倾听他人的心声。"此言并不为虚，但接受过科学培训的人可能不会像那些同情心泛滥的倾听者一样，贸然得出毫无根据、令人难以置信且可能有害的结论。在 2008 年该书出版 20 周年的纪念版中，"尊重真相"一节被删除了。对此，作者急忙解释道，删除它并不是因为它出错了，而是"为了给关于疗愈的新故事和新信息腾出空间"，这些新信息包括一部分名为"记忆的基本真相"的新内容。

51. National Public Radio, This American Life, episode 215, June 16, 2002.

第五章
司法体系中的失调

1. Timothy Sullivan, *Unequal Verdicts: The Central Park Jogger Trials* (New York: Simon and Schuster, 1992)。另见 Sarah Burns's *The Central Park Five: A Chronicle of a City Wilding* (New York: Knopf, 2012)。以该著作为蓝本，由肯·伯恩斯、萨拉·伯恩斯和大卫·麦克马洪执导的电影《中央公园五罪犯》(*The Central Park Five*) 于2012年上映。由艾娃·德约列执导的剧集《有色眼镜》(*When They See US*) 也于2019年推出。

2. 雷耶斯之所以认罪完全是因为一次偶然的机会：他在狱中遇到了其中一名被定罪的被告卡里·怀斯，看到怀斯被错误监禁，他显然心怀内疚。随后，雷耶斯便向监狱官员主动供述罪行，提出其他人是被错误定罪的。由此，调查重新启动。见 Steven A. Drizin and Richard A. Leo, "The Problem of False Confessions in the Post-DNA World," *North Carolina Law Review* 82 (2004): 891–1008。

3. Stuart Jeffries, "The Rapist Hunter," *Guardian*, February 26, 2004.

4. Linda Fairstein, "Netflix's False Story of the Central Park Five," *Wall Street Journal*, June 10, 2019.

5. 见 www.innocenceproject.org 的最新更新。另见 the classic book by Barry Scheck, Peter Neufeld, and Jim Dwyer, *Actual Innocence* (New York: Doubleday, 2000)。

6. Samuel R. Gross, "How Many False Convictions Are There? How Many Exonerations Are There?," University of Michigan Public Law Research Paper No. 316, February 26, 2013, available at https://papers.ssrn.com/sol3/papers.cfm?abstract_id=2225420. 见 C. R. Huff

and M. Killias, eds., *Wrongful Convictions and Miscarriages of Justice: Causes and Remedies in North American and European Criminal Justice Systems* (New York: Routledge, 2013)。

7. 见 http://www.law.umich.edu/special/exoneration/Pages/about.aspx。随着DNA技术越来越广泛地应用于审判前的法医调查,一些法律学者预测,以DNA为基础的明确免罪案例将逐渐减少,重点将转向推翻错误定罪的其他依据。"事实无罪"与"开脱罪责"之间存在怎样的区别,以及这一点如何适用于免罪运动,关于这些方面深入的评估,见Richard A. Leo, "Has the Innocence Movement Become an Exoneration Movement? The Risks and Rewards of Redefining Innocence," in Daniel Medwed, ed., *Wrongful Convictions and the DNA Revolution: Twenty-Five Years of Freeing the Innocent* (Cambridge, MA: Cambridge University Press, 2017), 57–83。

8. 援引自Richard Jerome, "Suspect Confessions," *New York Times Magazine*, August 13, 1995。

9. Daniel S. Medwed, "The Zeal Deal: Prosecutorial Resistance to Post-Conviction Claims of Innocence," *Boston University Law Review* 84 (2004): 125. 梅德韦德分析了许多检察官办公室的制度文化,这种文化使得检察官很难承认错误并改正错误。

10. Joshua Marquis, "The Innocent and the Shammed," *New York Times*, January 26, 2006. 截至2014年,马奎斯对错误定罪的证据依然无动于衷。如果按照塞缪尔·格罗斯的估计,有4.1%的死囚被告是被错误定罪的。马奎斯在接受采访时表示:"如果这种估计有1/5的准确性,我愿意辞职出家。"但按照格罗斯的说法,"1/5的准确率"是公认的最低估计值。见 https://www.nytimes.com/2014/05/02/science/convictions-of-4-1-percent-facing-death-said-to-

be-false.html。

11. 检察不当行为登记（Registry of Prosecutorial Misconduct），www.prosecutorintegrity.org/registry/。见 Kathleen M. Ridolfi and Maurice Possley, "Preventable Error: A Report on Prosecutorial Misconduct in California 1997–2009,"这是北加利福尼亚昭雪计划在 2010 年发布的一项"真相"倡议报告。

12. 美国公共诚信中心于 2003 年夏季出版了《有害失误》(*Harmful Error: Investigating America's Local Prosecutors*) 一书，书中报告了公共诚信中心对全美 11 452 起案件的分析，在这些案件中，上诉法院法官均审查了针对检察官不当行为的指控。

13. 援引自 Mike Miner, "Why Can't They Admit They Were Wrong?," *Chicago Reader*, August 1, 2003。

14. 语音压力分析仪的主要问题在于证真偏差的存在。如果你认为嫌疑人有罪，你就会把嫌疑人说话时的微颤音解释为说谎的迹象；而如果认定嫌疑人无罪，你就会忽略它们。一项名为"语音压力分析的有效性和相对准确性"的重要研究发现（与标题内容恰恰相反），"计算机语音压力分析仪的检查员区分说真话者和说谎者的水平，并不比随机水平高"。见 https://www.polygraph.org/assets/docs/VoiceStressStudies/palmatier%20study.pdf。

15. Paul E. Tracy, *Who Killed Stephanie Crowe?* (Dallas, TX: Brown Books, 2003), 334.

16. 关于维克·卡洛卡卷入此案的记叙，包括他的一些原话，均来自调查记者威尔肯斯和绍尔的报道，见 John Wilkens, Mark Sauer, "A Badge of Courage: In the Crowe Case, This Cop Ignored the Politics While Pursuing Justice", *San Diego Union-Tribune*, July 11, 2004。德鲁利纳的原话见 Mark Sauer and John Wilkens, "Tuite Found Guilty of Manslaughter," *San Diego Union-Tribune*, May 27, 2004。

17. Deanna Kuhn, Michael Weinstock, and Robin Flaton, "How Well Do Jurors Reason? Competence Dimensions of Individual Variation in a Juror Reasoning Task," *Psychological Science* 5 (1994): 289–96.
18. Don DeNevi and John H. Campbell, *Into the Minds of Madmen: How the FBI's Behavioral Science Unit Revolutionized Crime Investigation* (Amherst, NY: Prometheus Books, 2004), 33. 这本书无意中成为联邦调查局行为科学小组开展不科学培训的案例研究来源。
19. Tracy, *Who Killed Stephanie Crowe?*, 184.
20. Ralph M. Lacer, interview by Connie Chung, *Eye to Eye with Connie Chung*, CBS, broadcast January 13, 1994.
21. Introductory comments by Steven Drizin, "Prosecutors Won't Oppose Tankleff's Hearing," *New York Times*, May 13, 2004.
22. Edward Humes, *Mean Justice* (New York: Pocket Books, 1999), 181.
23. Andrew J. McClurg, "Good Cop, Bad Cop: Using Cognitive Dissonance Theory to Reduce Police Lying," *U.C. Davis Law Review* 32 (1999): 395, 429.
24. 这种借口如此司空见惯，以至于一个新名词应运而生：警察的伪证（dropsy testimony）。前纽约地区助理检察官大卫·海尔布罗纳曾写道："在警察做伪证案件中，警官以最古老的手段为搜查辩护，他们会直接谎报实情。'我在拐角处看到被告把毒品扔在人行道上，所以我逮捕了他。'这是司法系统尽人皆知的老套路。多年以前，一位知名的联邦法官曾抱怨说，他在太多的案件中读到过同样的证词，他觉得这已经不再是法律层面的问题了。" David Heilbroner, *Rough Justice: Days and Nights of a Young D.A.* (New York: Pantheon, 1990), 29.

25. McClurg, "Good Cop, Bad Cop," 391.
26. Norm Stamper, *Breaking Rank: A Top Cop's Exposé of the Dark Side of American Policing* (New York: Nation Books, 2005), and Norm Stamper, "Let Those Dopers Be," *Los Angeles Times*, October 16, 2005.
27. McClurg, "Good Cop, Bad Cop," 413, 415.
28. 1988年9月，在纽约州萨福克郡，凶杀案警探K. 詹姆斯·麦克雷迪出警至一户人家。他在现场发现了阿琳·坦克莱夫的尸体和她昏迷不醒的丈夫西摩，前者被刺伤和击打致死，后者也遭到了残忍的攻击（于几周后死亡）。几个小时后，麦克雷迪宣布自己已经破案了，凶手就是这对夫妇的儿子马丁·坦克莱夫。在审讯过程中，麦克雷迪反复告诉马丁，他知道是马丁杀害了自己的父母，因为他的父亲曾短暂地苏醒过，并告诉警方马丁是袭击他的人。但实际上，这是一则谎言。"我使用了诡计和欺骗，"麦克雷迪说，"我也不想。但我知道是他干的。"少年最终承认，他一定是在失去理智的情况下杀死了父母。当家庭律师赶到警局时，马丁·坦克莱夫立即否认了供词，也没有在供词上签字，但这足以使他被定罪。马丁被判处了50年监禁。Bruce Lambert, "Convicted of Killing His Parents, but Calling a Detective the Real Bad Guy," *New York Times*, April 4, 2004. 马丁·坦克莱夫的罪名于2007年被推翻，随后他获释出狱。2014年，根据其错误定罪诉讼的和解协议，州政府向他赔偿了340万美元。他对麦克雷迪和萨福克郡提起的民权诉讼还在审理中。
29. Tracy, *Who Killed Stephanie Crowe?*, 175.
30. Fred E. Inbau et al., Criminal Interrogation and Confessions, 5th ed. (Burlington, MA: Jones and Bartlett Learning, 2011), xi.
31. 同上，352。

32. 同上，5。

33. 针对莱德和英鲍等人的刑讯著作最彻底的剖析，见 Deborah Davis and William T. O'Donohue, "The Road to Perdition: 'Extreme Influence' Tactics in the Interrogation Room," in *Handbook of Forensic Psychology*, eds. W. T. O'Donohue and E. Levensky (New York: Elsevier Academic Press, 2004), 897–996。另见 Timothy E. Moore and C. Lindsay Fitzsimmons, "Justice Imperiled: False Confessions and the Reid Technique," *Criminal Law Quarterly* 57 (2011): 509–42; Lesley King and Brent Snook, "Peering Inside a Canadian Interrogation Room: An Examination of the Reid Model of Interrogation, Influence Tactics, and Coercive Strategies," *Criminal Justice and Behavior* 36 (2009): 674–94。

34. Louis C. Senese, *Anatomy of Interrogation Themes: The Reid Technique of Interviewing* (Chicago: John E. Reid and Associates, 2005), 32.

35. Saul Kassin, "On the Psychology of Confessions: Does Innocence Put Innocents at Risk?," *American Psychologist* 60 (2005): 215–28.

36. Saul M. Kassin and Christina T. Fong, "I'm Innocent! Effects of Training on Judgments of Truth and Deception in the Interrogation Room," *Law and Human Behavior* 23 (1999): 499–516. 在另一项研究中，卡辛和他的同事招募了监狱中的囚犯，要求对方完整地供认自身罪行，并为另一名囚犯所犯罪行编造供词。由大学生和警方调查人员对录制的供词进行评判。结果表明，二者的总体准确率均没有超过随机水平，但警方对自己的判断更有信心。见 Saul M. Kassin, Christian A. Meissner, and Rebecca J. Norwick, "'I'd Know a False Confession If I Saw One': A Comparative Study of College Students and Police Investigators," *Law and*

Human Behavior 29 (2005): 211–27。

37. 这就是为什么相比有罪之人，无辜者更有可能放弃米兰达权利和聘请律师的权利。在索尔·卡辛的一项涉及模拟盗窃 100 美元的实验中，72 名或有罪或无罪的参与者均接受了一名男性警探的审问，这位警探的行为举止或中立，或同情，或表现出敌意，且一直试图要求参与者放弃米兰达权利。结果表明，无辜者签署弃权声明的概率远远高于有罪者，而且呈现出 81% 对 36% 的悬殊差别。有 2/3 的无辜者甚至在警探摆出敌对姿态并对其大吼"我知道是你干的，我不想听任何谎言"的情况下签署了弃权书。他们后来说，之所以签字，是因为他们认为只有真正有罪的人才需要律师，而他们没有做错任何事，也没有什么可隐瞒的。"看来，"实验者悲伤地总结道，"人们总是天真地相信，自身的清白能够让他们获得自由。" Saul M. Kassin and Rebecca J. Norwick, "Why People Waive Their Miranda Rights: The Power of Innocence," *Law and Human Behavior* 28 (2004): 211–21.

38. Drizin and Leo, "The Problem of False Confessions in the Post-DNA World," 948.

39. 例如，一位名叫卡里·怀斯的少年被告知，慢跑者被一个"非常重的物体"所击打，然后又被问道："她是被石头还是砖头击中的？"怀斯先说是石头，过了一会儿又说是砖头。他说有人掏出刀子割开了慢跑者的衬衫，但这不是事实，现场没有刀割的痕迹。Saul Kassin, "False Confessions and the Jogger Case," *New York Times*, November 1, 2002.

40. 纽约市当局诉卡里·怀斯、凯文·理查森、安特伦·麦克雷、优素福·萨拉姆和雷蒙德·桑塔纳（"中央公园慢跑者案"）的 5 名被告）；地区助理检察官南希·瑞安于 2002 年 12 月 5 日针对撤销定罪判决的动议提交的确认书，起诉书编号为 4762/89，第 46 页。

41. Gary L. Wells, "Eyewitness Identification: Probative Value, Criterion Shifts, and Policy Regarding the Sequential Lineup," *Current Directions in Psychological Science* 23 (2013): 11–16.

42. Adam Liptak, "Prosecutors Fight DNA Use for Exoneration," *New York Times*, August 29, 2003. 另见 Medwed, "The Zeal Deal," 这篇文章回顾了检方抵制重审涉及 DNA 检测案件的相关证据。关于威尔顿·德吉的故事，见 http://www.innocenceproject.org/casesfalse-imprisonment/wilton-dedge。

43. Sara Rimer, "Convict's DNA Sways Labs, Not a Determined Prosecutor," *New York Times*, February 6, 2002.

44. 《无辜案例》（"The Case for Innocence"）是奥弗拉·比克尔为美国公共广播公司制作的《前线追踪》（*Frontline*）节目的特辑，于 2000 年 10 月 31 日首次播出。相关文字记录和信息可在 http://www.pbs.org/wgbh/pages/frontline/shows/case/etc/tapes.html 上查阅。

45. Drizin and Leo, "The Problem of False Confessions in the Post-DNA World," 928, footnote 200.

46. Adam Liptak, "In Appeal, Scrutiny on Not One but 3 Confessions," *New York Times*, May 20, 2014. 见 www.thedailybeast.com/articles/2014/06/19/the-supreme-court-must-right-the-wrong-done-to-billy-wayne-cope.html。

47. 在北卡罗来纳州的一起著名案件中，受害者错误地指认某位男性为强奸她的元凶，但警方通过 DNA 技术最终追溯到了真正的犯罪者，见 James M. Doyle, *True Witness: Cops, Courts, Science, and the Battle Against Misidentification* (New York: Palgrave Macmillan, 2005)。有些时候，某桩悬案也会因 DNA 证据而告

破。2004年，在洛杉矶，来自新成立的悬案组的警探们从一名多年前被奸杀的女性尸体上提取了精液样本，并与州立数据库中已定罪的暴力重罪犯的DNA进行了比对。最终样本与切斯特·特纳的DNA匹配成功，而特纳当时已经因强奸罪入狱。警探们继续向实验室提交其他未告破的谋杀案中的DNA样本，结果每个月都有样本与特纳的相匹配。不久之后，警探们就将特纳与12起杀害黑人妓女的案件联系起来。在抓获连环杀手的欢呼声中，地方检察官史蒂夫·库利悄悄释放了戴维·琼斯，此人是一名有严重智力障碍的门卫，曾因其中的三起谋杀案被判入狱9年。如果特纳只杀害了这三名女性，他就会依然逍遥法外，琼斯也会依然身陷冤狱。因为特纳还杀害了另外9名女性，而她们的案件当时尚未侦破，所以琼斯幸运地成了悬案组努力的受益者。对他而言，正义不过是另一次调查的副产物。在这漫长的9年里，不会有任何人，甚至是悬案调查员，存在任何动机，会去将琼斯的DNA与受害者的样本进行比对。但是，新的侦破小组完全有动力去解决这些悬而未决的旧案，这也是正义能得到伸张、琼斯被释放的唯一原因。

48. Deborah Davis and Richard Leo, "Strategies for Preventing False Confessions and Their Consequences," in *Practical Psychology for Forensic Investigations and Prosecutions*, eds. M. R. Kebbell and G. M. Davies (Chichester, England: Wiley, 2006), 121–49. 另见 the essays in Saundra D. Westervelt and John A. Humphrey, eds., *Wrongly Convicted: Perspectives on Failed Justice* (New Brunswick, NJ: Rutgers University Press, 2001); and Saul M. Kassin, "Why Confessions Trump Innocence," *American Psychologist* 67 (2012): 431–45.

49. "The Case for Innocence," *Frontline*.

50. D. Michael Risinger and Jeffrey L. Loop, "Three Card Monte, Monty Hall, Modus Operandi and 'Offender Profiling': Some Lessons of Modern Cognitive Science for the Law of Evidence," *Cardozo Law Review* 24 (November 2002): 193.

51. Mark Godsey, *Blind Justice: A Former Prosecutor Exposes the Psychology and Politics of Wrongful Convictions* (Oakland: University of California Press, 2017), 27–28.

52. Davis and Leo, "Strategies for Preventing False Confessions," 145.

53. McClurg, "Good Cop, Bad Cop." 正是在这篇文章中，麦克鲁格建议利用认知失调理论来降低警察说谎所造成的风险。

54. 关于要求进行电子记录的各州的最新统计数据由"昭雪计划"的政策主任丽贝卡·布朗提供。（地址：纽约州纽约市沃斯街40号701室。邮编：10013。）另见 the section on "Videotaping Interrogations: A Policy Whose Time Has Come," in Saul M. Kassin and Gisli H. Gudjonsson, "The Psychology of Confession Evidence: A Review of the Literature and Issues," *Psychological Science in the Public Interest* 5 (2004): 33–67。也见 Drizin and Leo, "The Problem of False Confessions in the Post-DNA World"；Davis and O'Donohue, "The Road to Perdition"。

55. 援引自 Jerome, "Suspect Confession"。

56. Thomas P. Sullivan, "Police Experiences with Recording Custodial Interrogations," 2004. 该研究报告附有大量关于录音的好处的参考资料，报告发布在 http://www.law.northwestern.edu/wrongfulconvictions/Causes/custodialInterrogations.htm 网站上。苏利文对有多少州正在使用电子录音进行了统计，见 www.nacdl.org/electronicrecordingproject。不过，有进一步的研究表明，摄像机的角度会使观察者的判断出现偏差，尤其是当摄像机只对准嫌疑人而不对准询问者时。见

G. Daniel Lassiter et al., "Videotaped Interrogations and Confessions: A Simple Change in Camera Perspective Alters Verdicts in Simulated Trials," *Journal of Applied Psychology 87* (2002): 867–74。

57. Gisli H. Gudjonsson and John Pearse, "Suspect Interviews and False Confessions," *Current Directions in Psychological Science* 20 (2011): 33–37.

58. Davis and Leo, "Strategies for Preventing False Confessions," 145.

59. Moore and Fitzsimmons, "Justice Imperiled," 542.

60. Douglas Starr, "The Interview," *New Yorker*, December 9, 2013, 42–49. 援引自第49页。斯塔尔以达雷尔·帕克的故事作为结尾。1955年,帕克向约翰·莱德做了虚假供认,后来法院认定他是被逼供的。2012年,内布拉斯加州总检察长公开向当时已80岁高龄的帕克道歉,并向他提供了50万美元的赔偿。"今天,我们要纠正50多年前在达雷尔·帕克身上犯下的错误。"这位总检察长说,"当年在被胁迫的情况下,他承认了自己并没有犯下的罪行。"据我们所知,约翰·莱德从未谈论过他在获得帕克的虚假供词过程中所扮演的角色,更不用说道歉了。

61. Thomas Vanes, "Let DNA Close Door on Doubt in Murder Cases," *Los Angeles Times*, July 28, 2003.

第六章
爱情杀手:婚姻中的自我辩护

1. 约翰·巴特勒·叶芝1917年11月5日写给儿子威廉的信,收录于 *Letters to W. B. Yeats*, eds. Richard J. Finneran, George M. Harper, and William M. Murphy, vol. 2 (New York: Columbia University Press, 1977), 338。

2. Andrew Christensen and Neil S. Jacobson, *Reconcilable Differences* (New York: Guilford, 2000). 我们摘录了第一章开头黛博拉和弗兰克的故事。在安德鲁·克里斯滕森、布莱恩·多斯和尼尔·雅各布森于2014年出版的该书第二版中，这个故事被保留了下来。
3. 见 Neil S. Jacobson and Andrew Christensen, *Acceptance and Change in Couple Therapy: A Therapist's Guide to Transforming Relationships* (New York: W. W. Norton, 1998)。
4. Christensen and Jacobson, *Reconcilable Differences*, 9.
5. 有大量研究表明，夫妻针对彼此的归因心理，会影响他们对于对方的感觉以及婚姻的进程。见 Adam Davey et al., "Attributions in Marriage: Examining the Entailment Model in Dyadic Context," *Journal of Family Psychology* 15 (2001) 721–34; Thomas N. Bradbury and Frank D. Fincham, "Attributions and Behavior in Marital Interaction," *Journal of Personality and Social Psychology* 63 (1992): 613–28; and Benjamin R. Karney and Thomas N. Bradbury, "Attributions in Marriage: State or Trait? A Growth Curve Analysis," *Journal of Personality and Social Psychology* 78 (2000): 295–309。
6. June P. Tangney, "Relation of Shame and Guilt to Constructive versus Destructive Responses to Anger Across the Lifespan," *Journal of Personality and Social Psychology* 70 (1996): 797–809.
7. John Gottman, *Why Marriages Succeed or Fail* (New York: Simon and Schuster, 1994). 弗雷德和英格丽的对话出现在该书第69页。
8. Benjamin R. Karney and Thomas N. Bradbury, "The Longitudinal Course of Marital Quality and Stability: A Review of Theory, Method, and Research," *Psychological Bulletin* 118 (1995): 3–34; and Frank D. Fincham, Gordon T. Harold, and Susan Gano-Phillips, "The Longitudinal Relation between Attributions and

Marital Satisfaction: Direction of Effects and Role of Efficacy Expectations," *Journal of Family Psychology* 14 (2000): 267–85.

9. Gottman, *Why Marriages Succeed or Fail*, 57.
10. 援引自 Ayala M. Pines, "Marriage," in *Every-Woman's Emotional Well-Being*, ed. C. Tavris (New York: Doubleday, 1986), 190–91。
11. Julie Schwartz Gottman, ed., *The Marriage Clinic Casebook* (New York: W. W. Norton, 2004), 50.
12. Gottman, *Why Marriages Succeed or Fail*, 127, 128.
13. Donald T. Saposnek and Chip Rose, "The Psychology of Divorce," in *Handbook of Financial Planning for Divorce and Separation*, eds. D. L. Crumbley and N. G. Apostolou (New York: John Wiley, 1990). 他们的文章可在 http://www.mediate.com/articles/saporo.cfm 上查阅。关于夫妻如何重新修复对婚姻和彼此的记忆的经典研究，见 Janet R. Johnston and Linda E. Campbell, *Impasses of Divorce: The Dynamics and Resolution of Family Conflict* (New York: Free Press, 1988)。
14. Jacobson and Christensen, *Acceptance and Change in Couple Therapy*, 这本书中探讨了新的相处之道，即帮助伴侣接纳对方，而不是总试图让对方改变。
15. Vivian Gornick, "What Independence Has Come to Mean to Me: The Pain of Solitude, the Pleasure of Self-Knowledge," in *The Bitch in the House*, ed. Cathi Hanauer (New York: William Morrow, 2002), 259.

第七章
创伤、裂痕和战争

1. 我们关于这对夫妇的描述是根据路易丝夫妇的故事改编的，这个故事来自 Andrew Christensen and Neil S.Jacobson, *Reconcilable Differences* (New York: Guilford, 2000), 290。

2. 夏沃一家的纷争故事，取材自新闻报道和 Abby Goodnough, "Behind Life-and-Death Fight, a Rift that Began Years Ago," *New York Times*, March 26, 2005。

3. Sukhwinder S. Shergill et al., "Two Eyes for an Eye: The Neuroscience of Force Escalation," *Science* 301 (July 11, 2003): 187.

4. Roy F. Baumeister, Arlene Stillwell, and Sara R. Wotman, "Victim and Perpetrator Accounts of Interpersonal Conflict: Autobiographical Narratives about Anger," *Journal of Personality and Social Psychology* 59 (1990): 994–1005. 关于典型评述的案例是我们给出的，而非研究者提供的。

5. Timothy Garton Ash, "Europe's Bloody Hands," *Los Angeles Times*, July 27, 2006.

6. Luc Sante, "Tourists and Torturers," *New York Times*, May 11, 2004.

7. Amos Oz, "The Devil in the Details," *Los Angeles Times*, October 10, 2005.

8. Riccardo Orizio, *Talk of the Devil: Encounters with Seven Dictators* (New York: Walker and Company, 2003).

9. Louis Menand, "The Devil's Disciples: Can You Force People to Love Freedom?," *New Yorker*, July 28, 2003.

10. Keith Davis and Edward E. Jones, "Changes in Interpersonal Perception as a Means of Reducing Cognitive Dissonance," *Journal of Abnormal and Social Psychology* 61 (1960): 402–10; 另见 Frederick X. Gibbons and Sue B. McCoy, "Self-Esteem, Similarity, and Reactions to Active versus Passive Downward Comparison," *Journal of Personality and Social Psychology* 60 (1961): 414–24。

11. 是的，他真的说过这话。Derrick Z. Jackson, "The Westmoreland Mind-Set," *Boston Globe*, July 20, 2005. 威斯特摩兰在越战纪录片《心灵与智慧》(*Hearts and Minds*) 中发表了这些言论。按照杰克逊的说法，"这些话震惊了导演彼得·戴维斯，他给了威斯特摩兰一个机会去澄清"。但威斯特摩兰并没有这样做。

12. Ellen Berscheid, David Boye, and Elaine Walster, "Retaliation as a Means of Restoring Equity," *Journal of Personality and Social Psychology* 10 (1968): 370–76.

13. Stanley Milgram, *Obedience to Authority* (New York: Harper and Row, 1974), 10.

14. 关于将犯罪者妖魔化，以此恢复社会和谐，维持世界公正的信念，见 John H. Ellard et al., "Just World Processes in Demonizing," in *The Justice Motive in Everyday Life*, eds. M. Ross and D. T. Miller (New York: Cambridge University Press, 2002)。

15. John Conroy, *Unspeakable Acts, Ordinary People* (New York: Knopf, 2000), 112.

16. 2014年12月9日，美国参议院情报委员会就美国中情局对恐怖主义嫌疑人实施拘留、审讯和拷打，展开了全面起诉。

17. 2014年12月14日，切尼现身《与媒体见面》(*Meet the Press*) 节目，详见 http://www.nbcnews.com/meet-the-press/meet-press-transcript-december14-2014-n268181。另见 Paul Waldman, "Why It Matters That Dick Cheney Still Can't Define Torture," *Washington Post*, December 15, 2014。

18. 在被拘留者被关押在秘密"恐怖监狱"和阿布格莱布监狱虐囚事件被曝光以后，小布什于2005年11月7日发表了相关言论。英霍夫则是在2004年5月11日参议院军事委员会就阿布格莱布监狱虐囚事件举行听证会时发表这一言论的。2004年2

月，国际红十字委员会公布了调查结果，并整理成《国际红十字委员会关于联军在伊拉克逮捕、拘留和审讯期间对待战俘和其他受〈日内瓦公约〉保护人员情况的报告》["Report of the International Committee of the Red Cross (ICRC) on the Treatment by the Coalition Forces of Prisoners of War and Other Protected Persons by the Geneva Conventions in Iraq during Arrest, Internment and Interrogation"]。报告内容可登录 http://www.globalsecurity.org/military/library/report/2004/icrc_report_iraq_feb2004.htm 查看。在报告的第一项"逮捕期间的待遇"下，可见第七点："某些联军军事情报官员曾告诉国际红十字委员会，据他们估计，在伊拉克的被剥夺自由者中，有 70%~90% 的人是被错误逮捕的。"

19. 查尔斯·克劳瑟默列举了要限制使用酷刑的理由，见 Charles Krauthammer, "The Truth about Torture: It's Time to Be Honest About Doing Terrible Things," *Weekly Standard*, December 5, 2005。

20. 2005 年 12 月 10 日《纽约时报》社论，就前基地组织领导人伊本·谢赫·利比在巴基斯坦被美军抓获并被送往埃及"审问"一案，进行了评述。在最终供认基地组织成员曾在伊拉克接受过化学武器训练（这是美国人想听到的信息）以后，埃及人将利比送回了美国。再后来，利比说，他编造这个故事是为了安抚埃及人，这些人在美国人的授意下对其进行了严刑拷打。

21. 来自 2005 年 12 月 5 日康多莉扎·赖斯在安德鲁斯空军基地的发言，当时她正准备前往欧洲进行国事访问。

22. William Schulz, "An Israeli Interrogator, and a Tale of Torture," letter to the *New York Times*, December 27, 2004.

23. 在 2005 年 9 月人权观察组织公布的一份报告中，一位匿名中士描述了在伊拉克处理被拘留者的情况，他的描述与其他人的评论被一起转载至 "Under Control," *Harper's*, December 2005,

23–24。

24. 关于调查人数，见皮尤研究中心页面，http://www.people-press.org/2014/12/15/about-half-see-cia-interrogation-methodsas-justified/。关于皮尤研究中心对相关调查的评述，见 http://www.pewresearch.org/fact-tank/2014/12/09/americans-views-on-use-oftorture-in-fighting-terrorism-have-been-mixed/。

25. 援引自 Jane Mayer, "Torture and the Truth," *New Yorker*, December 22 and 29, 2014, 43–44。另见 Antonio M. Taguba, "Stop the CIA Spin on Torture," *New York Times*, August 6, 2014。2004 年，塔古巴少将被派去调查阿布格莱布监狱的虐囚事件，他报告了系统性的犯罪行为问题："我的报告促成了参议院军事委员会听证会的召开，报告中记录了一个系统性问题，即军事人员犯下了'大量公然且肆意的刑事虐待罪行，其性质极为残忍'。"该报告亦导致了起诉、审讯和拘留条例的改革以及培训的改进。"但军方的问责之路漫长无比，其领导人几乎不欢迎监督。"2007 年，塔古巴被迫辞职。

26. 参议员麦凯恩的声明可在其主页上查阅，见 http://www.mccain.senate.gov/public/index.cfm/2014/12/floor-statement-by-sen-mccain-on-senate-intelligence-committee-report-on-cia-interrogation-methods。

27. Christensen and Jacobson, *Reconcilable Differences*, 291.

28. 那种不加批判且过早的宽恕让作恶者摆脱了为他们所造成的伤害负责的束缚，对这种宽恕所产生的社会和个人代价的深入分析，见 Sharon Lamb, *The Trouble with Blame: Victims, Perpetrators, and Responsibility* (Cambridge, MA: Harvard University Press, 1996)。

29. Solomon Schimmel, *Wounds Not Healed by Time: The Power of Repentance and Forgiveness* (Oxford, England: Oxford University

Press, 2002), 226. 心理学家埃尔文·斯陶布是大屠杀的幸存者，多年来他一直在研究种族灭绝的起源和动态，并致力于卢旺达图西族和胡图族之间的和解。见 Ervin Staub and Laurie A. Pearlman, "Advancing Healing and Reconciliation in Rwanda and Other Post-conflict Settings," in *Psychological Interventions in Times of Crisis*, eds. L. Barbanel and R. Sternberg (New York: Springer-Verlag, 2006); and Daniel Goleman, *Social Intelligence* (New York: Bantam Books, 2006).

30. 在1987年5月27上映的公共广播公司纪录片《敌人的面孔》（*Faces of the Enemy*）中，布洛伊莱斯讲述了这则故事。该纪录片是根据山姆·基恩的同名著作改编而成的。

第八章
放下执念，勇于承担

1. Wayne Klug et al., "The Burden of Combat: Cognitive Dissonance in Iraq War Veterans," in *Treating Young Veterans*, eds. Diann C. Kelly et al. (New York: Springer, 2011), 33–80.

2. Dexter Filkins, "Atonement: A Troubled Iraq Veteran Seeks Out the Family He Harmed," *New Yorker*, October 29 and November 5, 2012, 92–103.

3. Nell Greenfieldboyce, "Wayne Hale's Insider's Guide to NASA," NPR *Morning Edition*, June 30, 2006.

4. Jennifer K. Robbennolt, "Apologies and Settlement Levers," *Journal of Empirical Legal Studies* 3 (2008): 333–73.

5. Cass Sunstein, "In Politics, Apologies Are for Losers," *New York Times*, July 27, 2019, https://www.nytimes.com/2019/07/27/opinion/

sunday/when-should-a-politician-apologize.html.

6. 20世纪80年代中期，在回应"伊朗门"丑闻时，罗纳德·里根完美地使用了没有表现出道歉实质的道歉话术。在这起丑闻中，政府官员秘密安排向伊朗非法出售武器，并用这笔钱来资助尼加拉瓜的反政府武装。里根的辩词开了个好头——"首先，我想说的是，我本人对自己和政府的行为负有全部责任"。但随后，他又加上了一系列"但他们已经这么做了"的说辞："对于在我不知情的情况下所开展的行动，尽管我感到愤怒，但我仍然要对它们负责。尽管我对一些为我服务的人感到失望，但我仍然必须因为这种行为，给美国人民一个交代。尽管从个人角度而言，我对秘密银行账户和挪用资金感到厌恶，但正如海军部门所说，毕竟这件事是在我的眼皮底下发生的。"里根所谓的承担"全部责任"是这样的："几个月前，我曾告知美国人民，我并没有用武器交换人质。我的内心和善意仍然告诉我那是真的，但事实和证据却给了我当头棒喝。"

7. Lisa Leopold, *The Conversation*, February 8, 2019, https://theconversation.com/how-to-say-im-sorry-whether-youve-appeared-in-a-racist-photo-harassed-women-or-just-plain-screwed-up-107678.

8. Daniel Yankelovich and Isabella Furth, "The Role of Colleges in an Era of Mistrust," *Chronicle of Higher Education* (September 16, 2005): B8–B11.

9. 发布在一个名为"道歉有用"（Sorry Works!）的宣传组织的网站上，该组织是一个由医生、医院管理者、保险公司、病人和其他医疗事故危机关注者所组成的同盟。另见 Katherine Mangan, "Acting Sick," *Chronicle of Higher Education* (September 15, 2006), and Robbennolt, "Apologies and Settlement Levers"。

10. Atul Gawande, *Being Mortal* (New York: Henry Holt, 2014). 另

见"The Problem of Hubris",这是葛文德在英国广播公司第四台所做四期"里斯讲座"中的第三期,详情可登录 http://www.bbc.co.uk/programmes/articles/6F2X8TpsxrJpnsq82hggHW/dr-atul-gawande-2014-reithlectures 查看。

11. Richard A. Friedman, "Learning Words They Rarely Teach in Medical School: 'I'm Sorry,'" *New York Times*, July 26, 2005.
12. Warren G. Bennis and Burt Nanus, *Leaders: Strategies for Taking Charge*, rev. ed. (New York: HarperCollins, 1995), 70.
13. Atul Gawande, *The Checklist Manifesto: How to Get Things Right* (New York: Henry Holt, 2009).
14. *Harmful Error: Investigating America's Local Prosecutors*, Center for Public Integrity (Summer 2003), http://www.publicintegrity.org.
15. Meytal Nasie et al., "Overcoming the Barrier of Narrative Adherence in Conflicts Through Awareness of the Psychological Bias of Naïve Realism," *Personality and Social Psychology Bulletin* 40 (2014): 1543–56.
16. 援引自 Dennis Prager's *Ultimate Issues* (Summer 1985): 11。
17. Joe Coscarelli, "Michael Jackson Fans Are Tenacious. 'Leaving Neverland' Has Them Poised for Battle," *New York Times*, March 4, 2019, https://www.nytimes.com/2019/03/04/arts/music/michael-jackson-leaving-neverland-fans.html?searchResultPosition=2.
18. Amanda Petrusich, "A Day of Reckoning for Michael Jackson with 'Leaving Neverland,'" *New Yorker*, March 1, 2019.
19. Margo Jefferson, introduction to new edition of *On Michael Jackson* (New York: Penguin, 2019).
20. Anthony Pratkanis and Doug Shadel, *Weapons of Fraud: A Source

Book for Fraud Fighters (Seattle, WA: AARP, 2005).

21. 2005年7月22日，在《洛杉矶时报》上为哈罗德·史蒂文森所撰写的讣告中，斯蒂格勒回忆起了这则故事。关于他们的研究，见 Harold W. Stevenson and James W. Stigler, *The Learning Gap* (New York: Summit, 1992); and Harold W. Stevenson, Chuansheng Chen, and Shin-ying Lee, "Mathematics Achievement of Chinese, Japanese, and American Schoolchildren: Ten Years Later," *Science* 259 (January 1, 1993): 53–58。

22. Carol S. Dweck, "The Study of Goals in Psychology," *Psychological Science* 3 (1992): 165–67; Claudia M. Mueller and Carol S. Dweck, "Praise for Intelligence Can Undermine Children's Motivation and Performance," *Journal of Personality and Social Psychology* 75 (1998): 33–52.

23. 汉普顿·史蒂文森也提出过这种观点。他这样写道："菲茨杰拉德不相信美国人能够重塑自我，抱有这种想法，就好比认为托尔斯泰不相信雪的存在一样。"见 "Why Tiger Woods Isn't Getting a 'Second Act,' " *Atlantic*, April 2010。

24. Laura A. King and Joshua A. Hicks, "Whatever Happened to 'What Might Have Been'? Regrets, Happiness, and Maturity," *American Psychologist* 62 (2007): 625–36.

25. Matt Richtel, "A Texting Driver's Education," *New York Times*, September 13, 2014. *A Deadly Wandering: A Tale of Tragedy and Redemption in the Age of Attention* (New York: William Morrow, 2014) 也是里克特的作品。截至2019年，雷吉·肖的个人主页上仍列有他做过的演讲、从事过的志愿服务和其他促进安全驾驶方面的工作。

26. Eric Fair, "I Can't Be Forgiven for Abu Ghraib," *New York Times*,

December 10, 2014.

27. Tina Nguyen, "Fox's Andrea Tantaros Dismisses Torture Report Because 'America Is Awesome,'" December 9, 2014, http://www.mediaite.com/tv/foxs-andrea-tantaros-dismisses-torture-report-because-america-is-awesome/.

28. 援引自 Charles Baxter, "Dysfunctional Narratives, or: 'Mistakes Were Made,'" in *Burning Down the House: Essays on Fiction* (Saint Paul, MN: Graywolf Press, 1997), 5。虽然关于李将军言论中的第二句话存在一些争议，但他要为自己军事决策造成的灾难性结果承担责任，却是不争的事实。

29. Daniel Bolger, "Why We Lost in Iraq and Afghanistan," *Harper's*, September 2014, 63–65.

30. 艾森豪威尔的手写文本见 http://www.archives.gov/education/lessons/d-day。另见 Michael Korda, *Ike: An American Hero* (New York: HarperCollins, 2007)。在2007年11月16日的《查理·罗斯访谈》(*Charlie Rose Show*) 上，科尔达在谈到艾森豪威尔时说："当事情进展顺利时，他会表扬下属，并确保他们得到表扬；而当事情出现问题时，他会主动承担责任。能做到这一点的总统不多，将军也很少。"

第九章
认知失调、民主和煽动者

1. David I. Kertzer, *The Pope and Mussolini: The Secret History of Pius XI and the Rise of Fascism in Europe* (New York: Random House, 2014).

2. 同上，29。

3. 同上，56。
4. Peter Eisner, *The Pope's Last Crusade: How an American Jesuit Helped Pope Pius XI's Campaign to Stop Hitler* (New York: William Morrow, 2013), 51.
5. https://www.nbcnews.com/think/opinion/trump-s-presidency-was-made-possible-historical-demagogues-joe-mccarthy-ncna817981.
6. Peter Baker and Michael D. Shear, "El Paso Shooting Suspect's Manifesto Echoes Trump's Language," *New York Times*, August 4, 2019. 其他记者和组织一直在追踪"特朗普的某些支持者、粉丝和同情者，（他们）殴打、枪击、刺伤、碾压和轰炸美国同胞……同时模仿总统的暴力言论"。见 https://theintercept.com/2018/10/27/here-is-a-list-of-far-right-attackers-trump-inspired-cesar-sayoc-wasnt-the-first-and-wont-be-the-last/。
7. https://qz.com/1307928/fire-and-fury-author-michael-wolff-breaks-down-donald-trumps-sales-tactics/.
8. Emily Ekins, "The Five Types of Trump Voters: Who They Are and What They Believe," Research Report from the Democracy Fund Voter Study Group, Pew Research Center, June 19, 2017.
9. https://www.washingtonpost.com/opinions/ari-fleischer-heres-how-i-figured-out-whom-to-vote-for/2016/11/04/7bcee1ec-a1fd-11e6-8d63-3e0a660f1f04_story.html?utm_term=.1a26e9d00616. 另见 Isaac Chotiner, "Ari Fleischer on Why Former Republican Critics of Trump Now Embrace Him," *New Yorker*, July 9, 2019。
10. 见 https://www.businessinsider.com/trump-cruz-feud-history-worst-attacks-2016-9#trump-the-state-of-iowa-should-disqualify-ted-cruz-from-the-most-recent-election-on-the-basis-that-he-cheated-a-total-fraud-11。克鲁兹关于"拿着墨索里尼外套"的说法出自 Tim

Alberta, *American Carnage: On the Front Lines of the Republican Civil War and the Rise of President Trump* (New York: Harper, 2019)。另见 https://www.washingtonpost.com/politics/new-book-details-how-republican-leaders-learned-to-stop-worrying-and-love-trump/2019/07/10/be75eff8-a27d-11e9-b7b4-95e30869bd15_story.html。

11. Lindsey Graham, CNN interview, December 8, 2015, https://www.mcclatchydc.com/news/politics-government/election/article62680527.html #storylink=cpy.

12. Jonathan Freedland, "Anti-Vaxxers, the Momo Challenge . . . Why Lies Spread Faster Than Facts," *Guardian*, March 8, 2019, https://www.theguardian.com/books/2019/mar/08/anti-vaxxers-the-momo-challenge-why-lies-spread-faster-than-facts?CMP=share_btn_link.

13. Zachary Jonathan Jacobson, "Many Are Worried About the Return of the 'Big Lie.' They're Worried About the Wrong Thing," *Washington Post*, May 21, 2018.

14. Aaron Rupar, "Trump's Bizarre 'Tim/Apple' Tweet Is a Reminder the President Refuses to Own Tiny Mistakes," *Vox*, March 11, 2019.

15. Glenn Kessler, Salvador Rizzo, and Meg Kelly, "President Trump Has Made 15 413 False or Misleading Claims Over 1 055 Days," *Washington Post*, December 16, 2019, https://www.washingtonpost.com/politics/2019/12/16/president-trump-has-made-false-or-misleading-claims-over-days/?smid = nytcore-ios-share.

16. 2019年7月18日，特朗普在一次臭名昭著的集会上对奥马尔发起攻击，他的粉丝们开始高喊："把她遣送回去！"当时特朗普站在讲台上，听他们呼喊了整整13秒钟后，才继续往下说。然而，当后来被批评没有制止暴徒们的恶语相向时，他表示自己"并不同意这些人的观点",但他对此无能为力,所以他"很快就开始讲话了"。现场录像显示他并没有这样做。

17. Justin Baragona, "Fox Business Host Stuart Varney Tells Joe Walsh: Trump Has Never Lied," *Daily Beast*, August 30, 2019.

18. 截至2019年6月前辞职或被解雇的人员名单,可在以下网站查询: https://www.businessinsider.com/who-has-trump-fired-so-far-james-comey-sean-spicer-michael-flynn-2017-7。

19. 见 https://qz.com/1267508/all-the-people-close-to-donald-trump-who-called-him-an-idiot/ ; Annalisa Merelli and Max de Haldevang, "All the Ways Trump's Closest Confidants Insult His Intelligence," *Quartz*, May 2, 2018。

20. 从就任总统伊始,特朗普的心理稳定性就备受质疑,特别是他的自恋和自大倾向,以及脱离现实、行为古怪和容易暴怒等特质。见 George T. Conway III, "Unfit for Office," *Atlantic*, October 3, 2019。

21. Anonymous, "I Am Part of the Resistance Inside the Trump Administration," *New York Times*, September 5, 2018.

22. Eric Levitz, "Mueller Report Confirms Trump Runs the White House Like It's the Mafia," *New York*, April 18, 2019. 另见 Jonathan Chait, "Trump Wants to Ban Flipping Because He Is Almost Literally a Mob Boss," *New York*, August 23, 2018。

23. Kevin Liptak, "Trump Says Longstanding Legal Practice of Flipping 'Almost Ought to Be Illegal,'" CNN, August 23, 2018, https://www.cnn.com/2018/08/23/politics/trump-flipping-outlawed/index.html.

24. Isaac Chotiner, "Ari Fleischer on Why Former Republican Critics of Trump Now Embrace Him," *New Yorker*, July 9, 2019.

25. Lisa Lerer and Elizabeth Dias, "Israel's Alliance with Trump Creates New Tensions Among American Jews," *New York Times*, August 17, 2019, https://www.nytimes.com/2019/08/17/us/politics/trump-israel-jews.html.

26. Peter Wehner, "What I've Gained by Leaving the Republican Party," *Atlantic*, February 6, 2019, https://www.theatlantic.com/ideas/archive/2019/02/i-left-gop-because-trump/581965/.

27. Stephanie Denning, "Why Won't the Trump Administration Admit a Mistake?," *Forbes*, March 17, 2018.

28. Greg Weiner, "The Trump Fallacy," *New York Times*, July 1, 2019.

29. James Comey, "How Trump Co-Opts Leaders Like Barr," *New York Times*, May 1, 2019. 科米讲述了自己对于巴尔"再次祝贺您，总统先生"表态的厌恶之情。

30. Jamelle Bouie, "The Joy of Hatred," *New York Times*, July 19, 2019, https://www.nytimes.com/2019/07/19/opinion/trump-rally.html.

31. Adam Gopnik, "Europe and America Seventy-Five years after D-Day," *New Yorker*, June 6, 2019. 戈普尼克写道，特朗普对自由民主的原则和实践展开大肆攻击，但唯一比这更令人震惊的事实在于，"他的行为很容易被正常化，被当作怪癖，而不是对自由民主价值观的冒犯，因为这些行为看似微不足道，而原则是由许多砖块砌成的，即使失去一块也会使其整体力量减弱"。

32. Peter Nicholas, "It Makes Us Want to Support Him More," *Atlantic*, July 18, 2019.

33. Julie Hirschfeld Davis and Katie Rogers, "At Trump Rallies, Women See a Hero Protecting Their Way of Life," *New York Times*, November 3, 2018.

34. Ashley Jardina, interview by Chauncey DeVega, *Salon*, July 17,

2019, https://www.salon.com/2019/07/17/author-of-white-identity-politics-we-really-need-to-start-worrying-as-a-country/. 另见 Ashley Jardina, *White Identity Politics* (Cambridge: Cambridge University Press, 2019)。

35. 见 https://www.theatlantic.com/politics/archive/2019/10/trump-white-evangelical-impeachment/600376/?utm_source=atl&utm_medium=email&utm_campaign=share。

36. 见 https://www.minnpost.com/eric-black-ink/2016/06/donald-trumps-breathtaking-self-admiration/。

37. Hemant Mehta, "Contradicting Herself, Christian Says Morality Is Now Optional for a President," *Friendly Atheist*, July 27, 2019; https://friendlyatheist.patheos.com/2019/07/27/contradicting-herself-christian-says-morality-is-now-optional-for-a-president/?utm_source=dlvr.it & utm_medium=facebook.

38. Susan B. Glasser, "Mike Pompeo, the Secretary of Trump," *New Yorker*, August 26, 2019. 2019 年 3 月 21 日，蓬佩奥接受了基督教广播网的采访，在采访中他想起了以斯帖王后在劝说波斯国王不要遵从哈曼铲除犹太人的邪恶计划时所扮演的角色。"现在的特朗普总统是不是有点儿像以斯帖王后，有没有可能他被推举出来，就是为了在这样的时刻帮助犹太人免遭伊朗的威胁？"对此，蓬佩奥回答道："作为一名基督徒，我当然相信这是有可能的。"见 https://www.washingtonpost.com/opinions/this-is-trumps-year-of-living-biblically/2019/03/27/e3d00802-50c9-11e9-8d28-f5149e5a2fda_story.html。

39. https://beta.washingtonpost.com/politics/trump-uttered-what-many-supporters-consider-blasphemy-heres-why-most-will-probably-forgive-him/2019/09/13/685c0bce-d64f-11e9-9343-40db57cf6abd_

story.html.

40. 艾伦和里德的表述皆援引自 Tom McCarthy, "Faith and Freedoms: Why Evangelicals Profess Unwavering Love for Trump," *Guardian*, July 7, 2019; https://www.theguardian.com/us-news/2019/jul/07/donald-trump-evangelical-supporters?CMP=share_btn_link。

41. Max Boot, *The Corrosion of Conservatism: Why I Left the Right* (New York: Norton, 2018), xxi, 58.

42. Wehne, "What I've Gained by Leaving the Republican Party." 他收获了什么？"我更愿意倾听那些我曾经认为没有太多东西可以教给我的人的意见"——这是留给我们所有人的认知失调的教训。

43. Ben Howe, *The Immoral Majority: Why Evangelicals Chose Political Power Over Christian Values* (New York: Broadside, 2019), 170.

44. Laurie Goodstein, "'This Is Not of God': When Anti-Trump Evangelicals Confront Their Brethren," *New York Times*, May 23, 2018.

45. Maria Caffrey, "I'm a Scientist. Under Trump I Lost My Job for Refusing to Hide Climate Crisis Facts," *Guardian*, July 25, 2019.

46. Chuck Park, "I Can No Longer Justify Being a Part of Trump's 'Complacent State.' So I'm Resigning," *Washington Post*, August 8, 2019; 2019 年 8 月 26 日，贝瑟尼·米尔顿在《纽约时报》上发表了一篇类似文章，解释自己为什么要从美国国防部辞职。

47. Sharon La Franiere, Nicholas Fandos, and Andrew E. Kramer, "Ukraine Envoy Says She Was Told Trump Wanted Her Out Over Lack of Trust," *New York Times*, October 11, 2019.

48. David Remnick, "Trump Clarification Syndrome," *New Yorker*,

August 23, 2019.

49. Jim Mattis and Bing West, *Call Sign Chaos: Learning to Lead* (New York: Random House, 2019).